气候变化下生活废弃物治理

杨怡敏　著

教育部人文社会科学研究一般项目“应对气候变化下生活废弃物治理法律机制探析”（12YJC820126）
江苏省高校优势学科建设工程“雾霾监测预警与防控”
资助出版

科学出版社
北　京

内 容 简 介

本书分析了当前我国生活废弃物及其治理的状况和危机，阐述了废弃物治理涉及的相关理论和学说，介绍了现行实践中的新型治理模式和新型治理方式。生活废弃物治理关系个人、社会及国家，即生活废弃物来源于具体的个人，转化为公共问题对社会发展产生一定的阻碍，需要国家从上而下的有效整治。生活废弃物的治理不仅是环境问题，更是生态问题、资源能源问题，生活废弃物的有效治理能切实节约碳排放，减少温室气体的产生，有效协同应对全球变暖。在此理念下，本书对我国废弃物治理的碳减排进行了测算，解释并证明废弃物治理的减排效应。生活废弃物治理协同减排的前提——实现生活垃圾的有效分类，且分类后的各类废弃物能得到充分的循环利用。

本书可作为高等院校环境专业师生的参考用书，也可供环境立法工作者、环境卫生管理部门及相关行政执法人员作为学习资料，同时面向普通公民，期待本书对日常生活废弃物治理起到积极的促进作用。

图书在版编目（CIP）数据

气候变化下生活废弃物治理 / 杨怡敏著. —北京：科学出版社，2018.6

ISBN 978-7-03-057831-0

Ⅰ. ①气… Ⅱ. ①杨… Ⅲ. ①生活废物–废物处理–研究 Ⅳ. ①X799.305

中国版本图书馆 CIP 数据核字（2018）第 128359 号

责任编辑：王腾飞 沈 旭 邢 华 / 责任校对：王 瑞

责任印制：张 伟 / 封面设计：许 瑞

科 学 出 版 社 出版

北京东黄城根北街 16 号

邮政编码：100717

http://www.sciencep.com

北京九州迅驰传媒文化有限公司印刷

科学出版社发行 各地新华书店经销

*

2018 年 6 月第 一 版 开本：720 × 1000 1/16

2018 年 6 月第一次印刷 印张：17 3/4

字数：358 000

定价：99.00 元

（如有印装质量问题，我社负责调换）

序　言

秋风飘起，沁人心脾的桂香洋溢在收获的季节，美到心尖的金黄银杏，令人心怀激情又带着感伤的火红枫叶，层林尽染的大自然让每个行走者感慨感恩。

曾有人说，每一件物品都有生命。正是基于物品值得珍惜，物物皆尽其用的理念，同时遗憾于当今的大量消费和浪费，作者对废弃物的当前状态和存在危机进行了思索与探讨。经过多年的关注、资料收集与理论和实践梳理，在大量数据和实情考察的基础上，完成了本书的撰写。

本书共分为十二章，前六章是本书的总论部分，主要分析了我国废弃物治理的当前状况和现实危机。第一章对废弃物的产生和治理概况进行了叙述。第二章从理论基础方面阐述了废弃物治理涉及的相关领域和学说，对现行实践先锋人物以及相应的活动或机构进行了总结，前两章奠定了废弃物问题应予以切实重视的基调。第三章从气候治理的价值角度进行了分析，紧接着第四章对废弃物治理的碳减排做了切实的国内外考察，在此基础上对我国废弃物治理的碳减排进行了大致的测算。第五章从意识层面进行了探索，希冀从公民精神角度实现良知下的废弃物治理，而非仅言不行，只知不行。第六章从当前国际通行的生产者责任制角度进行了分析。第七章至第十一章则分别从电子、包装、餐厨、纺织品、塑料等五个领域对废弃物的治理和碳减排进行了论述。第十二章对生活废弃物的分类进行了探讨和未来展望。

本书的最大特色是，以大量数据和图表，对当前废弃物治理进行了总结，数据和图表直观、形象、原创，结合全球变暖的严峻现实，探讨废弃物治理和碳减排的二效合一。

书中的调研报告由作者带领的校级大创废弃物研究团队完成，第七章和第八章的内容由作者和宋晓丹副教授带领的废弃物研究团队完成。

书中难免存在不足，由于废弃物数据难以准确核实，实践中有一定差别，以后将进一步加强探讨，争取弥补诸多遗憾和不足。

杨怡敏

2017 年 11 月

目 录

引　言

废弃物是与人类生产生活相伴而生的附带产品，无论是医疗、餐饮或是建筑过程中，还是每次的大型社交活动体育赛事中，废弃物的治理都必不可少。电气时代带来的便捷，如手机、计算机、空调、电冰箱及洗衣机等不断地升级换代，使得大量可以使用的家用电器不断被舍弃。正因为这些被更新迭代所淘汰的物品不是生产生活的目的指向物，所以通常被口头称作了垃圾，即本书所论述的废弃物。这些生产生活中产生的垃圾只是特定主体特定场景下暂时不需求，而非物体本身失去价值或功能应该予以丢弃。因此，废弃物就概念而言，在绝大多数场景下只是相对的，既包含了物品自身功能依然完好，但是原所有者以更加高级或更加崭新的同类物品替换的情形，又包含了物品功能损害或功能丧失情况下，被所有者更换而丢弃的情形。

德国教育和科学部分管环境技术的负责人舒尔茨先生提出了“1t 废物 = 700kg 的错误条件 + 200kg 的懒惰思想 + 100kg 真正的废物”（俞宙明，2015），这个说法一语中的，发人深思。也有人说，垃圾是摆错地方的资源。在一些国家甚至提出了零废弃目标，这些口号与目标的提出，无疑对废弃物的治理提出了新的要求，废弃物如山地堆积并日益加剧，以至于在我国城乡出现围城围村现象。这些摆错的资源为何说是摆错？正确的位置在哪里？如何实现正确摆放？只有将这三个问题真正回答，并在理论和实践上彻底解决，上述危机才能得以缓解。从长远角度而言，上述三个问题的解决，将使看起来似乎是理想化的零废弃不再是泡沫与神话。在路边、大街上，废弃物人人厌之，但是废弃物产生的源头，又何尝不是每一个活生生的人类个体？填埋、堆肥、焚烧，是治理废弃物的三种传统的基本方法，经过政府多年的努力，投入大量人力、财力、物力，进行组织、管理、制度等全方位的规划、改革、完善，试点、补贴、立法、宣传，竭尽各种方法，投入巨大，但收效与期待的相差甚远。

2000 年 6 月，国家推行生活废弃物治理试点城市计划，在试点城市开展生活废弃物分类试行行动，这八个城市分别是：北京、上海、南京、杭州、桂林、广州、深圳、厦门，截至 2017 年，在大多地区废弃物分类治理仍然收效甚微，处在起点的状态。鉴于生活废弃物长期无法得到有效治理，会对生产生活造成危机，国家决定加大力度，促进治理步伐加快。2016 年 2 月，国务院颁发《中共中央国务院关于进一步加强城市规划建设管理工作的若干意见》，提出了加强垃圾综合治理，从源头上减少垃圾产生，并力争垃圾的回收利用率在2020年达到35%以上。2016年12月21日召开的中央财经领导小组第十四次会议确立了“十三五”规划重点目标，明确提出了民生领域所要解决的百姓关注的六大问题，垃圾分类位列第二，其余五项分别是北方地区冬季清洁取暖、畜禽养殖废弃物处理和资源化、提高养老院服务质量、规范住房租赁市场和抑制房地产泡沫、加强食品安全监管。2017年，中央1号文件提出推行绿色生产方式，增强农业可持续发展能力，明确要求将农业废弃物资源化利用，建立可持续发展机制。2017年3月初的政府工作报告中，提出了九项未来重点工作任务，第七项即加大生态环境保护治理力度，在该任务下明确指出：“加强城乡环境综合整治，普遍推行垃圾分类制度。”以政府工作报告的形式提出具体要求，说明废弃物的治理，已成为时代不可回避，同时又迫在眉睫的重大民生工程。2017年3月18日，经国务院批准，国家发展改革委、住房城乡建设部联合颁布了《生活垃圾分类制度实施方案》，该方案提出：以减量化、资源化、无害化为基本原则，加快建立分类投放、分类收集、分类运输、分类处理的垃圾处理系统，形成以法治为基础、政府推动、全民参与、城乡统筹、因地制宜的垃圾分类制度。到2020年底，基本建立垃圾分类相关法律法规和标准体系，形成可复制、可推广的生活垃圾分类模式，在实施生活垃圾强制分类的城市，生活垃圾回收利用率达到35%以上。这一目标的提出，毫无疑问地提出了废弃物分类治理中的潜在紧急要求。2017年7月3日，中华人民共和国住房和城乡建设部发布《县域生活垃圾处理工程规划规范（征求意见稿）》，对废弃物治理行业标准进行明确界定，在对废弃物现状进行调查评价基础上，核算废弃物数量、规模，确定相应设施和计划，主要包括收运设施、治理设施、配套设施的规划以及阶段实施计划与保障措施。由此得出结论，废弃物的治理已提上当前日程，任务急迫且严峻，也说明废弃物的科学治理是一个实践难题，也是一个必须解决的且人人必须参加解决的难题。

第一章　生活废弃物现状及治理概述

第一节　生活废弃物现状概述

一、生活废弃物概述

（一）生活废弃物内涵

何为生活废弃物？俗名叫作生活垃圾，即在生活中产生的垃圾。核心词：废弃物。该词分为两个部分，废弃和物。废弃是指失去原有的功能或者价值，被原占有或利用主体抛弃，而物是其本初的含义和根本属性。对原所有者或占有者而言，废弃物又有另外一个名称：没用的东西。英文的表述更为精确，将废弃物分为 unwanted、useless 和 discard 三类。其实，这种价值和功能的丧失只是相对而言的，可能是相对于主体的需求，也可能是相对于物自身的原初状态。但废弃物总是与人类相伴相生的，没有人类的地方，无所谓废弃物，一切都是大自然的创造。一般而言，废弃物多以固体形态存在，当然不排除液态和气态的废弃物，但就形态的出现概率和可控而言，固态居多也相对可控制。就消解能力而言，城市的废弃物消解能力远远低于农村的废弃物消解能力，因此，国外研究废弃物及其治理时，通常是以城市固体废弃物（municipal solid waste，MSW）为对象。在我国，目前主要以《中华人民共和国固体废物污染环境防治法》中的"固体废弃物"作为我国废弃物的通常称谓。

在废弃物内涵方面，本书需要做一个清晰的厘定。本书探讨的废弃物主要是指生活废弃物，即公民在日常生活中产生的，已经失去其功能或价值，或者需要更新的生活物品、物质。因此，生活废弃物需要与另两个术语区别。第一，与城市固体废弃物区别。从国际角度，研究废弃物时均采用该概念。当然，同一概念在不同国家，其内涵稍有差别。例如，有的国家既包含工业废弃物又包含危险废弃物，有的国家则包含工业废弃物或危险废弃物，有的国家均不包含这两种废弃物。但是，城市固体废弃物包含的基本方面是一致的，即所有的国家，只要涉及城市固体废弃物，一般均包括家庭生活废弃物、公共场所生活废弃物、商业废弃物和办公废弃物。第二，与固体废弃物区别。这里主要是指我国《中华人民共和国固体废物污染环境防治法》里所指的"固体废弃物"。该法律于 1995 年制定，虽然经过四次修订，但对"固体废弃物"的内涵一以贯之。

即在第六章《附则》中明确界定："固体废物，是指在生产、生活和其他活动中产生的丧失原有利用价值或者虽未丧失利用价值但被抛弃或者放弃的固态、半固态和置于容器中的气态的物品、物质以及法律、行政法规规定纳入固体废物管理的物品、物质。"在该法律中，固体废弃物包含了生活废弃物、工业废弃物和危险废弃物，但不包含污染海洋的废弃物和放射性固体废弃物。在本书中，生活废弃物包含两类，即城市生活废弃物和农村生活废弃物，是《中华人民共和国固体废物污染环境防治法》中固体废弃物的一部分，即"生活废弃物"与"城市固体废弃物"之间是逻辑上的交叉关系，而"生活废弃物"与"固体废弃物"概念之间则是种属关系。

但是，在对生活废弃物问题的探讨过程中，发现由于以下原因，对于农村生活废弃物的研究受到很大的制约。首先，数据方面缺失。在我国的相关数据统计中，关于生活废弃物的数据统计，比较权威的数据记载于《中国统计年鉴》、《中国城市建设统计年鉴》和各省市编撰的统计年鉴中。各类统计年鉴中，都无一例外地缺失关于农村生活废弃物的数据，不管是产生量、清运量还是处理量。在有关农村生活废弃物的研究论文中，数据基本来源于对各地生活废弃物的调研和估算，而非建立于精确的计量基础上，准确性较为欠缺。其次，农村对于生活废弃物的消解能力较强。即在农村生活中，废弃物的产生量较少。例如，餐厨废弃物可用于喂养家禽牲畜，包装中的一些废弃物直接作为燃料进入灶膛，而瓶瓶罐罐之类的包装物，可用于盛放粮食或作为生活用品，是不舍得抛弃的宝贝，根本无资格作为生活废弃物，而旧的或不时髦的针织类衣物，经常在农民干农活时用来保护躯体，成为废弃物的概率相对较低。同时，农村地域相对广泛，人口稠密度与城市相比，相对较小。总体而言，农村经济条件落后，由此产生的生活废弃物数量相对较小，循环应用高，自身消解能力较强。最后，城市化倾向将导致农村生活废弃物问题转移。随着我国城市化进程的加快，农村地域和人口将逐步缩小，生活方式也将城市化。根据《中国统计年鉴》数据，我国2010年的城镇人口接近6.7亿，农村人口略超过6.7亿；2011年，我国城镇人口数量首次超过农村人口，分别为6.91亿和6.6亿。可以断定，如今农村生活废弃物问题，在不久的将来，将转移加剧城市生活废弃物问题。因此，对于生活废弃物及其治理的相关探讨，应有所侧重，本书的着重点就是城市生活废弃物问题的剖析与探讨。对于农村生活废弃物问题，不是本书探讨范畴，本书所有章节的内容以城市生活废弃物作为主要研究对象。所以，在本书中出现的"废弃物"或者"生活垃圾"，主要是指城市生活废弃物。

（二）废弃物种类

从不同角度，可以对废弃物进行不同的分类。

（1）从人类生产生活角度，分为生活废弃物、生产废弃物，而生产废弃物则分为工业生产废弃物、农业生产废弃物和各类服务业产生的废弃物。

（2）从形态角度，分为固体废弃物、液体废弃物和气态废弃物。

（3）从产生地域角度，分为城市废弃物和乡村废弃物。

（4）从化学成分角度，分为有机废弃物和无机废弃物。

（5）从具体物质形态角度，分为纸类废弃物、玻璃废弃物、塑料废弃物、园林废弃物、食物废弃物、金属废弃物、针织废弃物、电子产品废弃物、建筑废弃物和医疗废弃物等。

（6）从对人体健康角度，分为有害废弃物和无害废弃物。

（7）从最终走向角度，分为可回收废弃物和不可回收废弃物。

就本书的治理角度而言，第五种分类和第七种分类具有一定的借鉴意义。

（三）生活废弃物的历史发展

生活废弃物与人类活动密切相关。当人类被大自然束缚时，人类制造和拥有物品的能力极度受限，无法产生废弃物。随着人类生产生活活动的日益丰富和繁杂，使用物品越来越多，也愈加广泛，废弃物数量与日俱增，种类复杂繁多。因此，从时间上，可以分为无废弃物时代、生活废弃物有限时代、生活废弃物日增时代。

（1）无废弃物时代。在古代无农耕时代，人类狩猎获取肉食，采摘野果，以树木兽皮为衣，以洞穴为屋，双腿行走，几乎全部依赖原生物品，取于自然还于自然，那时用且不够，废弃物自然微乎其微，食剩的骨头种子被大自然如数接收。

（2）生活废弃物有限时代。自从有了钻木取火，人类对于大自然的攫取进一步加深，给大自然造成的危险风险也进一步加大，废弃物的产生有了一定的法律规制。燃烧木质材料造成的火灰是当时废弃物的重要来源和组成。于是有了《韩非子·内储说上》："殷之法，弃灰于公道者断其手。"此重典在今日看来不可思议，但是从当时的历史情境剖析，人类应对自然的能力极为有限，生产能力较为低下，累积财富的能力相对薄弱，带有热量的火灰极可能引发一场火灾，使人们长久积累的财产毁于一旦。因此，这一条对废弃物治理的严刑酷法，对象单一，目标也主要是防止火灾，至于有多少对于市容和环境污染防治的因素，已无从查清。在工业革命之前，人类处于农耕时代，所有物品的产生极其不易，非繁重劳动不可轻易获得，就连米饭都有"谁知盘中餐，粒粒皆辛苦"的训诫，其他的物品，对于普通民众而言，得之不易，弃之自然不舍。

（3）生活废弃物日增时代。随着工业革命的到来，人类制造业大踏步前行。从机械化到电气化再到自动化，1848 年，马克思在《共产党宣言》中写道："资产阶级在它的不到一百年的阶级统治中所创造的生产力，比过去一切世代创造的全部生产力还要多，还要大。”这样的生产力创造已经波及全球，在经济全球化的大潮中，物品被大量造出的现象有目共睹，用辩证法的观点分析，优势与劣势必然并存，其结果就是大量生产、大量使用、大量浪费、大量废弃，只是在不同时代不同地域，废弃物的产生成分有所不同。例如，美国的汽车业在20世纪10～20年代就开始发展，因此废弃物中汽车成分占有极大比重，甚至在高速公路边上都有废弃物形式的旧汽车。而在我国，人类繁荣进步的表现，除了居住面积的增大，还体现为餐桌上食物的丰富，我国的主要菜系就有八种，分门别类的民族吃法、地方特色更是数不胜数。因此，舌尖上的美味成为国人的自豪和幸福，忙碌的厨房产生的餐厨废弃物，成为我国废弃物的重要组成部分。在发展过程中，从日常食物到生活用品，从微小物品到巨大物件，从流动资产到固定资产，我国的废弃物成分越来越复杂，越来越多样化：从食品废弃物到电子废弃物，从收音机废弃物到空调废弃物，从手机计算机废弃物到汽车废弃物。

人类生活废弃物的产生，从无到有，从微到巨，从单一到多样，从大自然从容消解到人类无法应付。废弃物危机已非个人问题或地区问题，更是一个国家问题、人类问题乃至全球问题。本书后面的分析将会逐步论证这一点。因此，废弃物问题不容小觑，关注并付诸行动是人类的自我拯救。

（四）生活废弃物的现行特点

（1）相对性。正因为是物，因此废与不废，弃与不弃均具有一定的相对性。失去原有形态的、不具备原有价值或功能的物，转化后可以变换身份，变废为宝，典型地，如破毛巾成抹布，不可回收废弃物去水压缩成燃料。而很多时候，是针对主体而言的。例如，对于自己尺寸小但洁净的衣服、鞋子，甚至是压在箱底很少使用的皮包，如果整齐地放在垃圾箱的边上，可能转瞬间就被有需求的人取走。但是，如果沾满灰尘、皱巴巴的，一股脑儿扔进臭气熏天的垃圾箱，就会成为名副其实的垃圾。因此，此种相对性，既相对于物质的功能与价值本身，也相对于主体和主体行为。

（2）渗透性。现代物品，特别是电子废弃物品，例如，电子计算机，耗材多达700多种，这些耗材间的连接方式多种多样，相互融为一体，难以清晰地拆分剥离。再如，一件衣服，经常会标注成分，一件衣服可能含棉30%、亚麻20%、聚酯纤维50%，或者含桑蚕丝91.5%、氨纶8.5%，这样的针织废弃物成分如何划清？更何况衣服上可能有纽扣、金属配饰（拉链、胸花）、皮筋等弹力物品乃至塑料或者金丝银丝。一只饮料瓶，瓶身和瓶盖可能用料不同，再加上瓶子的密封圈、拉手、贴在瓶子上的标签，还有笔记本上的硬塑封、中间的金属卡子等，这些物品成为废弃物后，成分难以厘清。你中有我、我中有你是常见的生活废弃物基本特征。

（3）复杂性。从上述废弃物的渗透性中，可以得出结论，识别和区分不同种类具有一定的复杂性。例如，在餐厨方面，为了丰富食品种类抑或提高其颜值，在配料方面可能会加入非食品类的装饰，或者手把，或者其他材质的一次性盛放器具，甚至擦拭的纸巾，最终倒入餐厨废弃物中，使得废弃物的成分具有一定的复杂性。不同地区有不同生活习惯，不同季节有不同的饮食及取暖需求，废弃物的数量和成分会因地域、季节、民族或者其他因素，在数量和成分上呈现不规律性。

（4）广泛性。正如前面所述，有人类就有生活废弃物。人类的活动范围较为广泛，这就决定了废弃物的领域和种类具有广泛性。人类的衣食住行、吃喝玩乐，无论是精神生活还是物质生活，无论是个人生活还是公共生活，各个领域都产生出大量的生活废弃物。在要与不要之间，任意决定着物品的去与留。小至私密的个人房间，大至购物娱乐的公共场所和旅游景点，健康也罢，疾病也罢，匆忙也罢，悠闲也罢，都会产生不同种类的生活废弃物。本书不包含的建筑废弃物，在很大程度上是人类为创造温馨宜居住所而产生的大量的装修建筑垃圾。废弃物无处不在，无人不有，不分主体，不分地区，无关乎种族、性别、年龄，人人都是生活废弃物的制造者。生活废弃物来自于人类诸多领域，与人类行为密切相关。

二、生活废弃物的现状

此处阐述的生活废弃物的现状，主要是指数量现状和成分现状。

一般说来，生活废弃物的分布状况总体呈两大基本规律。第一，城市人均生活废弃物产生量大于农村人均生活废弃物产生量；农村人均生活废弃物产生量大致是城镇人均生活废弃物产生量的70%～80%（刘礼鹏，2016）。这主要归因于农村的生活方式、习惯、经济条件等因素，导致生活废弃物产生量少，消解能力强。第二，我国生活废弃物的产生总量呈逐年增长趋势，且增长速度较快。

（一）数量现状

用以衡量生活废弃物现状，精确分析和解决问题的数据，主要着眼于两个方面：产生量数据，存在量数据。在我国目前的统计数据中，由于实践状况所限，这两类数据都缺乏详细精确的记载，即名副其实的无据可查。而有据可查的数据主要包括：各个省（自治区、直辖市）的城市生活废弃物的清运量、焚烧数量、填埋数量、堆肥数量，以及相应的焚烧企业数目、填埋企业数目等。在分析生活废弃物现状中，最大的瓶颈是无法获得准确或大致准确的产生总量数据。根据《中国统计年鉴》和各类统计年鉴数据，只能获得城市生活废弃物清运量数据，无产生量数据，而乡村生活废弃物的清运量及产生量数据则根本无从获取。即目前的数据特征是只有城市生活废弃物的清运量数据，无乡村清运量或者产生量数据，无总产生量数据，无总体存量数据。

关于产生量数据。在无法获得精确数据的情形下，可以根据各类研究中研究者提出的估计数据和调研数据，对我国生活废弃物的总体产生量进行大致的估算。例如，学者刘礼鹏提出，我国乡村每人每日产生 0.8～0.9kg 的废弃物，为城镇每人每日产生废弃物的 70%～80%；以此推算，城市人均日常生活废弃物产生量为 1～1.3kg；朱宇鲲（2016）报道，兰州城乡每日共计产生垃圾 3500t，而根据统计数据表明，兰州人口约为 370 万，人均每日产生废弃物 0.946kg；茹兆祥（2011）则提出，我国城市人均日产生活废弃物 1.0kg，大城市人均日产生活废弃物 1.2kg，每年大致呈 8%的递增速度；而美国废弃物研究专家亚当·明特（2015）给出的数据则是：在 2008 年左右，我国每年产生的垃圾约 3 亿 t；卡特琳·德·西尔吉（2005）记录了巴黎在经济发展中生活废弃物产生量的数据，详情见表 1-1，从表中数据发现，随着生活物质条件的改变，废弃物产量日渐增多。

表 1-1　巴黎废弃物产生量变化表

年份	人均生活废弃物日产生量/g
1872	200
1922	700
1994	6000

从前述 5 位研究者的数据中，分析得出，国内三名研究者的数据大致相似，即我国生活废弃物从人均日产生量上看，城市大于农村，城市人均每日产生生活废弃物大致为 1kg，农村略低。而亚当·明特和卡特琳·德·西尔吉的数据略显粗疏，与现实相去甚远。例如，亚当·明特阐述我国每年产生垃圾 3 亿 t，实际要超过此数据，因为我国 2008 年的人口是 132802 万人，即约 13.28 亿，即便保守计算，人均每日产生生活废弃物以 0.4kg 计算，则能达到 5.3 亿多吨，远超出亚当阐述的数据。卡特琳的数据（表 1-1）显然太高，远远高于实际的我国城市生活废弃物产生量，因此，以城市人均每日产生生活废弃物 1.1kg，农村人均每日产生生活废弃物 0.8kg，进行大致估算，我国十年的废弃物产生量大致如表 1-2 所示。

表 1-2　2006～2015 年我国城乡废弃物总量和清运数量表

年份	农村人口/万人	农村废弃物总量/万 t	城市人口/万人	城市废弃物总量/万 t	城乡废弃物总量/万 t	清运量/万 t	差额/万 t
2006	73160	21363	58288	23403	44766	14841	29925
2007	71496	20877	60633	24344	45221	15215	30006
2008	70399	20557	62403	25055	45612	15438	30174

续表

年份	农村人口/万人	农村废弃物总量/万 t	城市人口/万人	城市废弃物总量/万 t	城乡废弃物总量/万 t	清运量/万 t	差额/万 t
2009	68938	20130	64512	25902	46032	15734	30298
2010	67113	19597	66978	26892	46489	15805	30684
2011	65656	19172	69079	27735	46907	16393	30514
2012	64222	18753	71182	28580	47333	17081	30252
2013	62961	18385	73111	29354	47739	17239	30500
2014	61866	18065	74916	30079	48144	17860	30284
2015	60346	17621	77116	30962	48583	19142	29441

从表 1-2 的估算量和图 1-1 的直观数据群，可以得出结论：我国目前的生活废弃物清运量与实际产生量存在巨大差距，尽管数据无法精确，但是从城市人均每日产生生活废弃物 1.1kg，农村人均每日产生废弃物 0.8kg 的计算标准分析，估算数据基本与现实符合。由此，得出以下两大基本结论：第一，我国目前的生活废弃物产生量，远远大于清运量；第二，我国在生活废弃物的治理过程中，存量巨大。而隐藏在客观结论背后的，则是种种可能的问题与亟待解决的隐患，这也是近年来从中央到地方关注的问题所在。

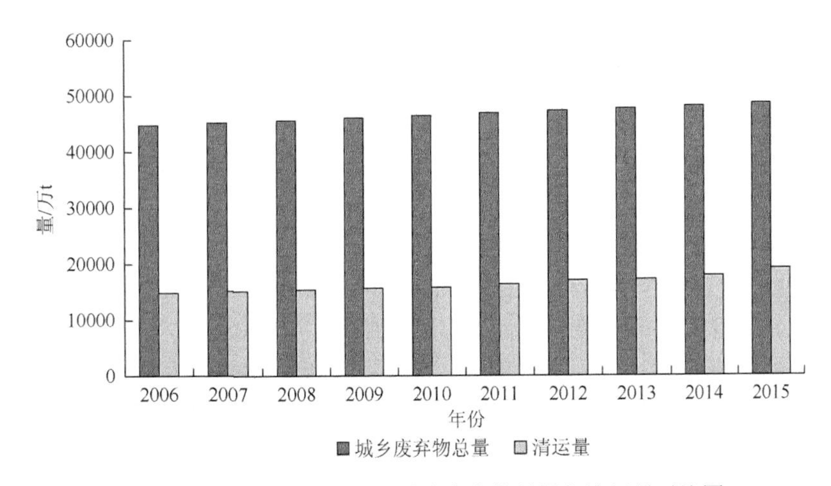

图 1-1　2006～2015 年我国城乡废弃物总量与清运量对比图

关于存量数据。在现实生活中，由于对生活废弃物的处理公私皆有，例如，将生活垃圾倾倒至河道沟渠，随意在路边挥洒，或者在路边及灶膛点燃。这些方式处理的生活废弃物，既不能称为清运量，也无法称为存量，因此存量数据并非用总产生量减去清运量就可以直接简单得出。存量数据只能是大概地估算，无人能准确说出一堆未处理的生活废弃物的质量。2009 年，有研究者声称我国生活废弃物存量超过 70 亿 t，占地 8 万多亩[①]（夏燕，2009），2011 年，又有研究者根据调查得出，我国城市生活废弃物存量已超过 80 亿 t（茹兆祥，2011）。

无论是存量还是产生量，目前都没有准确可循的数据。但是人口数据可循，生活中每天产生的生活废弃物数量也有经验数据作为参照标准。

（二）成分现状

生活废弃物的成分，会随着时代日新月异地发展而发生变化。总体而言，生活废弃物成分呈现出由单一到多元，由简单到复杂，由无害到有害的样态。过去，废弃物成分简单，也相对安全。当衣食住行均供不应求时，生活废弃物产生量小，几乎都是有机废物，哪怕连铅笔的刨花都能收集起来当燃料，用时髦话语说，那是生存废弃物，而非生活废弃物。后来，燃料充足，煤渣增多；鞋子衣帽充足，针织废弃物增多；报刊媒体信息增多，废纸也日益增厚；电器更新升级，各类电子产品迭代更替形成了大量的电子废弃物。工业革命后的生产力丰富了物质生活，从机械工业时代到电气化时代再到自动化时代，最后到重化工业和信息化时代，人类生产能力提升，产出的物品丰富便捷，带来飞速增长的物质消费，而由此形成的废弃物增长，不仅仅是数量的飞速，还有由此导致的危机的剧增。长江后浪推前浪，前浪死在沙滩上。废弃物的产生，表象是更新是进步，但是，如今路人皆知，重化工业下的产品废弃物、电子废弃物，其危害虽不至于让人谈虎色变，却经常让人不寒而栗。由此，分析生活废弃物的危机现状与原因显得相当必要。

三、生活废弃物危机现状与原因分析

随着财富的增多，经济水平的提高，人们的物欲日趋膨胀，拥有与抛却频次的提高达到未曾预料的速度，拥有是为了抛却，还是抛却成就了新的拥有？总之，富裕的生活带来的不是想象中的幸福，人类与物品之间的不友好、不和谐与日俱增。更迭与抛却带来物品的不断更新，对于每一件物品，人们只是让其好好地来，却未曾让其好好地去，于是废弃物危机由隐性走向显性，直至带来今日的各种危机。即便在此状态下，人们的抛却习惯依然不曾改变，对于废弃物危机常常不以为然，丢弃或漫不经心地对待曾经朝夕相处之物，唾弃过时过期的心爱物品似乎是人之常情，植入了人类的骨髓之中，否则无法解释当前人类在危机面前的态度与行为。

---

① 1 亩≈666.67m^2。

（一）生活废弃物的危机现状

生活废弃物的收运处理等环节存在多重危机，下面将从生活废弃物的放置、处理、环境、健康等角度分析生活废弃物当前存在的危机。

（1）放置危机。2006 年，我国建设部调查指出，全国 600 多座城市有 1/3 以上被垃圾包围。全国城市垃圾堆存累计侵占土地 5 亿 m^2 约 75 万亩。2011 年 11 月 6 日，中央电视台《新闻周刊》栏目对城市垃圾进行了报道，节目指出，全国近 700 座城市当中有 2/3 的城市已处在垃圾的包围之中，其中有 1/4 的城市基本已经没什么垃圾填埋堆放的场地了。自由摄影师王久良在广东连州国际摄影家年展上公开的一组反映北京垃圾的《垃圾围城》作品表明：垃圾正在吞噬我国城市。世界垃圾年均增长速度为 8.42%，而我国城市每年产生固体生活垃圾 1.5 亿 t，存量已达 70 亿 t，增长率高达 10%，居世界首位。前面曾经叙述，截至 2011 年，我国生活废弃物存量超过 80 亿 t。我国人口众多，大多地区人口密度较大，无论是从生存空间，还是从可用耕地面积来看，我国可供生活废弃物任意堆放的地域极其有限。通俗地说，我国的生活废弃物已无处可放，面对生活废弃物，人类无处可逃。

（2）处理危机。面对无处可放的生活废弃物，必须实施彻底的解决行为，即合理且有效地处理。数量之庞大，成分之混杂，覆盖之广泛，使得生活废弃物处理过程中危机重重。处理危机主要表现为三个方面：处理能力危机，处理方式危机，处理地点危机。首先是能力危机。世界通行的生活废弃物处理方式主要有焚烧、填埋、堆肥以及生化处理，我国采用的处理方式，随着处理进程发展有所不同，起初普遍的处理方式是填埋，后来焚烧提上了日程。填埋的环境危害以及可能造成的隐患将在后面详述，仅就填埋场自身能力而言，能够容纳的生活废弃物数量是有限的；就填埋场的规模、投资及选址而言，可以设立的填埋场数量也受到客观限制。在规划方面，填埋场的使用年限往往小于曾经的估算，因为对生活废弃物的核算，根据的是建立时的废弃物产生量，而实际的人均生活废弃物产生量总是随着生活条件的变化急速增多，增长速度远远超过预期。而焚烧的能力同样受到限制，由于焚烧可能导致的风险，焚烧厂的建立受到限制。另外，有大量生活废弃物本身不适合采用焚烧方式进行处理。堆肥只能针对有机生活废弃物，因此自身的适用范围很局限，而我国目前的混合放置方式，也使得大量有机生活废弃物无法有效堆肥。关于处理方式危机和处理地点危机将在本章第二节的处理困境中阐述。处理地点危机，即选址困境；处理方式危机，即填埋和焚烧困境。

（3）环境危机。生活废弃物的堆放，带来的不仅是空间紧张问题，还有对环境的危害。主要表现为水污染、土壤污染和空气污染。首先是水污染。生活废弃物的世界危机形成了一大“壮观”——太平洋垃圾大板块，即从加利福尼亚州、经夏威夷群岛、延伸至日本的900多公里的水域中，已经形成两个巨大的垃圾集中地，横跨北太平洋。由被丢弃的垃圾逐渐形成的一座“垃圾大陆”，据估计约有1亿t塑胶垃圾，至今海面上的垃圾和塑料已经累计深达30m左右，面积为343万平方公里，被称为地球上的“第八洲”，其对水体的污染不言而喻。国内的大量水体，由于生活废弃物的污染，原来的甘泉变为不可饮用的污染水。水是生命之源，水体的污染对人类的危害可想而知。除却水的污染，其次是土壤污染。在有垃圾桶的地方，遵守规则的公民会将生活废弃物扔进桶内，但是不遵守规则的倾倒者会随地丢弃垃圾或者把垃圾丢弃在没有垃圾桶的地方，生活废弃物与土壤有了最直接的接触，导致对土壤的污染。我国的生活废弃物混杂无章，成分复杂，水油同在，对其他废弃物的浸透性较强，当包含有害重金属时，对土壤的污染较为严重，其负面影响将长期存在。例如，电池问题，目前的电池污染主要来源于电子纽扣式或者普通圆柱分节式等小型体积电池，大体积的蓄电池基本都是进入循环利用通道。小型电池在收运和处理领域都处于野蛮生长状态，该类电池虽貌不惊人，但其危害无穷。据了解，这类电池一般含有汞、锰、镉、铅、锌5种金属物质，特别是汞和铅，一粒纽扣电池可以污染60万升水，一节普通电池则能使数平方米的地域60年寸草不生。现在大量产品使用纽扣电池，普通电池的废弃不可避免，有多少土地能够经得起60年寸草不生的毁灭性危害？而对于空气的污染更是人人有感。经过垃圾堆放地时的掩鼻而过，高温天气下垃圾发酵气味的迅速扩散，苍蝇蚊虫横飞时的嗡嗡作响，视觉嗅觉听觉上的种种不情愿，均来源于生活废弃物气味的空间传播。

（4）健康危机。生活废弃物对健康的危害体现在两方面：废弃物自身成分的危害，废弃物扩散的危害。第一，废弃物自身成分的危害。上面所说的电池除了污染水体和土壤，对人体健康的伤害更是直接且致命的。众所周知，汞（俗称水银）有剧毒性，可以破坏中枢神经系统和腐蚀消化系统。长期暴露于高浓度的汞环境中会导致脑损伤甚至死亡。汞在古代经常用于墓葬，因此专家对秦陵地宫的考古实践望而却步。铅对儿童智力的损害，对人体神经系统、血液系统、消化系统甚至骨骼系统的影响都是客观存在的。第二，废弃物扩散的危害。扩散的危害有气体危害和病菌危害。废弃物在堆放中，会产生一定的恶臭，恶臭的成分包含硫化物质和氨化物质，对人体健康有一定损害。据称，1666年，在法国亚眠爆发的黑死病，起因之一就是垃圾散发的恶臭气体。1580年，法国巴黎的大量居民在医院中患传染病被夺去生命，经诊断与医院的下水道和垃圾堆放处置不当有关(卡特琳·德·西尔吉，2005)。生活废弃物中的病原微生物成为鸟类、老鼠或蝇蚊的美食，这些天上飞的、地上跑的活跃于广泛的领域，以较快的速度大量传播病原体。1994年9～10月，印度的苏拉特市发生的鼠疫大危机，源于满地堆放的垃圾成为老鼠的温床，在瘟疫流行期间，每天从苏拉特市清出的垃圾多达1400t。

（二）生活废弃物危机产生原因分析

（1）人口增多带来的物品增加。无论从国际现状还是从国内现状来看，生活废弃物导致的危机都不是个别现象，具有一定的普遍性。不管是发达国家还是发展中国家，在欧洲、亚洲、拉丁美洲、非洲等世界各地区，废弃物危机都或多或少地存在着。与之相连的另一客观事实是，世界的人口一直处于上升态势。人口的增多，带来的是物品需求的增加，需求日增，产生的废弃物也必然随之增多。地球的承载量是有限的，不仅表现为地球可供人类消耗的资源有限，也表现为地球对人类排放的废弃物的消解能力有限。于是随着人口增长带来废弃物产生量暴增，不可避免地会导致废弃物数量过剩危机。

（2）物质生活水平提高带来的使用消耗增多。人类的物质水平在上升通道中永不设限，因此在此通道中形成的物质欲望无限增加，物质需求不断被加码后的结果就是产生大量的废弃物，很少有人意识到这是一个问题。从这个方面看，我国的古代先贤便有着极为前卫的预见，如管仲云："节欲之道，万物不害。"控制自身的欲望，任何事物都不会形成伤害。这个伤害既意味着人类对事物的伤害，自然也包含事物对人类的伤害。生产力的逐步提高带来科技水平的发达，上天入地都已经不是梦想，锦衣玉食也并非豪门独有，还有谁能安守颜回之乐？"一箪食，一瓢饮，在陋巷，人不堪其忧，回也不改其乐"的清心寡欲，只追求仁善至诚的精神充实安宁，已经远离当今的繁华喧嚣。在知足与不知足之间，物质与精神之间，人们将天平倾向了何方？衣柜塞不下新买的衣服，房子的空间足以举办舞会，餐桌上的每一餐都可称为饕餮大餐以满足每个舌尖，先不说这是不是简单的朴素的本质的幸福，能不能成为真正长久的幸福，单说这其中人们扔掉了多少不该废弃的物品？对垃圾堆的贡献，在物质水平提高的同时，无形中增加了多少？

（3）城市化进程加快下的消解能力降低。城市化趋势，是人类文明的国际统一走向。西方世界在现代化发展中，早已完成了乡村城市化的转型。城市化下的废弃物特征是，产生量增高，消解能力降低。这一高一低之间，使得生活废弃物危机在城市积重难返。乡村生活更多的与大自然存在天然联系，所有的生物物品即便走向终结，都能实现某种方式的大自然回归。例如，有机废弃食品不会堆积成山，不会臭气熏天地引来蚊蝇，在广袤的大地上，这些有机废弃食品自行发酵，造就肥美土壤。人类与动物形成友好的生物链关系，所有生物的排泄物也不像城市化条件下，需投入大量人力物力，专设种种管道设施，还难逃偶尔泄漏的命运。乡村的土地与多种有机废弃物之间形成的是友好的良性循环。但这一切在城市中，却是高昂费用下的系统化精心治理。产生、消耗、成废、消解，在乡村有条不紊地按部就班，这是乡村的生活方式与特点。城市生活的活动专业化、居住高空的延展性、人口的稠密性、生活的丰富多样性，均加剧了物品的产生、消耗与成废，可是在消解环节，城市显得无能为力，杂乱无章地堆放乃至形成当今的危机，人们对这些有目共睹。

（4）主体意识影响下的危机加重。生活中必有废弃物，但废弃物并非必然形成危机。危机的形成与人类行为有关，而行为必然与意识相连。与废弃物有关的意识可以总结为以下三点：自我中心意识较强，问题意识欠缺，责任意识缺失。首先是自我中心意识。在生活中，抛弃生活废弃物本身是一个必须为他人着想的行为。从本质上说，关乎群体，关乎公益。对物品而言，将其作废并抛弃者，其实已经在该物品上享有了使用收益的权利。因此，以合理的且不损害他人权利的方式安置该物品，便是天然的义务。高速公路上抛洒的食品袋，在空中飘浮，会给后续司机带来驾驶安全风险，任何一种废弃物的丢弃都会给他人带来影响。很多公民认为丢弃什么，丢弃到哪儿都是自己的自由行使意志，即通常说的“我愿意你管不着”的自我中心理论。更有甚者，将自家的垃圾扫到公共楼道，玻璃碴、废电池、金属针，不分成分，不计后果，随意混合一扔了事。方便留给了自己，洁净留在了屋内，危机关在了门外，污浊不堪留给了世界。其次是问题意识。也就是说，相当多的主体从未意识到自己处理废弃物的行为存在问题，是废弃物危机的根源所在。因为他人都如此行事，自己同样或类似的行为便天经地义。废弃物混合丢弃，甚至为了节省自家一个垃圾袋，在不装袋的情形下直接抛进公共垃圾桶，都被视为理所当然。社会公平的理念是损有余而补不足，可是在垃圾治埋的收费方面，却有着损不足补有余的嫌疑，“我的世界我做主，有钱就任性”。奢侈者每天的废弃物产生量远远大于生活节俭者或贫困者，但每户缴纳的垃圾处理费数目相等，从未意识到许多物品本不该废弃，也未意识到很多物品混合的废弃物，会带来更大的污染和废弃。最后是责任意识。生活废弃物来源于个人，人人都是制造者，顺理成章，人人也应是治理的参与者。但现实生活中，很多人避之不及，把废弃物的产生看成自己的权利，废弃物的治理当成是社会或者政府的义务。这种自我责任的严重欠缺就会造成极度不负责任的行为。老子在《道德经》中提到了人生三宝，一曰慈，二曰俭，三曰不敢为天下先。“慈”“俭”是指对物的珍惜，对物的怜爱，对物的留恋，“慈”“俭”二宝若能在对待废弃物方面施展，生活废弃物危机必然大大缓解。

第二节　生活废弃物治理概述

生活废弃物危机已然是当今的严峻现实，缓解危机、化解危机必须提上日程。本节着重讨论治理问题。

生活废弃物的治理是一个永恒的话题，源于人类生活，伴随文明成长。因此，不同历史时期随着经济发展、科技进步，生活废弃物的样态有所不同，其治理目标、主体及方法跟随历史展现出不同的发展脉络。

一、生活废弃物治理理念的发展

既然是废弃物，必然是生活中不需要的，甚至是排斥的，将其清理出生活的视野，消弭其给生活带来的不适，是人类治理废弃物的最初目标。废弃物的治理目标奠定了废弃物治理的理念。与前述生活废弃物的产生相对应，从废弃物治理历史演变过程分析，废弃物治理理念大致经历了四个阶段：打造宜居环境，污染治理，促进资源能源利用，实现五位一体的绿色发展生态文明目标。

（1）打造宜居环境阶段。早期的生活废弃物成分单一。由于生产力低下，人类获得的可用产品相对稀缺，几乎不敢使物品作废甚至丢弃，所以生活中产生的废弃物极其有限，且名副其实，抛弃的是真正无人需要的废物。该阶段的生活废弃物的主要成分是燃料的灰烬或家庭中清扫的尘土。以至于我国至今依然有很多公民称“垃圾”为“灰”。去除家中地面灰尘，清理炉灶燃烧灰烬，这些生活废弃物给人类带来的是肮脏的生活环境，去除它们，才能窗明几净，才可使人神清气爽。城市中，早期废弃物治理欠缺的结果是人类排泄物、动物排泄物肆意排放倾倒，污水横流，蝇蛆遍野，病菌传播。于是后来有了城市排污管道的建构、卫生设施的系统建立，有序长效的城市废弃物治理机制初具雏形。因此，该阶段的废弃物治理主要从卫生角度打造人类依赖的生活环境。

（2）污染治理阶段。生活物品增多，废弃物产生量随之加大。为了生活的便捷，塑料制品、橡胶制品、一次性的各种器具不断产生。一次性手套、一次性筷子、一次性泡沫饭盒充斥在生活中，为很多的单身族、忙碌的上班族和偷懒的宅男宅女们带来了便捷。便捷总是与不便同时存在，而且便捷仅仅是暂时的，不便的负面影响却旷日持久。这类一次性器具的污染包含白色污染、餐厨细菌污染、燃烧产生的空气污染等。除却塑料一次性用品的污染，人类使用的电器种类和数目呈线性上升状态。收音机、留声机逐步被电视机取代，黑白电视机被彩色大屏幕电视机更替，空调大范围取代了暖气片和电风扇，风靡一时的自行车失去了魅力，摩托车、电瓶车和汽车等非人力交通工具进入每个家庭，人类的用品从厨房到起居室，从学习到工作乃至生活，都进入了电器化和智能化阶段。这些产品最大的特征是更新换代较快，一台计算机使用不会超过三年，一部手机很少使用两年以上，这些繁杂的生活用品废弃后在垃圾桶里相遇。大杂烩中有相克的物品，这些油类、水类、塑料、橡胶、金属等混杂在一起，造成的污染给人类生存带来严重危害。1962年，蕾切尔·卡森著的《寂静的春天》引起了人们对杀虫剂以及化工污染的极度重视，而生活废弃物污染很大程度上也是化工污染。因此，污染治理在废弃物增多时成了重要目标。

（3）促进资源能源利用阶段。对于废弃物的本质，有专家称废弃物为污染物，但更多的说法是称之为"城市矿产"。清华大学的废弃物问题研究专家刘建国（2016）认为：生活垃圾的首要属性是污染源。但是这仅仅是从环境角度而言。对于污染者付费，每个废弃物的制造者是否对废弃物处理的费用予以了全额付出？在本节后面探讨处理困境时，将会说明，公民付出的垃圾处理费远远不足以用来治理废弃物。从公共管理角度、政府义务角度，国家财政应该给予多大比例补助是另一话题，其实这也从侧面说明，废弃物不只是污染物，更是有用之物。从生产力发展角度、制造业原料需求角度，都无法否认废弃物是资源能源的基本属性。德国对废弃物回收利用的悠长历史，回收的纸类、金属类、玻璃类等对经济发展的作用（本书将在后续有关章节中对世界各国的生活废弃物分类回收状况进行不同视角的探讨），以及全世界范围对废弃物的回收和二次使用，都在向人类宣称着废弃物的资源能源价值。在《废物星球：从中国到世界的天价垃圾贸易之旅》一书中，大量阐述了我国与美国在废弃物各个领域如火如荼的贸易旅程，每年我国的制造商都有很多原料来源于美国的废弃物，而作者亚当·明特很大程度上将原因归于我国制造业发展中对原材料的极度需求，并认为我国在这些废弃物贸易中受益无穷。在当今的废弃物治理研究中，关于废弃物的资源能源价值的数据也越来越具体、清晰。在一篇报道中，有如下阐述。

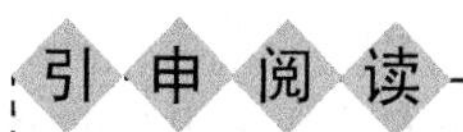

"垃圾"背后的数据（蒋洪涛，2010）

在垃圾中，约50%是生物性有机物，约30%～40%具有可回收再利用价值。我国仅每年扔掉的60多亿只废干电池就含7万多吨锌、10万吨二氧化锰……而这么巨大的浪费却是在我们十几亿人的不经意间发生的。

废纸：每回收1吨废纸可造好纸850公斤，节省木材300公斤，比等量生产减少污染75%，节省3立方米的垃圾填埋厂空间，少用纯碱240公斤。我国目前的废纸回收率仅为20%～30%，而每张纸至少可以回收两次，每年流失废纸600万吨，相当于浪费森林资源100～300万亩。

塑料制品：每回收1吨塑料饮料瓶可获得0.7吨二级原料，从1吨废塑料中能够生产出700～750公升无铅汽油或柴油。许多废塑料还可以还原为再生塑料，循环再生的次数可达十次。

废钢铁：每回收1吨废钢铁可炼好钢0.9吨，比用矿石冶炼节约成本47%，减少空气污染75%，减少97%的水污染和固体废物。人们手中所谓的破铜烂铁如易拉罐、铁皮罐头盒、废电池、废罐等溶解后可100%地无数次循环再造成新罐，或制成汽车和飞机等的零件，甚至家具。

玻璃瓶和碎玻璃片："破镜"可以重圆，废玻璃回收再造，不仅可节约自然资源，还可减少约32%的能量消耗，20%的空气污染和50%的水污染。1吨废玻璃回炉再制比利用新原料生产节约成本20%，节约石英砂720公斤、纯碱250公斤、长石粉60公斤、煤炭10吨、电400度。回收一个玻璃瓶节省的能量，可使灯泡亮4小时。令人遗憾的是，我国目前的废玻璃回收再造也没能超过10%。

厨余垃圾：我们每天从家里扔出来的垃圾中有40%以上是果皮、蛋壳、菜叶、剩饭等厨房垃圾，这些垃圾可以用堆肥、发酵的方法处理为有机肥料或饲料，在农村还可以发酵产生沼气，节约大量的能源。

反思：上述的每一种废弃物包括废纸、废塑料、废钢铁、废玻璃，都是资源或者能源的另一种形式，是人类生存的基础原料。

（4）实现五位一体的绿色发展生态文明目标阶段。经历了上述三个阶段，废弃物治理的目标是多元的，因此理念也应转向多角度。在此基础上，我国提出了绿色发展、低碳发展、生态发展的理念，与长期以来倡导的资源节约型和环境友好型社会也是一脉相承的。绿色发展首先是一种和谐发展、可持续发展，对于废弃物而言就是物的再用、转用和多次使用，即循环经济。绿水青山与金山银山之间的辩证关系，对于引导废弃物的治理具有重大的实践意义。低碳发展在废弃物治理中不仅意味着循环多次利用，还包含在人类的行为中减少废弃物的产生，避免过度的不必要消耗，以及在废弃物治理过程中的能源化资源化，如填埋气的收集、焚烧热能的发电供暖，以及废弃物生化处理中的生物燃料生产等，减少消耗，节约能源，或是生产新能源，转废弃为利用。而生态发展是指人与物之间相互促进相生相长，达到彼此最佳的生存状态，实现生命的有效最大延伸。生态发展，对于废弃物治理的目标是多方位的，既有环境的，如洁净的保持，也有污染防治的，更有节能减排、低碳化和可持续性的全方位理念。作为我国五位一体发展中的一环，生态文明与经济、政治、文化、社会紧密相连，相互融合，又自成体系。废弃物治理对经济的影响，在循环经济中表现为对资源能源的节约和生产成本的节省，对政治的影响表现为黎巴嫩和意大利那不勒斯的废弃物危机。治理理念、治理行为乃至治理过程，实质上展现了一国的文化与文明，德国的废弃物治理也是德国严谨和尊重精神的体现。因此，废弃物治理既需要生态文明的理念引导，也能表现出当下国民的生态理念。

二、生活废弃物的治理主体演变

生活废弃物的治理主体可以分为两个部分，一是促进废弃物回收的主体，其间接起到了一定的治理作用；二是清理废弃物或改善负面效应的主体。

（一）促进废弃物回收的主体

1. 前治理时代的散兵游勇

从早期兼职的货郎以废换货，到专业的各类废品收购者，生活废弃物的回收者为分散的民间个体。几块塑料、一把牙膏壳、残破的鞋子、捡到的铜铁、几根啃过的干干净净的大骨头，在货郎那里很快会被掂量出可以换多少根缝衣针、几块麦芽糖，无须用秤杆秤砣量取，货郎的眼睛和双手就是标准。专业的废弃物收购人则一杆木秤、一辆破车吆喝着走天下。这是废弃物回收方面，国家经营前的基本状态。而当时的物品几乎各尽其用，旧而不废，形不成危害也无须治理。因此称为前治理时代。

2. 计划时代的国家统一回收

国家层面的废品回收利用概念从20世纪60年代开始。在“发展经济，保障供给”的理念之下，由国家统一管理物资，可以利用的废弃物自然就由国家统一回收。对废弃物统一回收的管理任务交给了当时的物资局，该局对原生物品如金属、玻璃、塑料、水泥、轮胎等60多种物品进行统一调配，也对废弃物等再生物资进行统一管理。随着20世纪80年代改革开放后的经济迅速增长，在市场配置调节资源背景下，物资局退出历史舞台。

3. 市场经济下的个人与企业回收

以利润发展为主导的废弃物回收利用，首先表现的是竞争。在利益的驱使下，在废弃物回收领域展开了个人与企业的激烈竞争。在竞争过程中，企业和个人各有优劣。个人反应速度快、灵活性强，对于脏乱差都能有较大的宽容度。而企业本应是竞争中的有力主体，企业的规模效应、管理效率以及操作的规范性，都使企业在废弃物回收中拥有一定优势，但是企业的灵活性、反应速度、逐利天性和便捷性不如个人，这在分散的废弃物回收中处于劣势。同时，在激烈的价格比拼中，容易造成两败俱伤，最终导致恶性竞争。在竞争中，经济利益驱动占据绝对上风，对于废弃物回收的相应环保标准、健康标准等无暇顾及。企业与个人对废弃物回收的竞争，最后造成了两大负面后果：一是回收及处理中的打破规范，造成对环境和身体的危害；二是大量向国外寻求废弃物回收渠道，造成洋垃圾在我国的肆意泛滥，进而增加污染和危害，加重我国废弃物处理负担，甚至可能带来疾病传播。2013 年，上海海关缉私局 4 月的一份声明称："有些不法商贩为了追求利润最大化，在货物中夹带医疗和其他废弃物，直接威胁人们的健康（乔·麦克唐纳，2013）。"而这些洋垃圾中夹杂着大量无用的，不可回收的或者其他有危害和污染的垃圾。因此公益力量和政府力量的介入势在必行。

4. 逐步完善下的政府整合到社会整合

生活废弃物的回收是一项系统工程，从个人到国家再到社会的历史演变表明，任何一个单一的主体都是独臂不支、孤掌难鸣的。很多专家发出呼吁，要求出台有害垃圾目录和可回收垃圾目录，引起了各级政府重视。于是对于废弃物的回收，政府层面展开了专项治理。早在 2009 年，商务部、财政部联合发文《关于加快推进再生资源回收体系建设的通知》（商贸发〔2009〕142 号），各地区的政府行动随之展开。例如，2011 年，济南市政府出台了《关于加快再生资源社区回收站（点）建设的意见》，攀枝花市东区人民政府办公室 2014 年发布《关于开展社区再生资源回收网点摸底调查的通知》（攀东府办〔2014〕42 号），对废弃物回收站的设置标准、设施设备标准、管理标准等方面进行了具体规范的规定，并由政府给予一定的财政补贴。

财政补贴在废弃物回收处理中容易出现腐败、低效率或者谎报瞒报等情形。吃补贴之风在废弃物回收业屡禁不止，同时给政府带来巨大的财政负担，因此联合社会力量，走市场与政府的双轨制，加强社会的监督管理，以及专业参与，借助社会力量共同整合废弃物回收成为发展的主要方向。2015 年，国务院办公厅转发财政部、发展改革委、人民银行《关于在公共服务领域推广政府和社会资本合作模式的指导意见》明确提出，鼓励在公共服务领域推广政府和社会资本合作（public-private-partnership，PPP）模式，目前的 PPP 模式在废弃物治理的各个领域和层次，都得到了充分的实践应用。同时借助于互联网的 O2O 模式，杭州的虎哥回收，武汉的回收哥，北京的再生活、无忧回收、闲豆回收、淘弃宝、帮到家、香蕉皮、盈创回收等，废弃物回收体系日益成熟，从政府整合健康地迈向社会整合。

实现政府整合到社会整合的较为成功的典范，是北京环境卫生工程集团有限公司的大环卫模式。在整个运作体系上实现了生活垃圾网与废旧物资网"两网融合"，其服务模式是大环卫、全覆盖、一体化，其运营方式是 1 网 + N 园的固废收运处一体化（罗伟，2017）。在服务模式上实现了四大延伸：从道路清扫保洁，延伸到路面、保洁、交通设施和市政设施清掏等综合清扫清洁服务；收运单一的生活垃圾，延伸为统收统分多种废旧物资；处理单纯的生活垃圾，延伸为多种废弃物协同分质处理；由单纯向政府提供服务，延伸为向全社会提供环境综合服务（雷英杰，2017）。

（二）清理废弃物或改善负面效应的主体

在清理废弃物和改善负面效应方面，国家承担着行政管理职能。从最初的清理由环境卫生行政主管部门，如环卫所、环境卫生管理局等单一部门负责，到后来的环境污染治理联合国土部门、环保部门，以及后来涉及的农业部、卫生部、工业和信息化部等部门共管。2011 年，国务院批转了 16 个部门，即住房城乡建设部、环境保护部、发展改革委、教育部、科学技术部、工业和信息化部、监察部、财政部、人力资源社会保障部、国土资源部、农业部、商务部、卫生部、国家税务总局、广电总局和中央宣传部联合颁布的《关于进一步加强城市生活垃圾处理工作的意见》。目前的治理主体格局大致可以总结为以发展改革委、住房城乡建设部及环境卫生部门为主体的各部门分工负责，齐抓共管。

三、生活废弃物的治理方法及现实状况

2007 年，建设部颁布了《城市生活垃圾管理办法》（以下简称《办法》），在该《办法》第三条的基本原则规定中，明确提出了城市生活垃圾的治理，实行减量化、资源化、无害化和谁产生、谁依法负责的原则，这既是基本原则，也是基本目标。在此原则和目标的指导下，目前我国生活废弃物的具体治理方法大致分为填埋、焚烧、堆肥以及其他治理方法，以填埋和焚烧为主要治理方法。

（一）填埋法

填埋法，是将垃圾填埋入地下进行污染隔离的一种处理方法。这是目前我国大部分地区广泛应用的生活垃圾治理方法。该方法源于国外，最早产生于英国，1920 年，为保护地下水，卡尔和道斯发明了新的垃圾处理方法，即隔离填埋废弃物的方法，并经过试用后广泛宣传。1930 年，美国引进这种填埋处理法并加以改进，取名"卫生填埋法"。1935 年，法国工程师将此方法引入法国圣皮埃尔市（卡特琳·德·西尔吉，2005）。一般来说，天然洼坑、采石场是较好的填埋选址地。被填埋的废弃物，需要达到以下几个要求：可分解，无污染，少渗滤。即难以降解的、有毒有害的、潮湿度较高的废弃物一般不适合填埋。在填埋方法上，最初是简单的平铺，即不超过两米，平铺垃圾后，铺上杀菌材料，用推土机推平土壤，这种方法既保证了透气性，也能使有机废弃物实现有氧发酵和生物降

解，但对土壤的浪费较大。空间利用的局限性，以及填埋后渗透成分的污染，要求填埋法在后续发展中不断进化改善。即采用水平防渗和垂直防渗的方法，在填埋坑四周和底部铺设防渗漏材质，对于废弃物采用压缩方法，在每一层特定厚度的压缩垃圾上覆盖一层土壤，既像三明治又似千层饼，日本建立在海底的梦岛垃圾场就是采用此方法，在1996年，该垃圾场已高出海平面30多米了。

我国的填埋法始于20世纪80年代。最初引入填埋法时，由于缺乏资金和技术，基本采用的是最简单的无防控填埋。到目前为止，我国的填埋大致分为简易填埋、受控填埋和卫生填埋。这也与生活废弃物处理的目标发展阶段相一致，即由最初的生活废弃物移除到后来的污染防治以及到当今的卫生、防污和绿色利用一体化发展脉络。从级别上分，填埋分为四级，即Ⅵ，Ⅲ，Ⅱ，Ⅰ。最低级别即Ⅵ级，属于传统的简易填埋，早期的填埋场设施简陋，容量较小，可用服务年限较短，防渗漏严重欠缺。我国约有50%的城市生活垃圾填埋场属于Ⅵ级填埋场。Ⅵ级填埋场为衰减型填埋场，它不可避免地会对周围的环境造成严重污染。受控填埋场是Ⅲ级填埋场，是一种半封闭填埋场，主要指虽有部分工程措施，但不齐全；或者是虽有比较齐全的工程措施，但不能满足环保标准或技术规范。存在问题集中在场底防渗、渗滤液处理、日常覆盖等不达标，目前占比30%。卫生填埋场属于Ⅱ级或者Ⅰ级填埋场，该类填埋场的特征是既有比较完善的环保措施，又能满足或大部分满足环保标准，Ⅰ级、Ⅱ级填埋场一般为封闭型或生态型填埋场。其中Ⅱ级填埋场属于基本无害化，在我国约占比15%；Ⅰ级填埋场属于无害化，在我国约占比5%，经过发展与完善，我国新建的填埋场日趋完善，级别提升，深圳市下坪垃圾卫生填埋场、广州市兴丰垃圾填埋场、上海老港四期生活垃圾卫生填埋场是代表，但成本较高。按照住房和城乡建设部的划分标准，2000年以前，基本上是Ⅲ级、Ⅵ级的居多。目前，2000年以前的填埋场基本都已经关闭。2005年以后建设的垃圾填埋场能够基本达标的、符合环保标准，甚至达到Ⅰ级标准的填埋场都比较多。

杭州市天子岭垃圾填埋场，是我国第一个启用垂直防渗漏的填埋场。1991年4月投入使用。至2006年年底，已处理城市垃圾超出800万t，拥有甲级环保运营资质和工程咨询Ⅱ级资质。1998年，天子岭总场与法国威立雅公司合作，建成国内第一家填埋气体发电厂，总装机容量1940kW，产生电力通过华东电网送到工矿企业和市民家中，每年发电可产生720万元的经济效益，同时，每年可削减填埋气体排放量超出1200万m^3。从最初的卫生到后来的污染防治，再到填埋气的释放与合理利用，今天的天子岭垃圾填埋场已经实现了节能减排与绿色生态同步发展。对于填埋出现的问题，全国各个填埋场都进行了一定程度的完善，基于长久的环境和成本效应，南京于2015年年底发布《南京市建设项目环境准入暂行规定》，将不再建立新的生活垃圾填埋场（不包括灰渣填埋场及生活垃圾应急填埋场），对于现行的三大填埋场：水阁、轿子山和天井洼，均进行了不同程度的雨污分流改造、防渗漏加固以及相应的封场。

对于我国生活废弃物的填埋现状，现根据我国近十年的数据统计，将相关数据提取分析①。表 1-3 中的填埋率数据是通过计算获取，其他数据摘自相应年份统计年鉴的原始数据，并对这些数据进行了整理与排列。从表 1-3 中可以发现，我国的生活废弃物处理从宏观上依然依赖于填埋处理方式，从 2006 年的 43%至 2015 年的 60%，十年间填埋企业数从 324 增加到 640，增长近乎一倍，日处理量从 20.66 万 t 增长到 34.41 万 t，提高了 66.55%，填埋量从 6408 万 t 增加到 11483 万 t，提高了 79.20%。与企业数、日处理量、填埋量的骤增形成鲜明对比的，是填埋率稳中有降，特别是 2010～2015 年，填埋率基本趋于稳定数值。这说明，在以填埋为处理方式的废弃物治理中，其成本低，操作相对简易，对于缓解我国严重的废弃物危机起到了重要作用。但是在未来的发展趋势中，填埋法无法成为废弃物处理的主流趋势，其存在的一些长期隐患、不可控性及负面效应是填埋法的瓶颈与困境。

表 1-3　2006～2015 年我国废弃物填埋处理企业和处理能力状况表

项目	年份									
	2006	2007	2008	2009	2010	2011	2012	2013	2014	2015
企业数	324	366	407	447	498	547	540	580	604	640
日处理量/万 t	20.66	21.52	25.33	27.35	29.0	30.01	31.09	32.28	33.53	34.41
清运量/万 t	14841	15215	15438	15734	15805	16393	17081	17239	17860	19142
填埋量/万 t	6408	7633	8424	8899	9598	10064	10513	10493	10744	11483
填埋率/%	43	50	55	57	61	61	62	61	60	60

另外，图 1-2 表明我国废弃物填埋的日处理量稳中上升，但图 1-3 表明，总体的填埋率趋于稳中有降。由此反映，在废弃物处理方式的未来趋势方面，填埋不是理想的处理途径。

（二）焚烧法

鉴于填埋场的占地面积巨大，前面已阐述，全国近 700 座城市中有 2/3 的城市已处在垃圾的包围之中，其中有 1/4 的城市基本已经没有适合垃圾填埋堆放的场地。在我国，可用人均耕地面积只有世界人均耕地面积的 1/4，因此，从长远角度来说，随着人口增加，废弃物的不断增长带来的处理危机加剧，填埋已不是长效机制。除此之外，填埋引起的污染和其他毒害事件及火灾隐患等

① 数据来源于 2007～2016 年的《中国统计年鉴》。

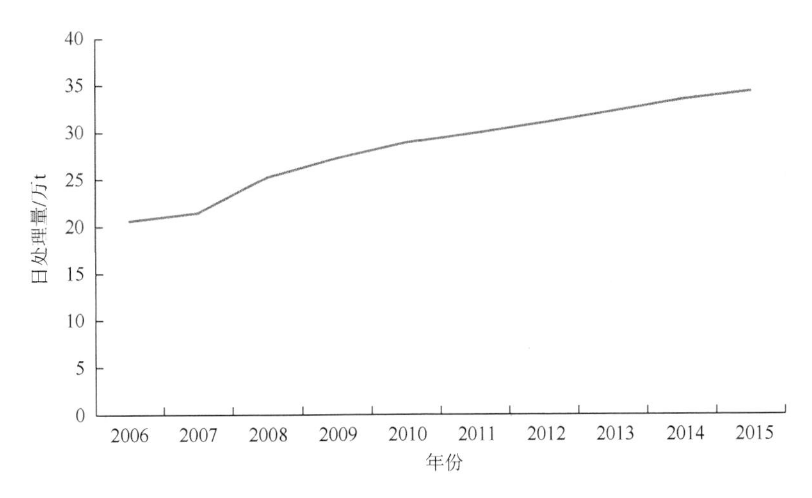

图 1-2　2006～2015 年我国废弃物填埋日处理量发展折线图

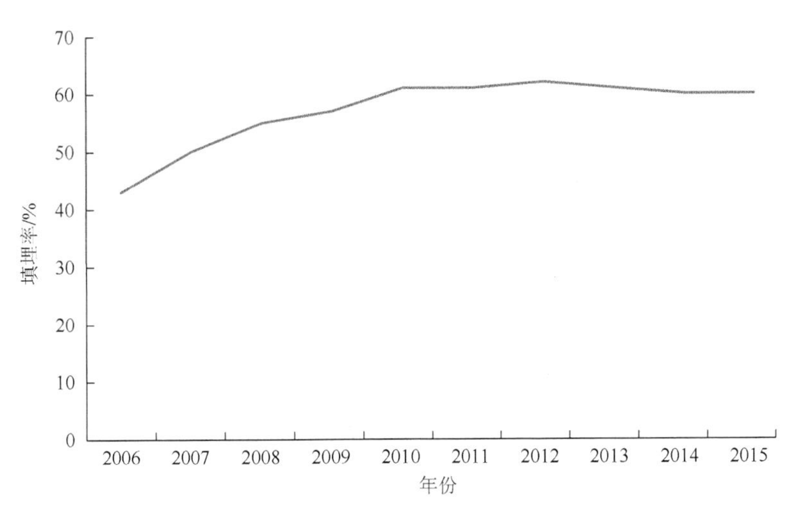

图 1-3　2006～2015 年我国废弃物填埋率发展折线图

各种显性和隐性危机，一旦爆发，后果将不堪设想。因此，尽管其处理简单，短期效果佳，但是，在处理生活废弃物方面，焚烧法比填埋法有着更长远和切实的可行性。

与填埋法相比，焚烧法的历史更为悠久。19 世纪末以来，国外为了有效消灭讨厌的垃圾，就开始了家庭自行焚烧方式。在英国，许多家庭都安装有家庭焚化炉，美国人则在大楼的地下室安装整栋大楼的焚化炉，收集垃圾焚化过程中产生的热量供热供暖，这样既解决了生活废弃物的麻烦，又补足了燃料。后来，废弃物焚化走向工厂化，19 世纪七八十年代，英国、美国纷纷建立了一批废弃物焚化工厂。1893 年，法国建立第一座废弃物焚化工厂，该焚化工厂坐落于巴黎附近的查维勒（卡特琳·德·西尔吉，2005）。而随着废弃物焚烧法的广泛使用，发现焚烧所散发的浓烟具有一定毒害作用。随着重化工业的发展，一些混合在废弃物中的塑料、重金属甚至医疗废弃物等在焚烧中产生危害环境和健康的物质，特别是众所周知的高致癌物，即二噁英，于是世界反垃圾焚烧浪潮不断扩展并达到高潮。以控制和减少焚烧中的二噁英为目标，将废弃物焚化引向健康化安全化，世界范围内的焚烧技术不断更新完善，于是产生了流化床、排炉等焚烧新设施和新工艺，焚烧温度达到850～1000℃甚至以上，并在高温停留一段时间，以此最大限度地控制二噁英的产生。垃圾焚烧产生的热量用于供电供暖供热，焚烧法得到了进一步的稳定健康发展。

我国废弃物焚烧技术自 20 世纪 80 年代中后期开始引入，即焚烧法处于风口浪尖之时。我国的废弃物焚烧行业起步晚，但由于有了国外的经验教训作为前车之鉴，同时也有国外的先进技术作为基础，我国的废弃物焚烧产业发展相对平稳，产生的环境危害和健康风险相对要小，属于起步较高发展快速型。我国第一座工业化垃圾焚烧发电厂于 1988 年建于深圳，拥有两台日处理量为 150t 的焚烧炉。最早的千吨以上日处理量的大型垃圾焚烧发电厂是上海浦东的御桥垃圾焚烧厂。

表 1-4 对我国 2006～2015 年的废弃物焚烧处理状况进行了数据整理与分析总结。总体来说，这十年间我国的废弃物焚烧行业发展迅猛，每一指标都以倍数速度在增长。从企业数上看，十年间焚烧企业数从 69 家上升至 220 家，即 2015 年是 2006 年的 3.2 倍。日处理量则从 39966t 上升为 219080t，增长了 4.48 倍；而焚烧量的变化也是惊人的，增长了 4.43 倍，即日处理量与焚烧量近乎同步增长。焚烧率的变化从 8%上升到了 32%。可以说，从速率而言，废弃物的焚烧处理发展速度明显比填埋的增长速度要大得多。图 1-4 直观说明了我国的焚烧日处理能力发展迅猛，同样在此基础上，图 1-5 所反映的 2006～2015 年的焚烧率处于稳定的增长态势。

表 1-4　2006～2015 年我国废弃物焚烧企业和处理能力状况表

项目	年份									
	2006	2007	2008	2009	2010	2011	2012	2013	2014	2015
企业数	69	66	74	93	104	109	138	166	188	220
日处理量/t	39966	44682	51606	71253	84940	94114	122649	158488	185957	219080
清运量/万 t	14841	15215	15438	15734	15805	16393	17081	17239	17860	19142
焚烧量/万 t	1138	1435	1570	2022	2317	2599	3584	4634	5330	6176
焚烧率/%	8	9	10	13	15	16	21	27	30	32

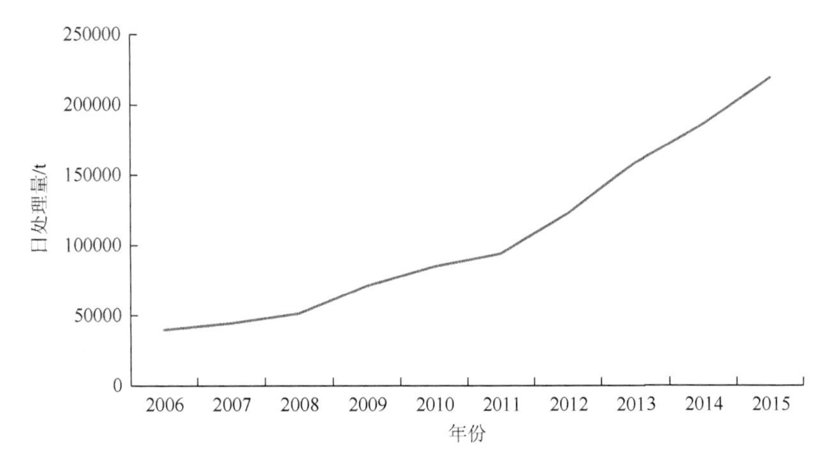

图 1-4　2006～2015 年我国废弃物焚烧日处理量发展折线图

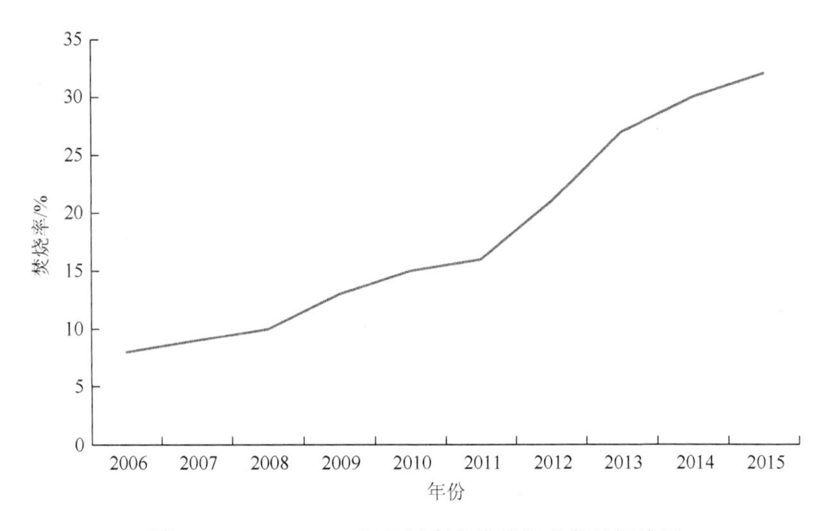

图 1-5　2006～2015 年我国废弃物焚烧率发展折线图

总体说来，废弃物焚烧法与填埋法相比，具有一定的优势。第一，占地面积小。同样的处理能力和规模，建立焚烧厂所需的面积要远远小于建立填埋场。第二，经处理后实现的减量化效果明显。焚烧后的废弃物从质量和体积上都实现大幅减量，特别是体积上，根据分类程度可实现体积减小 50%～80%。第三，生命周期长。与填埋场的生命年限较短相比，焚烧厂的生命年限受到技术更新和设施折旧率的影响，相对要长。第四，污染和损害小于填埋法。从对环境的污染破坏，以及对人体健康的危害方面来说，焚烧控制了二噁英的负面影响，焚烧法几乎不产生风险和危害。第五，焚烧法的治理更为彻底。焚烧后，处理中的所有废弃物灰飞烟灭，物品的生命周期彻底终结，而填埋法中废弃物的消解要缓慢得多，深埋地下的废弃报纸几年后挖出，字迹依然依稀可辨，且废弃物掩埋后的土壤污染、发酵气体风险都可能在数年后产生，即便填埋场封场停用，都需要监控一定的年限。而焚烧法较之于填埋法的最大益处是，焚烧后的热能易于收集使用，填埋后的气体回收投资大，周期长，稳定性欠缺。

（三）我国的废弃物处理状况分析

在我国目前的废弃物治理方法中，填埋法和焚烧法构成了无害化处理的两种基本方式。从表 1-5 中可以看出，2006～2015 年，填埋法一直占据统治地位，从占比 43.2%上升至 2012 年的最高比例 61.5%，而后又呈逐年下降趋势。而焚烧法占比也从最初的不足 10%上升到 32.3%。无害化处理率在这十年间有了较大的提升，从 52.2%上升到 94.1%。图 1-6 展现焚烧率和填埋率的趋势，表明填埋率的未来发展呈下降趋势，而焚烧率发展呈上升趋势。从数字层面分析当前的无害化率，似乎已经达到了较为理想的状态。但填埋法与焚烧法是否真正实现了无害化，将在后面进一步分析。

表 1-5　2006～2015 年我国废弃物无害化处理状况　　（单位：%）

项目	年份									
	2006	2007	2008	2009	2010	2011	2012	2013	2014	2015
填埋率	43.2	50.2	54.6	56.6	61.0	61.4	61.5	60.9	60.2	60.0
焚烧率	7.7	9.4	10.2	12.9	15.0	15.9	21.0	26.9	29.8	32.3
无害化率	52.2	62.0	66.8	71.4	77.9	79.7	84.8	89.3	91.8	94.1

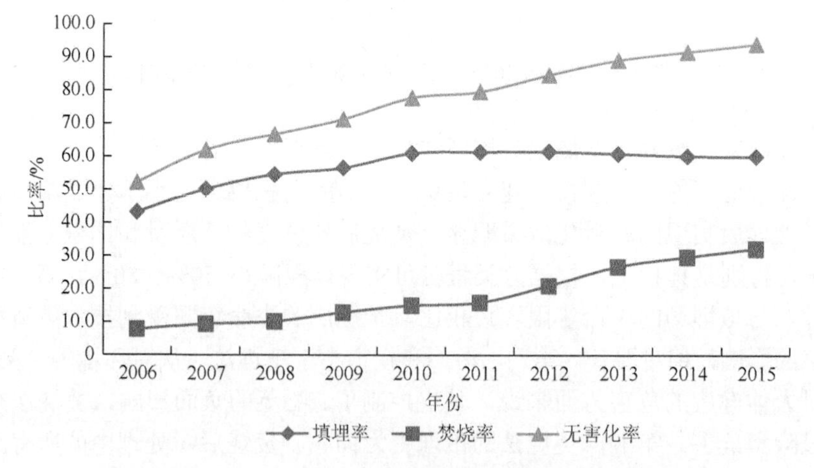

图 1-6　2006～2015 年我国废弃物无害化处理率发展折线图

1. 无害化处理率

根据近五年《中国统计年鉴》记载的废弃物无害化处理率分析，比率达到 90%以上的省市逐年增多。2011 年，全国有 10 个省（自治区、直辖市）的生活废弃物无害化处理率达到 90%以上（表 1-6），2012 年该数据上升至 13 个省（自治区、直辖市）（表 1-7），2013 年进一步扩大至 19 个省（自治区、直辖市）（表 1-8）。随着经济发展和废弃物处理的进步，2014 年和 2015 年的无害化处理率则以 95%作为基础数据，2014 年无害化处理率达到 95%以上的为 15 个省（自治区、直辖市）（表 1-9），2015 年无害化处理率达到 95%以上的省（自治区、直辖市）达到了 17 个（表 1-10）。

表 1-6　2011 年废弃物无害化处理率达到 90%以上的省（自治区、直辖市）

省（自治区、直辖市）	天津	重庆	北京	浙江	广西	福建	江苏	山东	海南	陕西
处理率/%	100.0	99.6	98.2	96.4	95.5	94.6	93.8	92.5	91.4	90.3

表 1-7　2012 年废弃物无害化处理率达到 90%以上的省（自治区、直辖市）

省（自治区、直辖市）	海南	天津	重庆	北京	浙江	山东	广西	福建	江苏	湖南	贵州	内蒙古	安徽
处理率/%	99.9	99.8	99.3	99.1	99.0	98.1	98.0	96.4	95.9	95.0	91.9	91.2	91.1

表 1-8　2013 年废弃物无害化处理率达到 90%以上的省（自治区、直辖市）

省（自治区、直辖市）	海南	山东	浙江	重庆	北京	安徽	福建	江苏	天津	广西
处理率/%	99.9	99.5	99.4	99.4	99.3	98.8	98.2	97.6	96.8	96.4
省（自治区、直辖市）	陕西	湖南	四川	内蒙古	江西	宁夏	云南	上海	河南	
处理率/%	96.4	96.0	95.0	93.6	93.3	92.5	92.0	90.6	90.0	

表 1-9　2014 年废弃物无害化处理率达到 95%以上的省（自治区、直辖市）

省（自治区、直辖市）	上海	浙江	山东	海南	湖南	北京	安徽	重庆
处理率/%	100.0	100.0	100.0	99.8	99.7	99.6	99.5	99.2
省（自治区、直辖市）	江苏	福建	天津	内蒙古	陕西	四川	广西	
处理率/%	98.1	97.9	96.7	96.1	95.8	95.4	95.4	

表 1-10　2015 年废弃物无害化处理率达到 95%以上的省（自治区、直辖市）

省（自治区、直辖市）	江苏	山东	上海	湖南	海南	安徽	福建	浙江	广西
处理率/%	100.0	100.0	100.0	99.8	99.8	99.6	99.2	99.2	98.7
省（自治区、直辖市）	重庆	陕西	内蒙古	山西	四川	河南	河北	辽宁	
处理率/%	98.6	98.0	97.7	97.2	96.8	96.0	96.0	95.2	

从表 1-6～表 1-10 可以看出，废弃物无害化处理率较高的，大多数为经济发展较好的地区。如果以 90%以上为优，我国无害化处理率达优的城市和省（自治区、直辖市）正逐年增多。从地区分析，华东地区的废弃物处理一直处于领先的状态。在 2014 年到 2015 年间，华东地区的六省一市（江苏、浙江、江西、安徽、福建、山东、上海）全部达到无害化处理率 95%以上，紧跟其后的就是西南（重庆、四川、贵州、云南，西藏无数据）和中南地区（湖南、湖北、广东、广西、河南、海南）也均达到 90%以上，因此华东、西南和中南地区在我国废弃物处理中处于较为领先地位。

2. 2011～2015 年华东地区废弃物的填埋率和焚烧率

从表 1-11～表 1-15 可以大致看出，大多地区的焚烧率呈上升趋势，填埋率总体呈下降趋势，但由于各地具体情形不同，升中有降或降中有升的情形偶尔会出现。

表 1-11　2011 年华东地区各省市废弃物填埋率和焚烧率

省（自治区、直辖市）	总清运量/万 t	填埋量/万 t	焚烧量/万 t	填埋率/%	焚烧率/%
上海	704.0	362.7	59.2	51.5	8.4
江苏	1119.8	502.2	547.8	44.8	48.9
浙江	1018.1	513.8	468.0	50.5	46.0
安徽	435.1	318.0	60.4	73.1	13.9
福建	433.5	263.5	146.4	60.8	33.8
江西	306.6	270.6		88.3	0
山东	959.5	702.1	148.9	73.2	15.5

表 1-12　2012 年华东地区各省市废弃物填埋率和焚烧率

省（自治区、直辖市）	总清运量/万 t	填埋量/万 t	焚烧量/万 t	填埋率/%	焚烧率/%
上海	716.0	377.5	103.6	52.7	14.5
江苏	1210.1	493.3	667.6	40.8	55.2
浙江	1055.0	469.6	574.5	44.5	54.5
安徽	442.1	314.8	88.1	71.2	19.9
福建	493.8	238.1	218.0	48.2	44.1
江西	377.2	291.3		77.2	
山东	1062.4	719.4	295.9	67.7	27.9

表 1-13　2013 年华东地区各省市废弃物填埋率和焚烧率

省（自治区、直辖市）	总清运量/万 t	填埋量/万 t	焚烧量/万 t	填埋率/%	焚烧率/%
上海	735.0	419.0	170.0	57.0	23.1
江苏	1202.7	432.6	738.3	36.0	61.4
浙江	1123.3	471.0	646.0	41.9	57.5
安徽	455.9	346.9	103.6	76.1	22.7
福建	551.8	192.8	335.8	34.9	60.9
江西	339.0	316.2		93.3	0
山东	1007.4	546.8	435.5	54.3	43.2

表 1-14　2014 年华东地区各省市废弃物填埋率和焚烧率

省（自治区、直辖市）	总清运量/万 t	填埋量/万 t	焚烧量/万 t	填埋率/%	焚烧率/%
上海	608.4	328.8	238.4	54.0	39.2
江苏	1352.4	455.2	871.6	33.7	64.4
浙江	1229.1	460.4	768.6	37.5	62.5
安徽	464.8	333.0	129.5	71.6	27.9
福建	598.9	188.5	376.9	31.5	62.9
江西	308.9	287.1		92.9	0
山东	958.5	533.9	386.9	55.7	40.4

表 1-15　2015 年华东地区各省市废弃物填埋率和焚烧率

省（自治区、直辖市）	总清运量/万 t	填埋量/万 t	焚烧量/万 t	填埋率/%	焚烧率/%
上海	613.2	329.2	250.0	53.7	40.8
江苏	1456.1	407.3	1048.8	28.0	72.0
浙江	1332.6	548.9	773.3	41.2	58.0
安徽	491.9	287.8	201.9	58.5	41.0
福建	608.1	237.1	366.0	39.0	60.2
江西	329.3	311.0		94.4	0
山东	1377.5	749.8	562.2	54.4	40.8

表 1-16 表明，我国的焚烧法在生活废弃物处理中占有越来越高的比例，范围也呈现拓宽趋势。从 2011 年到 2015 年，在江苏、云南地区的废弃物处理中，一直是焚烧法占据优势地位，但在随后的发展中，浙江、福建、湖北和云南地区的焚烧率也逐渐超过了填埋率，形成了焚烧法占优势地位的废弃物处理方式。贵州

和陕西地区在2015年开始引入焚烧法。目前，除西藏缺省数据，在江西、青海、宁夏和新疆等地区无焚烧处理方式。

表1-16　全国废弃物焚烧量大于填埋量的地区及状况

年份	地区数	具体比率（万t/万t）
2011	2	江苏547.8/502.2；云南123.2/94.1
2012	4	江苏667.6/493.3；浙江574.5/469.6；海南61.6/48.5；云南144.7/109.0
2013	6	江苏738.3/432.6；浙江646.0/471.0；福建336.8/192.8；湖北342.1/294.8；海南63.4/61.8；云南170.8/113.3
2014	6	江苏871.6/455.2；浙江768.6/460.4；福建376.9/188.5；湖北344.2/322.4；云南91.2/132.0；天津106.6/102.1
2015	7	天津114.2/109.1；江苏1048.8/407.3；浙江773.3/548.9；福建366.0/237.1；湖北389.6/348.4；海南90.5/69.3；云南187.6/146.5

四、当前生活废弃物的治理困境

生活垃圾治理遵循的是三化原则，即无害化、减量化和资源化。对于减量化和资源化的内涵，在《中华人民共和国循环经济促进法》的第三、四章节有具体阐述和要求，但是对于无害化，目前无明确界定，实践中把填埋法和焚烧法以及少量的堆肥法处理的废弃物均纳入了无害化处理范畴。虽然称其为无害，实质是否全然无害已经在实践中得到了明确答案。在目标上，总体以清洁和经济及环保为目标，对于气候变化及能耗的考虑相对欠缺。从过程来看，存在着前端、选址及终端三大困境。下面仅就三大困境进行分析。

（一）前端困境

前端困境大致可以总结为“四无”困境，即无意识，无计量，无记录，无分类。

无意识是指在日常生活物品生产、使用和处理中，欠缺无害、减量和资源再利用的三化原则意识。对于属于有害种类的废弃物，普通公民无概念，对于电池电灯管之类的废弃物，任意抛之，随意丢弃。生产厂商置“过度包装”的禁令于不顾，产品中的豪华包装，甚至超过物品本身价值的包装也随处可见。一次性用品充斥着餐饮旅游业甚至个人家庭，包括碗筷勺子、雨具手套等非必要性一次性用品，这类行为和现象为生活废弃物的问题积累埋下了隐患。

无计量是指无论在家庭产生废弃物的量上，还是在垃圾治理的收费方面，从未进行过衡“量”行为；在废弃物的收集和清运方面，从小区或任一公共场所拖运的废弃物，从未在清运原地进行过质量称重。每个家庭具体的废弃物产生量欠缺数据，每栋建筑大楼产生的垃圾量无从计算，小区整体的废弃物产生量也从不统计，这无论是从经济角度还是从管理角度，都是一笔糊涂账，也将是治理的重大难题。

无记录即无计量，废弃物的产生源头、种类数量、各地区的主要品种、存在问题等均无有效记录。废弃物的产生者对抛弃方式不持审慎心态，即便造成恶劣后果，也无从追本溯源。这将给后期治理带来极大困难，所需要的管理人员、资金、设备等配备无法做到科学匹配，因为无“据”可依。

无分类是最大的困境，广泛使用的分类垃圾桶，显然只是习惯性标识而已，内部的内容（即被人们投进的废弃物）全然没有区别，由此形成的恶性循环，导致公民要么无所适从，要么置若罔闻。最大的方便即“一包式全部囊括”，带来了长期的极大不便，人们将自己困在垃圾山中，作茧自缚也罢，自食其果也罢，问题要得到圆满解决，就要改善垃圾分类举步维艰的境况。

（二）选址困境

选址困境主要体现为三大方面：垃圾中转站选址困境，填埋选址困境，焚烧选址困境。

（1）垃圾中转站选址困境。生活垃圾中转站是通常称谓，在规范术语中，称为生活垃圾转运站。其承载的功能有就近收集人口聚居区生活废弃物，对水分较高的生活废弃物进行沥水干燥，压缩收集的废弃物以便运输时减小体积，对生活废弃物进行分类。前三大功能在当前实践中基本实现，最后的功能实现有所欠缺。中转站的选址困境主要集中在：建设选址时，居民对居住地周边建立中转站的强烈反对；运营中，周边居民对中转站恶臭气味的强烈抗议。对生活垃圾中转站的投诉、抗议屡有发生。2016年，住房和城乡建设部颁布了《生活垃圾转运站技术规范》，对相应的标准进行了设定。但是中转站建立在人口密集区，是无法避免的必然困境。无论从效率方面，还是从效果方面，中转站的选址必定在人群聚居区，荒郊野外何有中转？何须中转？解决此困境只有从消毒入手，在收运时间方面选择避开人群高峰出行时间。

（2）填埋选址困境。填埋场选址的困境来源于多方面。填埋场本身对地貌、面积具有严格的要求，同时必须远离居民集中居住地，这对于选址政府方而言，本身就是客观困境。一旦选择到合适地址，就涉及公民搬迁问题，即便不涉及周边的居民搬迁，也可能存在抗议阻挠问题。

（3）焚烧选址困境。焚烧场的选址困境在最近几年的建设中屡见不鲜。从2006年北京的六里屯事件到广东番禺垃圾焚烧场的受阻事件，北京阿苏卫事件，2016年的湖北仙桃事件，以及2017年5月的广东清远反对建立焚烧项目事件等。

在当前的三方面选址困境中，焚烧选址困境尤为明显。

（三）终端困境

在废弃物治理中，终端困境表现为填埋和焚烧后，显示出一定的负面后果进而引起后续焚烧和填埋的遇阻或艰难。以下称为填埋困境和焚烧困境。

1. 填埋困境

为防止填埋的无序或负面效应，住房和城乡建设部和国家环境保护总局陆续出台了三四十部关于生活废弃物填埋场的法规或相应标准，主要有《生活垃圾卫生填埋场运行监管标准》《生活垃圾填埋场防渗土工膜渗漏破损探测技术规程》《生活垃圾卫生填埋处理技术规范》《生活垃圾卫生填埋场运行维护技术规程》《生活垃圾填埋场污染控制标准》《生活垃圾填埋场无害化评价标准》《生活垃圾卫生填埋场防渗系统工程技术规范》等。但是负面效应导致的困境依然不可避免地发生了。

在填埋领域，主要表现为三大困境：土地占用困境，污染困境，火灾隐患困境。

（1）土地占用困境。我国目前的废弃物处理方式以填埋为主，填埋场达到640座。填埋比例达到60%，填埋场的占地面积总体数额较大。2006年3月14日，在十届全国人民代表大会第四次会议上通过的《国民经济和社会发展第十一个五年规划纲要》，提出了“18亿亩耕地红线”。根据2010年11月6日的中央电视台《新闻周刊》报道，我国有1/4的城市基本没什么垃圾填埋堆放场地。这意味着，对于垃圾围城的普遍问题，无法从郊区或偏远的农村，寻找可以用的大面积土地作为填埋场。因此，在土地占用面积上，填埋法的未来发展趋势，遭遇到不可逾越的发展瓶颈。

（2）污染困境。填埋场的污染包含空气污染、水污染和土壤污染。填埋场的垃圾成分复杂多样，经过长期有机物发酵和物质间反应，会产生一定的污染气体，生成的气体大体可分成5类：①含硫化合物，如硫化氢、二氧化硫、硫醇、硫醚等；②含氮化合物，如氨气、胺类、酰胺、吲哚等；③卤素及衍生物，如氯气、卤代烃等；④烃类及芳香烃；⑤含氧有机物，如醇、酚、醛、酮、有机酸等。其中二氧化硫、氯气、芳香烃等气体对大气的污染以及对人体的健康危害已成为填埋场的重要负面后果。水污染方面，主要是填埋渗滤液对地表水和地下水的污染，渗滤液来源有多种：天气原因造成的雨水渗滤，反应形成水分渗滤，废弃物自身含水渗滤等。有数据表明，2016年，渗滤液产量达到9151.65万t，日均产量达到25万t（张益，2017）。渗滤除了形成对水体的污染，发生扩散必然造成周边土壤污染。

（3）火灾隐患困境。由于填埋场是甲烷气的生成重地，甲烷是可燃性气体，所以，明火事件或者爆炸灾难隐患，成为填埋场未来遭到激烈反对的重要原因。除却20世纪末发生的有关垃圾填埋场的灾难事件，21世纪初主要有爆炸及火灾事件，从以下的大致列举中可见一斑。

①2005年9月10日，16时35分左右，辽宁本溪市溪湖区柳塘垃圾场内发生爆炸，事故造成2人死亡8人受伤。

②2007年6月5日，晚10时许，浙江永嘉县瓯北镇的一个垃圾场突然发生爆炸，导致紧靠垃圾场的20多米公路塌方。

③2012年末，北京六里屯垃圾填埋场爆炸巨响惊动周围群众，震碎周边房屋门窗。

④2016年5月6日，上午8时02分，位于琼海市塔洋镇先亮中心村对面50m处垃圾场发生火灾。8时15分，救援官兵到达现场后得知着火物质为将要处理的垃圾。这个垃圾场在4月18日晚和19日就曾发生过大火。该垃圾场于1989年设立。

⑤2016年5月份，有市民投诉海南省万宁东澳镇垃圾场经常莫名起火，现场浓烟滚滚，垃圾燃烧产生的毒烟，不仅污染空气，还严重妨碍过往车辆通行，以及当地住户正常生活，为安全起见，镇党委聘请周边村民帮忙防控险情并协助灭火，随时监控垃圾场起火的情况。

⑥2006年6月，广东南海平洲南岳一垃圾场发生火灾，大火燃烧近3个小时。

上述隐患的直接后果是反填埋事件频发。于是废弃物处理危机加剧，处理困境进一步加深。意大利和黎巴嫩的垃圾危机就是典型见证。

意大利南部坎帕尼亚大区首府那不勒斯街道的垃圾危机。政府承诺多建垃圾填埋场，但由于遭到拟建垃圾填埋场附近居民的反对，一直没有很好地落实。2010年10月下旬，再次引发了数天的警民冲突，以致垃圾处理工作全面瘫痪，城市卫生、环境、健康等面临必然且持久的恶性循环。

黎巴嫩垃圾危机。1997年，黎巴嫩在贝鲁特南部开设了一个垃圾临时填埋场，原计划只用数年，结果用了18年，现在已是不堪重负。当地居民忍无可忍，开始封锁前往垃圾填埋场的道路，迫使当局关闭填埋区。黎巴嫩有关部门在民众压力下，于2015年7月17日关闭了这个垃圾填埋场，负责运输、填埋垃圾的公司因合约期满也从7月中旬起停止收集贝鲁特等地的垃圾，导致大量垃圾堆积。

上述危机与困境表明，填埋场的后期监控、污染治理、封场、封场后恢复，以及气体的收集与运用都是废弃物处理中长期而艰巨的任务。

2. 焚烧困境

为避免焚烧负面效应，关于焚烧领域的规范也逐步完善。主要有《生活垃圾焚烧厂标识标志标准》《生活垃圾焚烧厂运行监管标准》《生活垃圾焚烧厂评价标准》《生活垃圾焚烧处理工程技术规范》《生活垃圾焚烧厂运行维护与安全技术规程》《生活垃圾焚烧污染控制标准》等。

在上述规范指导控制废弃物焚烧的情形下，废弃物焚烧领域依然存在一定困境，主要有焚烧信息不信任困境、投入资本锁定效应困境、资源能源不可循环困境、补贴监管困境、热能低效困境和费用困境等。

（1）焚烧信息不信任困境。对于焚烧中的排放指数等信息，即焚烧信息，是生活废弃物焚烧面临的最大困境。此困境下的邻避效应（not in my back yard），是废弃物焚烧面临的最大瓶颈。而产生邻避效应的最大原因，是公众对焚烧信息的匮乏以及由此造成的内心不安全感。在当前的大数据条件下，数据公开、及时、准确，是民众判断焚烧安全性的重要前提。焚烧成分影响温度，温度影响排放，排放中的飞灰、灰渣具有一定毒性，产生的二噁英对人体健康的危害尤甚。由于当前焚烧的废弃物大多未进行合理分类，含水量较高，同时有很多的不可燃成分，如金属类、瓜皮蔬菜残余等，所以影响了焚烧的燃烧热值，从而使燃烧不充分，产生较多的飞灰、灰渣和二噁英。国外的废弃物含水率通常为8%～20%，而我国的则达到了30%～60%，甚至超过60%（姚峰，2010），据测算，含水率为30%～60%的废弃物燃烧热值为3583～7166kJ/kg，而燃烧的安全热值需达到5000kJ/kg，并停留两秒以上（王和平，2015）。因此，废弃物成分的不可靠性、燃烧数据的不充分公开，造成民众对燃烧排放的不信任。即便有《生活垃圾焚烧污染控制标准》中规定的，焚烧排放二噁英需达到欧盟标准的0.1ng TEQ/Nm^3，但公众无法得到公开数据的切实保障，由信息形成的不信任困境需要有效的公开信息，才可解除。

（2）投入资本锁定效应困境。无论是废弃物的填埋或者焚烧，场地成本、设备成本、管理成本、运营成本等必不可少。通过对几家焚烧厂的访谈了解到，废弃物焚烧厂的管理成本通常与处理规模和能力相关，一般日处理量为1000t的焚烧厂，投资规模为5亿～7亿元。2015年，填埋处理的成本是1823元/t。根据中国人民大学废弃物领域研究专家宋国君团队的研究，以中国人民大学国家发展与战略研究院名义发布的《北京市城市生活垃圾焚烧社会成本评估报告》，在对北京市目前运营的3座焚烧厂和规划中的8座焚烧厂的生活垃圾焚烧社会成本进行评估的基础上，核算出北京市生活垃圾管理全过程的社会成本为2253元/t（宋国君和孙月阳，2017）。该报告预测，到2018年，11座生活垃圾焚烧厂生活垃圾管理全过程的社会成本将达373.2亿元/年，总成本可能相当于2018年北京市GDP的1.33%。以江浙生活垃圾的焚烧为例，2015年，江苏生活垃圾焚烧量为1048.8万t，浙江的为773.3万t，在这些成本中，社会成本为2253元/t，江苏投入成本约为236.29亿元，浙江投入成本约为177.22亿元，包含了设备、厂房、人员、燃料、运营等经费，占据成本比例较大的是设备与厂房的费用，这些投入一旦形成，意味着运营不可中断，且投入形成滚雪球的态势。一旦机械或工艺被认定不符合环境安全标准，或者废弃物数量出现大幅下降，无法满足设备满载运营，经济损失和社会损失也将长期持续，同时也会出现为满足焚烧量，抑制废弃物分类减量的举措。

（3）资源能源不可循环困境。前面已经叙述，生活废弃物中，约 50%是生物性有机物，30%～40%具有可回收再利用价值。我国仅每年扔掉的 60 多亿只废干电池就约含 7 万 t 锌、10 万 t 二氧化锰……在焚烧处理方式下，上述物品瞬间灰飞烟灭。这些物质从商品角度，依然具有价值与使用价值，其生命力依然有延续的可能性但却被现实的焚烧所消灭。与物本身的资源能源价值相比，烈火下的热能显得微不足道却大行其道。如此方式，使得焚烧方式遭遇物资价值困境。

（4）补贴监管困境。为鼓励废弃物焚烧发电，国家对废弃物焚烧给予一定的补贴，补贴的初衷是鼓励废弃物洁净处理，热能循环使用。但是，却有企业借虚假焚烧之名行获取补贴之实。例如，以焚烧煤炭替代焚烧废弃物进行发电，以国家抑制发展的煤电来替代提倡的清洁能源。广日集团塌方式腐败是当前监管困境的真实写照，该事件中的腐败人数众多，时间长达数年，人际关系网错综复杂，擅自虚假拟定项目以骗取国家补贴，涉案腐败金额巨大。

（5）热能低效困境。目前大陆垃圾焚烧发电厂平均每吨垃圾发电量为 280kW·h，最高能达到 430kW·h。而我国台湾地区 24 座焚烧厂一年发电量达 32.45 亿 kW·h，也就是说，每吨垃圾发电量超过 500kW·h，效率较高的八里厂则接近 660kW·h（危昱萍，2017）。数据直观反映差距，目前的焚烧效能困境制约着废弃物热能的有效利用，而焚烧困境又反映了废弃物收运和分类中的现实窘境。

（6）费用困境。当前的废弃物治理费用，与公民付出的废弃物处理费用之间存在着巨大的悬殊。即国家投入的废弃物治理费用远远超出公民缴纳的垃圾处理费。究竟谁来为垃圾治理买单？如何买单？宋国君指出，“现行电价补贴、废物污染处置补贴等降低了垃圾处理费，误导了社会对生活垃圾焚烧成本的认识，误以为生活垃圾焚烧是资源回收利用工程，焚烧的成本低。”为此，宋国君课题组精心算了一笔账：按照每焚烧 1t 生活垃圾计算，从垃圾运入焚烧厂算起，其社会成本为 1088.49 元（考虑收运环节后，这一成本为 2253 元）。其中，324.5 元为焚烧的补贴，包括支付给焚烧厂的 163 元处理费、59.56 元的额外支出电价、42.6 元的底灰补贴、32 元的税收优惠、20 元的建设费用、4.9 元的土地费用和 0.4 元的渗滤液处理补贴等项目补贴（宋国君，2017）。

当前，“装树联”已经在行动中全面落实。“装”是指所有垃圾电厂需要依法安装污染源自动监控设备，实时监控排放信息；“树”是指在显著位置树立显示屏便于群众查看，监控数据实时向社会公开；“联”是指企业的自动监控系统与环保部门联网，便于环保部门执法监管。这对于废弃物的有效治理和上述困境的解决，将是重大转折，特别是对于废弃物焚烧邻避效应困境的缓解，是重大福音。

第二章　废弃物治理的理论基础与实践状况发展思考

第一节　废弃物治理的理论基础

从理论分析，废弃物治理涉及诸多领域理论，这也注定了解决此问题的理论尴尬，在实际中，人人产生人人厌恶，人人参与制造但却人人逃避的现实令其治理起来困难重重。倡导多年的无害化、减量化治理进而要求的分类，持续十多年却收效甚微。在我国目前垃圾围城围村却又资源匮乏的情形下，废弃物的分类治理怎么强调都不为过，建立正确的条件和树立科学正确的思想，对于我国废弃物治理的未来是积极又亟须的。

废弃物治理的整个核心问题，不在于废弃物定义的界定，而在于处理的过程与方法，整个废弃物的处理过程包含产生、收集、运输和消除转化。我国目前投入了大量的人力物力财力用于废弃物的最终消除转化，特别是在各地建立大规模的垃圾焚烧企业，但邻避效应使焚烧企业遭遇各种反对，而废弃物的产生与日俱增，阻碍我国经济的发展，甚至成为自然与文化发展的严重障碍。总的来说，目前废弃物治理的重心问题是有效减量，而废弃物的数量从更大程度上取决于产生与收集，也可以说是废弃物处理的前端问题。因此，废弃物治理涉及的理论也是涵盖收集、处理、利用全过程的相关理论。

一、资源学

既然垃圾是放错位置的资源，废弃物处理的首要基础理论是资源理论。无论被人们扔掉的是厨余，还是无法穿戴的衣物，抑或是升级换代的计算机、手机，依然有再次被部分人员换一种方式使用的可能性。虽然人们将电子废弃物称为“城市矿产”，即电子废弃物中蕴含丰富的资源，但是蕴含丰富资源的不仅只有电子废弃物，厨余、纸类、塑料、玻璃等废弃物，也存在着被回收使用的巨大要求。地球上的资源是有限的，我国的资源在约 14 亿人口的巨大需求下捉襟见肘。因此，将被人们丢弃的部分或者大部分生活废弃物再次作为有用的资源加以利用，已经是世界各国对于废弃物的基本处理方法。例如，将未被污染的纸张回收用于纸张的重新制作，这样可以节约大量的树木资源；从电子废弃物中拆解出金、银、铜及其他的稀有金属，也能节约利用资源，特别是拆解出稀有重金属资源是公认的重要节约方式；玻璃瓶的回收利用，塑料包装被回收起来重新制作成塑料粒子，已经在废弃物领域司空见惯。

废弃物作为资源的形式分为直接资源、提炼资源及转化资源。例如，衣物、玻璃类的废弃物经过一定的严密消毒处理后可以直接进行二次使用；电器中的金、银、铜、钍、硅等则需要一定的分解手段进行提炼才能产生所需的纯净物质，即提炼资源；而餐厨废弃物等则需要进行转化使用，部分生的厨余废弃物可以通过发酵变为生物肥料，部分熟的餐厨废弃物可以转化到饲料生产中成为饲料生产原料等。

无论是太空船理论，即有限时空中的资源是一定的，还是现有的循环经济实践，以及一些绿色经济领域使用的“静脉园”术语都有力地说明了，不管经济发展到何种程度，人类的经济多么发达，物质多么充沛，资源都是有限且不该被任性丢弃的。“变废为宝”虽然无时无刻不在提倡，但是提倡资源有限、资源值得珍惜、资源不该废弃的精神更必须提上日程，使人们意识到，日常生活中的很多废弃物其实就是资源，只有有效治理，概念中的废弃物才能废而不弃，物尽其用，物尽其性。

二、能源学

废弃物处理除了与资源学密切相关，与能源学也有不可分割的关系。首先，废弃物焚烧产生能源。世界各地，特别是德国、日本等兴起的垃圾焚烧，目前在我国已进行得如火如荼。废弃物在焚烧过程中产生释放的热源是可以利用的能源，目前这种焚烧的能源主要用于发电和供暖。在德国和日本等国家及我国台湾地区，废弃物焚烧产生的电能数量已经达到相当规模并已投入正常电网应用。其次，废弃物填埋也集聚能源。除了焚烧产生热源，废弃物填埋可以产生沼气能源（学名甲烷），这种沼气能源可用作日常燃料。英国等国家对于废弃物产生的甲烷气体已经形成较为成熟的收集技术，将甲烷气体用作生产生活燃料。我国在废弃物处理中以填埋为主要的废弃物处理方式，因此集中收集可以获得大量可观的废弃物产生的甲烷能源，对于我国能源的供应与生产有着一定的积极作用。

三、气候学

除了与资源学、能源学相关，废弃物处理与气候学也有着直接或间接的关联。全球变暖已经不是证明题，而是当今面临的严峻现实，减少主要温室气体之一的二氧化碳的排放量，是全球使命。废弃物有效治理、资源化回收利用可以减少浪费，减少能源消耗，当废弃物燃烧或填埋的能源被利用时，实质上是一个碳排放降低的过程。而作为煤炭或者化石能源的替代能源，废弃物燃烧或填埋可以减少化石能源产生的碳排放。国际领域，德国、英国已经将废弃物治理纳入温室气体协同减排的重要领域。

我国作为世界第一大温室气体——二氧化碳排放国，面临着欧盟、美国等国家和地区的强大减排压力，实现生产生活中碳排放的真正减少，是我国应当履行的应对全球变暖的国际义务。废弃物转化为资源，可以减少资源浪费，同时具有减少能源消耗的效果。例如，电子废弃物的回收利用可以比同等质量的矿石提炼出比例高得多的金银，这样减少了人力资源和成本花费，也减少了提炼过程中的碳排放。而废纸的回收循环利用则具有显著的碳减排优势，1t 废纸循环利用可以用于制作 700kg 纸张。该处理在减排方面主要表现为废纸循环利用可以减少纸类原材料——木材的消耗，这样能减少木材砍伐数量，使得更多树木的光合作用得以发挥，从而可更多地吸收二氧化碳，同时可以减少纸类生产过程中的人力物力消耗，减少纸张处理的消耗与排放。因此，废弃物的科学治理有利于节约资源能源，从而真正有效地减少碳排放。

四、环境生态学

废弃物治理的显性理论主要表现为环境生态学。当废弃物处理未按照科学要求进行，废弃物肆意在空间放置或以气体、液体状态扩散，以及在潮湿、污秽环境下形成混合或渗透时，所造成的环境生态破坏将是难以估量的。这种环境生态的污染主要表现为以下三点。第一，大气污染。废弃物在大气中造成的首要负面作用就是对空气成分和嗅觉的侵略。目前我国废弃物的收集有很多地方均为混合不分类式，有些地方甚至为减少或消除废弃物而进行露天焚烧，焚烧中的烟灰进入大气毫无疑问地形成一定程度的大气污染，即便不进行非科学的任意焚烧，混合堆放的废弃物也会产生一定的难闻异味，在很多的垃圾中转站周边，人群往往掩鼻而过，这种情形在夏天则更为突出。第二，土壤污染。这种污染主要产生于填埋处理中。在我国未全面认识到科学化处理废弃物的重要性时，填埋是废弃物处理的主要方式，大量有毒有害的废弃物如电池、农药瓶子等甚至是医疗废弃物也被埋入地下，这种一埋了之的处理方式带来的恰恰是无穷后患；渗滤液、重金属等名词进入了人们的视野，由此带来的长久侵害使得土壤保护与治理成了重要的历史使命。第三，水污染。生活用水已经普遍采用自来水，因为很多的小河小溪再也不见了往日的清澈。在很多地区，小河小沟成了天然垃圾场，未经分类未经处理的废弃物不经意间淹没了碧水绿堤，原本可以饮用的天然水源成了“大染缸”。

五、公共管理学

废弃物产生于每个社会人同时人们又生活其间，作为废弃物来源的人们总是深深厌恶着废弃物，作为制造者又唯恐避之不及。这个既来自于人类却又被人类拒之于千里之外的物品向世人展示着人类的矛盾与不堪，以及人类对此不应有的态度和应有的责任。从公共理论角度而言，人们往往用公共物品的竞争性和排他性理论分析公共物品的性质，但除了上述二性，由此对公共物品产生的态度也相应分为了争抢型和推诿型。对应于争抢型的是能够明显带来收益的公共产品，而对于已经提供过收益，已完成自己期望值的物品，人们经常在不考虑物品本身依然具备功能的客观事实，或曾经与之相伴的主观情感事实情况下，弃之如草芥，推诿对物品的终结处理责任，将物品转移至公共区域，带来负面公共外部效应。这种将外在场地空间视为公共空间的最终结果，就是外部空间成了争相丢弃自身不需要物品的公共地，悲剧由此而生，"垃圾围城""垃圾围村"这些熟知的术语应运而生。而根据集体行动的逻辑，只有在具有共同收益的前提下，且收益能够吸引主体做出一定行动的条件下，人类才会付诸有效行为，由此推断，人类对这种负外部公共产品产生积极行动的动力较弱。因此，在公共管理的理论上，善治成为一种必要与必然。对于废弃物的治理，由上而下的善治，即政府、社会、个人共同承担责任。因为只有政府拥有一定的震慑力和管理力才能使得废弃物被合理堆放和有效使用，政府有义务使得资源能源消耗最低来保障人民福利。而个人是废弃物的始作俑者，意识到个人行为责任是有效治理的重要手段，个人形成的集体是有效治理的强大力量。

第二节　废弃物分类的实践先锋

在废弃物的治理过程中，一直以来政府占据着主导地位，无论是垃圾焚烧、填埋或者堆肥，都是在国家规划下进行的。但是在政府主导下的所有活动或机构设置中，"邻避效应"总是不可避免，国家与个人的冲突屡见不鲜，特别是垃圾焚烧厂选址的遭遇，各地的抗议、游行等团体反抗活动与声音经常出现。随着对废弃物治理认识的加深，各种主体和组织机构在进行着不同的尝试，出现了各种形式的先锋实践。下面将以不同主体为角度，探讨个人、政府、企业、社会及联合主体所进行的废弃物治理实践。

一、黄小山的绿房子

2011 年，废弃物充斥在我国城市乡村的每一角落，形成垃圾围城、垃圾围村的情形，填埋有渗滤风险且占地面积较大，焚烧也存在污染的可能性，普通民众对这两项措施有着不同程度的疑虑。我国公民黄小山，在强烈抗议政府的焚烧行为之后，即北京阿苏卫群体事件的参与者，开始走上反思之路，进而走上了垃圾治理研究之旅，在进行了多元研究之后，决定以实际举措来促进垃圾治理的转折性变革。2011 年 9 月 1 日，黄小山自筹资金 70 多万设计了一条垃圾分类流水线，配备厨余垃圾脱水机，并将他容纳垃圾工程的建筑称为绿房子，其主要功能是将现有混合收集的垃圾予以二次分拣，进行相应的技术处理后实现其价值再利用，其实质就是在废弃物分类的基础上实现废弃物的减量化、无害化和再利用，即通常所说的三化原则。该举措受到广泛关注，各类媒体竞相报道，黄小山先生本人也成了废弃物领域的先锋，他戏称自己为“传教士”。2013 年 1 月 5 日，黄小山的绿房子被拍成了微电影《绿房子里的垃圾哲学》，短短一天，新浪微博首页上的这部微电影点击量过万（洪树，2013）。可以说，黄小山的绿房子工程是我国首例影响较大的个人处理垃圾并取得成效的成功典范。

二、天津第一个废弃物治理展示中心

2014 年 12 月，国内第一座垃圾体验馆——天津生态城城市生活垃圾管理体验馆正式免费对外开放（孙建永，2014）。该体验馆由生态城管委会组织，是典型的政府组织下的废弃物治理革新模式，该中心占地 1208m^2，分体验区、感受区和展望区三个部分，中心主题是宣传垃圾分类以及展示垃圾分类的新设施新技术等，具有操作、展示和教育三位一体的功效。该中心的垃圾处理方法环保无污染，设施先进无噪声，整个过程可视无隐瞒。体现了废弃物处理过程中的时代感、科技感和安全性，在国内废弃物处理方面具有绝对技术领先优势。

三、上海新锦华电子回收

上海作为我国经济最发达的地区，废弃物处理中存在的危机由来已久，废弃物随着消费水平的提高呈线性增长趋势，在此情形下，新锦华商业有限公司应运而生，该公司以回收电子电器为主要业务范围，同时在一定限度内回收一般废弃物。该公司在 2003 年推行了在线收废，设置了 18 个分中心，208 个交投站，覆盖面积 5000km^2（李厚圭等，2010）。在业内，该公司开创了数个第一：第一个实现在线回收，第一个启用电话呼叫中心，第一个在我国第一大经济城市全网联投，第一个征集 2000 人组成正规大军进行回收。虽然这是一家纯企业性质的组织，但是这一组织带来的资源能源的节约，成果卓著，开发了名副其实的城市矿山。

四、第一个互联网 O2O 平台——回收哥

除了上述个人、政府、企业进行的北京、天津、上海三大城市的新模式探索与尝试，与时俱进的网络电子商务模式也被应用于废弃物的治理。2015 年 7 月，由武汉市发展和改革委员会、武昌区人民政府、武汉市供销合作总社、静海县人民政府、天津子牙循环经济产业区管理委员会和格林美股份有限公司共同启动了全国首个全方位 O2O 分类回收平台，该平台采用线上线下分类回收，微信公众号为“回收哥”。该回收方式突破了传统的分类回收模式，实现了速度效率和源头的多方位便捷化。回收哥微信平台每周一期，主要内容包括理论介绍、实务宣传、价格指数报道、业务介绍等。该平台开创了大数据时代废弃物处理的新型模式，是对自 2000 年以来在北京、上海等八个城市试点垃圾分类成效不明显的矫正型试验。考虑到我国人数庞大，废弃物种类繁杂，该平台改变了国际通行的箱桶式垃圾分类方式。该模式的最大优势是，不受地域、时限、人力或软硬件等条件限制，拥有手机即可完成废弃物的科学分类，未来将拥有最广阔的领域和最庞大的用户群从而切实有效地实现废弃物的分类。因此，该模式受到了自上而下的一致赞同和大力推行。

五、PPP 废弃物处理项目探索

废弃物处理的错综复杂性使其在人力物力技术等方面有着较高程度的需求，废弃物处理领域的 PPP 项目在 21 世纪初开始出现，虽然 PPP 项目在基本设施建设如路桥的建设中早已成熟，但该项目在废弃物领域的尝试起步相对较晚，主要集中在废弃物的焚烧硬件建设、防污处理如飞灰处理以及防渗滤液等方面，如福建省南平市的“三线一中心”城市生活垃圾焚烧发电项目，威海市垃圾处理厂二期工程 BOT 项目等（蔡建升等，2010），该类项目的焦点，主要集中于末端的能源化处理技术、设施和资金的应用优化上。

六、韩国第一个废弃物气化发电

2015 年 7 月，废弃物的处理为韩国同时也为世界带来了划时代的发展。世界首座垃圾气化发电站在韩国完成了安装调试并实现了并网发电。该项目在韩国南原市的垃圾处理厂试点，而实现该方式下的垃圾气化发电，最重要的前提条件是实现垃圾分类（高文亮，2015）。

综上所述，目前对于废弃物的处理，无论政府、社会、企业或者个人都在致

力于废弃物分类效应的实践突破，但分类成为制约废弃物治理的主要瓶颈，这一残酷现实，使得诸多实践先锋都只能浅尝辄止。困难在哪里？出路又在何方？

第三节　废弃物分类的障碍与重心分析

经过回访，黄小山的绿房子已经变成了黄房子，昔日的分类流水线已经没有了往日的朝气蓬勃。而从国家角度，提倡了近二十年的八个垃圾分类试点城市，收效令人不甚满意，甚至堪忧。以南京为例，走在大街上，废弃物的处理与往昔无多大差异。废弃物的分类处理障碍重重，本章将以实际案例作为典范，分析废弃物分类存在的障碍，剖析障碍存在的内在要素，为打破废弃物分类障碍奠定现实基础。

一、废弃物分类模式分析

广东东莞，自 2010 年以来在不同小区进行了垃圾分类试点，不同小区由于模式不同，取得的成效也有所不同。本书选取了东莞三个小区的试点模式进行分析，即万科城市高尔夫花园垃圾分类试点，愉景花园业主刘绍仪的小区环保站分类试点，城纪城国际公馆小区嵇大昕夫妇的世纪城环保站分类试点。

（1）模式一：城管部门主导下的市民自主分类

2010 年，万科城市高尔夫花园被选作垃圾分类试点，在城管部门的领导下，小区居民对垃圾进行干湿分离，即餐厨单独分离，其余废弃物混装由小区保洁员再进行二次分拣，分类投放，这种分类产生的费用由财政部门以补贴方式给予。成效分析：起初，市民相对遵守干湿两分法，后来被偶有的混装行为感染，偶有混装进而演变成屡有混装，最后变成混装一团，试点在三年后又回到起点。

（2）模式二：个人主导下的义工参与

愉景花园的业主刘绍仪，说服小区物业提供一间房子作为环保站，对有环保意向的小区业主，号召以义工方式参与到实际垃圾分类行动中，分类后的资源回收收益用作助学、扶贫和敬老三个方面。成效分析：该模式成效易巩固，但进展缓慢，该小区虽有干湿垃圾桶的分置，但投放准确率依然不是很高。

（3）模式三：个人示范下的行为导向

相对于前两种模式，台湾一对来大陆办厂的夫妇嵇大昕和谢仁贞的行为更为直接，居住于城纪城国际公馆小区的这对夫妇，自己先在阳台进行示范分类。小区物业曾经将他家阳台作为模范带领多人参观，后来由小区物业提供一间房屋专门进行垃圾分类，小区或附近的居民将自家废弃物送至该环保站。但是，2015 年 1 月，这对夫妇花费了四年心血的环保站被砸，环保站四面墙壁被涂上“垃圾”二字，从某种程度上形成对该夫妇尊严的污蔑。成效分析：该模式业主参与度较低，容易形成对分类的疏远甚至敌视，业主疏离了分类责任，并误解分类是一种经济获利行为。

二、现行分类模式下的问题探析

从以上三个案例三种模式不难看出，我国废弃物的分类，经过了近二十年，依然停留在起步状态，分类存在着重重障碍，存在的障碍表现在如下方面。

（一）主体混杂中的单一

在废弃物的分类管理中，我国政府职能部门有环保部门、城管部门和住建部门，该三个部门在废弃物的分类中如何具体分工，各自职责范围内涵并无明确界定，在职能操作中极可能相互推诿或相互争夺，难免混杂。在上述案例一中，废弃物分类在城管部门领导下进行，分类的主体有两种，市民和保洁员，而保洁员这类主体一般属于环保工作人员，其报酬一般从环保部门获得，因此，由城管部门领导环保人员进行的二次分类在效率和奖惩机制上可能存在一定程度的执行难问题，同时也存在主体混杂嫌疑。在分类的直接主体中，仅由自主市民分类又缺失一定的管理和监督，案例二中的志愿者分类，案例三中的孤独行动帮助市民分类更是显得孤立无援，因此这三种分类模式要么失败要么成效缓慢，究其根源都是分类主体显得过于单一。

对应于主体混杂又单一的矛盾，可以通过如下途径解决：政府三部门在分工上明确界定，例如，环保部门负责指定标准，城管部门执行标准并监督，住建部门则加强规划和硬件上的配置，社会环保公益组织组织义工进行宣传和示范引导，及时纠偏，促使市民将自身产出的废弃物按照标准进行准确分类投放。

（二）意识模糊下的欠缺

随着公益广告的日益深入和文明进程的正面导向，公民分类意识越来越强，但是意识强烈却不能代表意识清晰，为何分类、如何分类、不分类有无不良后果、哪些不良后果等，一系列的问题都无明晰的答案，因此这种模糊意识下的分类导致了时有时无，分混皆可的行动。至于混合下形成的能源资源浪费，空气土壤水体的全方位污染以及由此导致的人类危机问题，在一次次的混装混扔中被硬生生地忽略了。

（三）硬件革新中的欠配

废弃物分类中的硬件主要是指废弃物盛放器具和运输工具。在废弃物分类的硬件设施中，政府投放不可谓不多，例如，给居民发放分类的塑料袋，投资生产、购买各种颜色和具体标注的垃圾桶，建立垃圾中转站，配备大量专用防漏的垃圾拖运车，研发分类的机械化设施等，硬件的革新从微观到宏观，从家庭到公共场所，从手工到机器，做出的努力涉及各层面。但是这一系列的努力落脚点，是有所欠缺的，具体表现为以下几点。首先，运输工具并未按照分类要求进行分类，都是统一化的车辆；其次，运输车次时间无分类，即无论是什么时间，废弃物运输车运输内容均无明确细化分类，而无论是在我国台湾还是在日本、韩国等亚洲国家，废弃物的运输车次是分类的，即不同时间段运输不同的废弃物；最后，在废弃物的暂时存放地，也就是垃圾中转站，无分类区域设置，几乎现存的中转站，都是按照统一模式建立，一并容纳混合装运所有废弃物。

（四）投放方便下的不便

在不进行分类、分袋、分桶、分时的废弃物投放运输条件下，投放极为方便。在现实生活中，我国公民在废弃物投放中享有世界范围内最大的便利化。因为公共场所设置着便捷的公共垃圾桶，家庭内的厨余包装废弃物全部一袋装盛，所以很多公民形成了垃圾纯粹观，即自己的私人领域绝无垃圾。小区或路边垃圾桶即便装满，路边照样可以放置，占道也在所不惜；高速驾驶的汽车内偶有人打开车窗扔出食品包装物；废弃物无处投放时，河边往往成了方便的垃圾场。这种最大方便带来的是巨大的不便，道路变窄，河道变窄，甚至高速上因废弃物随意抛出形成无处不在的驾驶风险。

（五）律条规制下的不施

对于废弃物危机，即困扰国家公民至今的“垃圾围城”“垃圾围村”问题，顶层设计进行了多条道路的探索。从国家五年规划到各地的地方性规划，从政策性垃圾治理规定到地方垃圾治理强制立法，从政府包揽垃圾治理模式到市场化的多主体协同垃圾治理模式，寻求垃圾治理途径的努力不曾停息。在具体的实施中，各地为了有效实现垃圾分类，纷纷制定了地方性垃圾分类规范，例如，江苏省南京市在 2013 年 4 月 5 日以 292 号政府令颁布了《南京市生活垃圾分类管理办法》，明确规定该规范于 2013 年 6 月 1 日正式实施，该规范共八章五十条。而深圳、天津、广州等地也早已颁布垃圾分类规范，但从规范的实施效果看，不容乐观。自 2009 年北京大规模垃圾分类以来，从居民家中分离出来的厨余不到实际产生量的 10%（叶晓彦，2016）。到目前为止，南京市对垃圾分类只能采用试点进行市场化运作（姚雪青，2016），做得相对成功的是志达环保科技有限公司。因此，垃圾分类律条不是缺失，而是不施，而这种不施是由诸多主客观条件限制导致。

（六）标准精细下的粗略

对垃圾进行分类时，通常为了明确废弃物的类别并准确投放，类别划分比较精细。例如，南京印发的《垃圾分类读本》中，将生活垃圾分为可回收垃圾、厨余垃圾及其他垃圾。上海早期的干湿二分法等，根据不同视角进行不同分类。根据产生源的不同，分为居民生活垃圾、街道保洁垃圾和团体垃圾；根据化学成分分为有机垃圾和无机垃圾；根据燃烧热值分为高热值垃圾和低热值垃圾；根据处理的资源化与否可分为可回收垃圾、餐厨垃圾、有害垃圾和其他（唐平等，2012）。仅从划分类别看，种类明确且细致，但是再仔细甄别，可回收垃圾、有害垃圾和其他垃圾，本身有诸多不明确之处，显得粗略，而在实际的投放中，则是粗略下的粗略，无论家庭、路边还是公共场所，都是多则“可回收”与“不可回收”并排阵列，少则一个光秃秃的塑料垃圾桶茕茕孑立。

第四节　废弃物分类的情景展望

一、废弃物类别现实数据分析

（一）现实处理能力数据

目前，我国无论是从全国范围，还是从某省的角度来透视，垃圾的处理都未实现分类。根据《中国统计年鉴》数据，截至2016年，我国城市清运废弃物总量达到19142万t，详见表2-1。其中，垃圾无害化处理的厂家890个，其中填埋厂640座，焚烧厂220座，其他处理厂30座。垃圾处理量为576894t/日，其中，填埋量为344135t/日，焚烧量为219080t/日，其他量为13679t/日。以上这些数据均是在未实现垃圾分类情形下的分析，其特征是混合处理，数量庞大，体积不规整，从源头到末端处理负荷较大，同时产生较高的浪费，这种浪费包含物品本身浪费，人力消耗巨大，运输量较多。

表2-1　我国城镇废弃物清运量年表[①]

项目	年份				
	2011	2012	2013	2014	2015
城市清运量/万t	16395	17081	17239	17860	19142
县城清运量/万t	6743	6838	6506	6657	6792
城镇总清运量/万t	23138	23919	23745	24517	25934

① 数据来源于2011～2016年的《中国统计年鉴》，http://www.stats.gov.cn/tjsj/ndsj/。

（二）废弃物组成成分数据

垃圾进行分类后，情形将会大大改观。根据我国台湾地区的垃圾处理数据，台湾的人均垃圾清运量从1995年的1.34kg减少到2012年的0.37kg（宋国君，2015）。有研究小组对某小区进行了7天的垃圾收集实验，采用了简易的干湿二分法，湿垃圾主要就是餐厨垃圾，具体情形见表2-2（张骁龙，2012）。表2-2中数据表明，该小区的垃圾组分中，湿垃圾占据很大数量比例，同时也反映出垃圾治理的实质关键问题。

表2-2 某小区7日内收集垃圾情况表

项目	天数							总量
	1	2	3	4	5	6	7	
干垃圾/t	7.58	13.60	6.08	5.40	5.64	8.90	4.62	51.82
湿垃圾/t	25.85	38.37	26.10	27.40	23.63	23.65	16.97	181.97
总量/t	33.43	51.97	32.18	32.80	29.27	32.55	21.59	233.79

从表2-2不难发现，该小区生活垃圾中餐厨垃圾的占据份额较高，占到了75%以上。而有学者对杭州某小区的生活垃圾成分，进行了细致区分，大致数据是厨余42%，废纸15%，纺织13%，竹木6%，塑料14%，泥土10%（吴亚娟等，2012）。而孔芹等对江苏省某市的餐厨垃圾成分调查分析，总结得出，江苏省某市的餐厨垃圾质量占比达到83.8%（孔芹等，2015）。根据数据分析，我国的餐厨垃圾正以每年8%～10%的增长速率发展（王攀等，2013），2015年中国人民大学国家发展与战略研究院出具了《我国城市生活垃圾管理状况评估》报告（以下简称报告），该报告以12个城市为样本，对垃圾组分进行了分析，尽管从组成成分上看，每个城市的垃圾成分数据有所不同，但是却有着一致结论：餐厨垃圾含量最高。12个城市中，餐厨废弃物含量最高的是沈阳市，占据废弃物总量的73.70%，最低的是宁波市，占据废弃物总量的47.26%，而12个城市的餐厨废弃物平均含量比为59.33%，即将达到60%。如果实现垃圾分类，将会实现体积的大量减少，同时运输量、处理量会大量减少。从量上分析，这种减少仅从厨余垃圾角度，预计可达50%～70%，如果再加上其他类别如纸类、玻璃及金属类的分类，处理量会大大缩小，甚至可能使最终的处理量减少80%乃至90%以上，进而增加可用资源能源，同时减少温室气体的排放。以下将尝试对分类后的情景进行定量图表分析。

二、废弃物总量的发展预测

根据我国城市1980年以来垃圾清运量数据，可以清楚地看出我国城市垃圾清运量总体呈逐年增长态势（表 2-3）。2015 年，我国城市垃圾清运量为 19142 万 t，是 1980 年的 6.1 倍，三十五年以来平均年均增长 5.31%，其中 1980～1992 年（计划经济时期），全国城市垃圾清运量年均增长率在 8.42%左右；1992～2000 年（市场经济初期），全国城市垃圾清运量年均增长率在 4.58%左右；2000～2015 年（加入 WTO 后），全国城市垃圾清运量年均增长率在 3.27%左右。

表 2-3　1980～2015 年我国城市清运量[①]

年份	1980	1981	1982	1983	1984	1985	1986	1987	1988
清运量/万 t	3132	3130	3125	3425	3758	4477	5009	5398	5751
年份	1989	1990	1991	1992	1993	1994	1995	1996	1997
清运量/万 t	6291	6767	7636	8262	8791	9952	10671	10825	10982
年份	1998	1999	2000	2001	2002	2003	2004	2005	2006
清运量/万 t	11302	11415	11819	13470	13650	14856	15509	15577	14841
年份	2007	2008	2009	2010	2011	2012	2013	2014	2015
清运量/万 t	15215	15438	15734	15805	16395	17081	17239	17860	19142

为了对我国城市“十三五”时期垃圾清运量发展趋势进行把握，作者尝试利用 EViews 统计分析软件的时间序列预测模块建立自回归积分滑动平均模型（ARIMA 模型），对 2016～2020 年我国城市垃圾清运量进行预测。下面就模型基本原理、模型构建方法、模型预测结果进行简要阐述。

（一）模型基本原理

ARIMA 模型，是指将非平稳时间序列转化为平稳时间序列，然后将因变量仅对它的滞后值以及随机误差项的现值和滞后值进行回归所建立的模型。ARlMA 模型将预测对象随时间推移而形成的数据序列视为一个随机序列，以时间序列的自相关分析为基础，在经济预测过程中既考虑了经济现象在时间序列上的依存性，又考虑了随机波动的干扰性，对于经济运行短期趋势的预测准确率较高，是应用比较广泛的方法之一。ARIMA 模型是由博克斯（Box）和詹金斯（Jenkins）于 20 世纪 70 年代初提出的著名时间序列预测方法，所以又称为 Box-Jenkins 模型、博克斯-詹金斯法。其中 ARIMA（p，d，q）称为差分自回归移动平均模型，AR 为自回归，p 为自回归项，MA 为移动平均，q 为移动平均项数，d 为时间序列平稳时所做的差分次数。

① 数据来源于 1981～2016 年的《中国统计年鉴》。

（二）模型建构方法

通过 EViews 软件，对我国城市 1980～2015 年垃圾清运量数据进行分析得出，建立了一个 ARIMA（0，1，4）模型进行拟合，即 ARIMA 模型差分次数为 1，自回归项为 0，移动平均项数为 4，a_t 为白噪声序列，B 为后移算子。如以 Y_t 表示我国城市生活垃圾清运量最优组合第 t 年的预测值，则模型表达式为

$$(1-B)Y_t = 687.5337 + 0.3619a_{t-1} + 0.6812a_{t-2} + 0.7045a_{t-3} + 0.5406a_{t-4} + a_t$$

根据模型残差（偏）相关函数值及其 p 值显示，残差序列不存在自相关，因此模型是适合的模型。根据模型，作者对我国城市 1981～2015 年垃圾清运量进行预测，从预测数据与实际数据相比结果可知：1981～2015 年，只有 1984 年、2001 年相对误差超过 5%，其余年份相对误差在±5%以内，模型预测的平均相对误差为 2.5%，预测精度达到 97.5%，说明用 ARIMA（0，1，4）模型对我国城市垃圾清运量进行预测分析，可以取得很好的效果，模型的残差序列拟合图如图 2-1 所示。

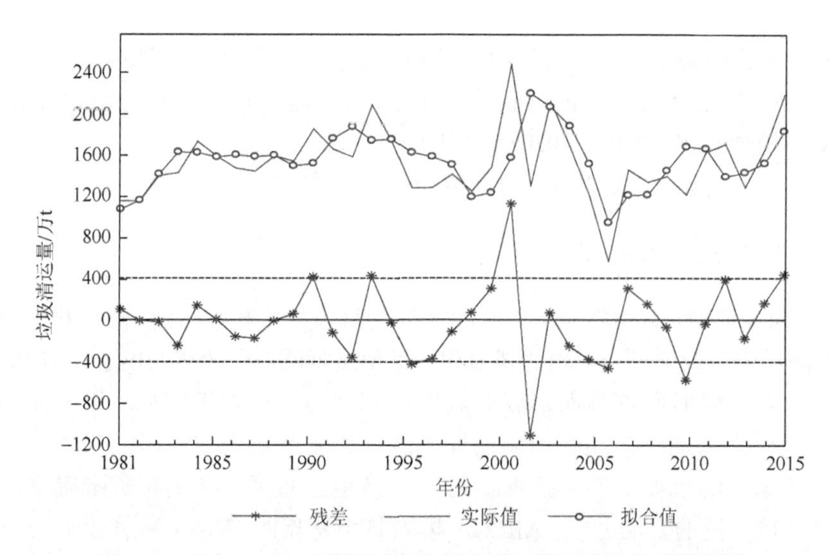

图 2-1　1981～2015 年我国城市垃圾清运量模型残差序列拟合图

（三）模型预测结果

根据 ARIMA（0，1，4）预测模型，2018～2020 年我国城市垃圾清运量预测值如表 2-4 所示。

表 2-4　2018～2020 年我国城市垃圾清运量预测值

年份	城市垃圾清运量预测值/万 t
2018	20849
2019	21536
2020	22224

经模型预测，我国 2018～2020 年城市垃圾清运量保持稳定地增长，2018 年我国城市垃圾清运量将达到 20849 万 t，到“十三五”末，城市垃圾清运量达到 22224 万 t，2015～2020 年，我国城市垃圾清运量平均年增长率为 3.48%。

三、废弃物分类下的情景展望

1. 愿景一，减量 50%的情景分析

选取 50%的减量作为起点数据，是基于中国人民大学报告中显示的各地餐厨含量进行估算的，由于该报告对餐厨废弃物的评估数据为 47.26%～73.70%，此处分类后的减量相应地分别根据减量 50%、60%、70%进行核算。除了餐厨废弃物占据绝对多数份额，对包装物、纺织物、废纸、玻璃等进行分类也可以减少废弃物的收集运输和处理负担。在此基础上，生活废弃物的存量和减少量表现为下列表中数据（表 2-5 为废弃物减量 50%后的情景，表 2-6 为废弃物减量 60%后的情景，表 2-7 为废弃物减量 70%后的情景）。

表 2-5　废弃物减量 50%后的情景

项目	年份				
	2011	2012	2013	2014	2015
城市清运量/万 t	16395	17081	17239	17860	19142
县城清运量/万 t	6743	6838	6506	6657	6792
城镇总清运量/万 t	23138	23919	23745	24517	25934
减量 50%后清运量/万 t	11569.0	11959.5	11872.5	12258.5	12967.0
减运量/万 t	11569.0	11959.5	11872.5	12258.5	12967.0

2. 愿景二，减量 60%的情景分析

表 2-6　废弃物减量 60%后的情景

项目	年份				
	2011	2012	2013	2014	2015
城市清运量/万 t	16395	17081	17239	17860	19142
县城清运量/万 t	6743	6838	6506	6657	6792

续表

项目	年份				
	2011	2012	2013	2014	2015
城镇总清运量/万 t	23138	23919	23745	24517	25934
减量 60%后清运量/万 t	9255.2	9567.6	9498.0	9806.8	10373.6
减运量/万 t	13882.8	14351.4	14247.0	14710.2	15560.4

3. 愿景三，减量 70%的情景分析

表 2-7　废弃物减量 70%后的情景

项目	年份				
	2011	2012	2013	2014	2015
城市清运量/万 t	16395	17081	17239	17860	19142
县城清运量/万 t	6743	6838	6506	6657	6792
城镇总清运量/万 t	23138	23919	23745	24517	25934
减量 70%后清运量/万 t	6941.4	7175.7	7123.5	7355.1	7780.2
减运量/万 t	16196.6	16743.3	16621.5	17161.9	18153.8

从以上减量 50%、60%、70%的情景可以得出结论，废弃物的分类已经势在必行，只有分类才能从根本上解决现存的雾霾、污染、碳排放等诸多环境领域和能源资源领域的危机问题，我国特色下的废弃物组分中厨余的主角性决定了废弃物的含水高量，只有有效分类分离才能实现废弃物的大量减量，从而减少污染，减少混合燃烧的不充分等，并实现对废弃物处理数据库的科学建立和有效管理。

第五节　废弃物分类的法律制度与社会机制设定

我国的废弃物危机日趋加剧，遍及城乡的每一个角落，已是不容忽视的严峻现实。而从 20 世纪 90 年代就关注并且于 21 世纪初在 8 个城市建立垃圾分类试点的实践也是成效甚微，以至于危机愈演愈烈。据有关学者分析，随着生活物品的丰富，城市化进程的加快，以及国家新实施的二胎政策下的人口增长，人类消耗将日益增加，我国的生活废弃物将会逐年增长，到 21 世纪中叶也可能达不到顶峰，但固体废弃物产生的碳排放量将在 2024 年达到峰值（梁慎宁和杨丹辉，2011），随后可能随着资源危机和环保意识的提高，呈下降趋势。就废弃物目前增长趋势和处理状态，已经有诸多学者论及长此以往的危害和后果，如对空气土壤水质的污染加重、环保治理的代价加大、资源能源的消耗日增等，因此加强治理刻不容缓。

对于废弃物的治理，应该按照有步骤分层次的治理方式，除了很多学者主张的顶层设计下的PPP模式，首要的处理要求是进行垃圾分类。2016年2月6日，中共中央、国务院发布了《中共中央国务院关于进一步加强城市规划建设管理工作的若干意见》，该意见的第二十三条，明确提出了垃圾分类的具体时间要求，即到2020年，力争将垃圾回收利用率提高到35%以上；并明确提出，力争用5年左右时间基本建立餐厨废弃物与建筑垃圾回收和再生利用体系。因此，分类的首要任务是将餐厨垃圾分离，根据2016年4月公布的已经在建的27个废弃物处理项目来看，我国现在实践中的分类运作已经具备一定的硬件基础，对危险废弃物以及餐厨废弃物等的处置进行了专业和分类规划。因此，在制度设计上应该进行细化加强。

一、方向类别的规制

随着物质生活的充沛，消费物类别更是数不胜数，大量消费必然伴随大量丢弃，因此在垃圾分类的类别界定上，种类极为繁杂，在现阶段要进行详细精准且明晰的类别划分，势必造成实践中的不可操作。因此，当前适宜先进行大类别划分，在此基础上，在实践中逐步细化，这样既有利于废弃物本身的优化管理，也有利于民众心理和行动方面循序渐进地予以接受并内化。

（一）餐厨废弃物

在现行类别界定上，可以考虑先移出餐厨废弃物。主要考虑如下因素：首先，餐厨废弃物目前对垃圾分类影响较大。餐厨废弃物既来源于每个家庭，同时又来源于公共活动场地，如大型娱乐餐饮中心，每人每天都参与了制造，从公民责任和人类自我治理责任上均可能并应该将餐厨垃圾予以自觉分类治理。其次，餐厨废弃物占据相当份额。无论是从2015年的《我国城市生活垃圾管理状况评估》报告中得出的12个城市餐厨废弃物的含量中，还是从不同研究者在实验基础上得出的数据中，均可以确信，餐厨废弃物是中国的特色垃圾，是生活废弃物的主力军，这是由我国的饮食习惯和结构决定的。最后，餐厨废弃物是极易形成污染的废弃物。当所有垃圾不分组分地混合收运时，会伴随四种污染，容器内废弃物互相传播污染、恶臭气味形成的空气污染、混合渗液（可能含有有毒有害成分）渗透到土壤或河流形成的土壤污染和空气污染。结合上述三个要素，餐厨废弃物必然需要优先分类隔离提取。

（二）包装废弃物

分类的第二大类别方向，则应考虑包装类和纸类废弃物。包装类废弃物在日常生活中随处可见，精美礼品必然经过精心地包装，即便普通物品也少不了层层包裹。由于对于这类废弃物并未进行分类，所以很难得到精确数据。随着电子商务的蓬勃发展，快递业的包装消耗足以令人叹为观止，根据邮政局统计，仅 2015 年的快递业务量就突破 200 亿件，这背后的快递包装废弃物数量惊人，估算消耗“塑料编织袋 29.6 亿个，塑胶袋 82.6 亿个，包装箱 99 亿个，胶带 169.5m，避免撞击的缓冲物 29.7 亿个”，质量估计超过百万吨（孙翼飞，2016）。包装废弃物的分类将会带来资源能源的极大节约，同时对于污染程度的降低将会成效卓著。而纸类废弃物的分类回收有着异曲同工之效，将减少水污染和林木砍伐程度。

（三）电子废弃物

第三大分类方向则是电子废弃物的分类。目前我国的电子废弃物并未计算到生活废弃物总量中。在日常处理中，由于采用了有偿回收的经济手段，通常电子废弃物并未与普通废弃物混合收运处理。但目前，电子废弃物的回收体系混杂，缺少规范性，特别是对家电拆解行业的准入标准和拆解基本流程基本规范方面缺少规制。因此，加强行业规范建设和标准规制是电子废弃物回收面临的重要问题。

综上所述，以餐厨废弃物的优先分类为基本指导，促进包装废弃物和纸类废弃物的单独收集，在此基础上，加强电子废弃物领域的行业规制和标准建构，是废弃物分类的基本方向。本书将在后面就三个领域的分类与治理进一步展开研究与分析。

二、以学校为核心推动力推广分类

在推进废弃物分类的进程中，需要形成一种核心力量，并以此为中心向四周扩散。从废弃物分类的持久性要求分析，应该建立以学校为核心的废弃物分类推广系统。设立这种核心力量的基本立足点有如下几点。首先，全国各地均设有从幼儿教育到大学教育的不同层次的教育机构，在硬件上有保障；其次，吸取以前的试点在发展中昙花一现的断层结果，废弃物分类需要持续甚至永续进行，以教育机构为中心，这种表率作用和教育行为能够保障持久性；再次，教育主体虽然表象上只针对家庭中的儿童，但儿童在家庭中的核心力量有利于分类思想和实践行动在家庭的影响与扩散；最后，以学校作为核心推动力，有利于在教育机构针对普通群体开展废弃物分类教育课堂，从理念文化层次的深度，持久有效地宣传废弃物分类。

三、以奖惩双轨机制共促分类

废弃物的分类具有量广人众的显著特征，需要灵活有效的机制。因此，仅仅依靠意识形态的宣传，依靠政府力量的命令号召，不足以产生强大的普及效应。目前，一些试点地区或行业的奖励机制运行模式值得推广，例如，南京某废弃物回收的试点企业以提供大米、鸡蛋等生活用品作为回馈的分类倡导奖励模式，以及苏宁电器运行中旧家电抵充商品价值的运行模式，这些市场运行模式可以推广至废弃物分类的各个领域。但是，仅有激励的运行模式只是初期阶段采用的一种鼓励手段，除了鼓励，也需要一定程度的震慑，即对于不遵守分类的以及违反分类的行为进行一定的惩罚，这种惩罚既可以表现为拒收不分类废弃物让其自臭于自己室内，也可以是行为惩罚，例如，对于闯灯行为，要求闯灯行为者发现并举报其他的闯灯行为者，废弃物不分类时也可采用这种发现举报的行为惩罚来加强内心认知和反省，对于多次不分类行为，可以采用建立电子档案方法，定期公布，并施以由轻到重的罚款措施。

四、以国家、公益组织、志愿者为主体形成协同共鸣

形成主体的庞大队伍决定了处理主体的纷繁。废弃物产生于日常生活，无时不有，无处不在，无事不留。很多学者提出了自上而下路径的顶层设计，这似乎是符合我国国情的治理模式。但是对于废弃物这种渗透于每个主体生活生命中的基层产品，顶层设计固然必不可少，但更多的是需要全方位的主体行为来形成互相影响、互相制约和互相引导。随着废弃物危机的不断加剧，各类要求废弃物分类的公益组织不断涌现，公益组织中要求分类的呼声不断高涨，如前面提到的黄小山类的志愿者也不断出现，这些主体将会形成废弃物分类的强大推动力量，而国家责任历来就是公民福祉所在，三者的精诚合作带来的将会是废弃物分类领域的新篇章。因此，国家、公益组织和公民志愿者的协同力量，发出的共鸣以及形成的合力，将会带来分类治理的显著成效。

五、以统一明细标准作为指导准则

废弃物分类领域的标准问题一直以来就是公民分类的重大障碍。在经历了多年的倡导性分类后，分类不明、分类善变的现象还一直存在。是干湿相分还是可

回收不可回收相分？在本章的第一个问题中已经就分类的大类别进行了阐述，在此基础上，进行统一化规制。这种统一性主要表现为类别统一、地区统一、容器统一、运输统一。也就是在三大分类划分上，全国统一，各地区可以在收集运输处理方面制定地方性规范。在废弃物的盛装容器方面统一标准，采用严格的三桶制，餐厨桶、包装物类纸类桶和其他桶。虽然从类别上看不如德国精细，但是我国地域广阔和分类处于起步阶段决定了分类的现行要求。而目前的重点在于统一，因为非统一性带来了运输和处理的诸多后续难题，而后续难题得不到处理的后果是废弃物大一桶最终混合，这也是目前各地分类回到起点的重要原因之一。因此，要分类别运输，建立与三大分类适应的统一的运输工具标准和硬件设施。采用类别统一、地区统一、容器统一和运输统一这四大统一来促进分类的真正可靠运行，这其中的每一个统一都不可或缺。

六、以健全法律作为持续保障彰显权利义务平衡

法律是解决社会各类矛盾的有效手段和最终途径。目前，我国在废弃物处理方面的不力与混乱在很大程度上，可以归咎于法律规定的严重欠缺。在现行法律体制中，关于废弃物治理的法律主要有《中华人民共和国固体废弃物污染环境防治法》和《中华人民共和国清洁生产促进法》，在废弃物分类方面，只能牵强地说有《中华人民共和国循环经济促进法》作为指导思想。从各地垃圾分类的现行立法来看，要么就只是地方行政性法规，要么规定内容得不到遵守执行，要么看似有立法，内容却笼统不可行。

建立全面有效合理可行的法律机制，必须做到三个要求：科学性，系统性，明晰性。科学性，是指建立法律机制必须考虑合乎时代性以及切实可行性，不可超前也不可滞后。例如，针对民众无法确定废弃物是否可以回收方面，建立回收标识制度，即对于可以回收的包装物明确统一标识，以法律形式明确各类废弃物的回收方式、回收时间、遵守回收要求的奖励制度以及违反要求的惩罚制度。系统性是指必须建立完整的废弃物分类法律体系。以日本为例，自 21 世纪以来，日本建立了废弃物治理的整套系统法律体系。即以《建立循环型社会基本法》为核心，以《废弃物处理法》和《资源有效利用促进法》两部综合法为两翼，以《食品再生利用法》《家电再生利用法》《包装容器回收法》等部门法为主体全面推进废弃物的治理和分类回收利用（吕维霞和杜娟，2016）。建立完整系统的法律体系是废弃物分类的重要前提。明晰性是指类别明晰，标准明晰，主体责任明晰。关于类别明晰，是指在三大类别明晰的基础上，进一步细化具体类别。而标准明晰则是操作层面的基本要求，如家电回收的资质标准，拆解标准，餐厨废弃物的发酵标准，检测标准，对于企业的准入门槛标准，人员技术标准等。而主体责任明

晰则是指要求相关主体的责任界定问题明晰，可以说这个问题是法律界定的重要命题。以政府责任而言，目前，废弃物分类方面的责任边界模糊，例如，目前环保部门和城管部门在分类方面的责任分工缺乏明确的法律依据，法律上应该明确规定各自的行为责任。除了政府责任，还涉及产品生产者责任，每个产品如同人的寿命一样，产品最终都将走向废弃如同人类必将面临死亡，因此在生产时就必须从生命周期角度安排产品的废弃之路，生产者的标识责任、回收责任、最终处理责任等都应该由法律明确规定。最后，对每个公民而言，分类责任意味着，若不分类投放必须承担相应的法律责任，这种责任应以经济责任为主，但不排除一定情形下的行为责任和刑事责任，古有“弃灰于公道者断其手”，当今为了环境、资源能源的合理利用，为了减少人类的生存危机从而增加福祉，严格履行法律责任势在必行。对于一些可回收的包装物而言，可以建立押金等预收费制度以促进责任的履行。

因此，对于目前我国面临的废弃物围城、围村问题，当务之急是实现现实条件下的废弃物分类。要落实分类的理想，需要法律机制全面系统，同时更需要全社会共同努力，这既是政府责任，也是每个人的参与义务。废弃物的分类虽然举步维艰，却是不容回避的问题，分析和解决问题的过程实质是解读人类的思想、态度、行为、文化等各个层面。人类需要日益幸福的未来，而这个未来在很大程度上取决于人类自己。

第三章 生活废弃物的气候价值理念问题探析

第一节 概 述

气候变化已成为国际高度关注的热门话题，针对引发气候变化的诸多源头，废弃物排放所导致的温室气体增量日趋上升被世界各国纳入研究与治理范畴。我国已被列为世界第一温室气体排放大国，在此情景下对我国生活废弃物进行严格规制与治理已不容忽视。本书的研究着眼于对生活废弃物治理的气候价值和治理内容、治理中的重难点问题进行初步探索，以期在政策制定、法律规制和实践管理中加强气候意识和应对控制。

在当前我国经济处于迅猛发展的强劲势头下，生产力的极大发展带来生活资料的日益丰富，并使得生活消费品迅速膨胀，于是同时产生了严峻的生活废弃品治理问题。高消费、高能耗、高排碳已成为不容忽视的可持续科学发展的瓶颈，从已有的研究结论可知，生活废弃物的日趋增多带来了大气中碳排放的数量增加，而此类废弃物的治理措施不当将使碳排放量成倍增加。政府间气候变化专门委员会（IPCC）的第四次评估报告已指出，大气中温室效应的增加很可能与人的活动有关，这种可能性已经被量化为大致 90%，因此，减少人为因素导致的碳排放应成为实现人类未来生态和生存福祉的重要途径。而目前，我国每年的二氧化碳排放量总额已占据世界第一位，在《京都议定书》多轮举步维艰的谈判中，我国已成为欧盟与美国施压的焦点，有效减排是我国必然的选择，也是作为大国承担责任的必然要求。作为发展中国家，发展是生存权得以有效延续的最基本权利，在发展过程中的最低程度排放将不可避免，而我国面临的最大问题是是否在进行着必需的最基本排放？除了能源领域，我国有无其他途径既能最小化排放，又可以不影响经济持续发展，或者更能促进经济持续发展、能源持续发展？总结多国发展经验，加强废弃物治理，减少废弃物排放，促进废弃物的资源化发展将可以实现一石多鸟的减排低碳治污等多元目标。而对于有着 14 亿人口的超级大国而言，对于日常生活废弃物减量化、资源化、最低化以及能源化的处理，有着较为可控和可行的明显优势。鉴于此，加强生活废弃物治理研究在气候价值方面有着重要的理论意义与实践意义。

第二节　生活废弃物治理研究的气候价值

一、生活废弃物治理研究的理论气候价值

从理论上看，生活废弃物治理研究具有一定的价值，主要表现在以下两方面。

第一，推动并深化生活废弃物气体排放与气候变化关联理论研究。从生活废弃物目前治理措施分析，无论是堆肥、填埋、焚烧还是综合治理，都不可避免会产生温室气体排放问题。所以，在治理中选择最小化排放应是最终归宿，基于此，加强二者之间的关联理论研究，对生活废弃物排放出的二氧化碳、甲烷、一氧化碳、炭黑等气体与气候变化之间的关系论证，进一步促进自然科学中二者关系的量化明晰，以此作为相应治理行为的立法前提基础和理论条件。

第二，促进生活废弃物治理系统法律机制形成。对于生活废弃物的法律治理，应从系统角度，加强循环理论、原则、规则的探索，对各类生活废弃物，从产生、运输、处理、检测等各个环节加强循环机制和法律机制的建立，建立起政府、企业、公民，即管理者、生产者、消费者各司其职的法律治理系统。

二、生活废弃物治理研究的实践气候价值

每个公民都是生活废弃物的排放主体，同时又是该主体下的受害人。发达国家经历了先污染后治理的惨痛过程与教训，历史无法逆转，在损害形成过程中，防优于治的理论亘古不变。因此，加强废弃物治理法律机制的建构更具有现实意义。

第一，通过对生活废弃物的治理减少碳排放。通过法律机制规制，使各主体在法律指引下实施法律鼓励的控排并抑制法律禁止的滥排行为。当法律成为必须遵守的行为准则，规范的实践排放将成为道德习惯，井然有序的规范排放行为必然减少温室气体的排放量。

第二，加强公众参与意识，深化公民对气候与生活废弃物关联性的认识。生活废弃物的法律治理，关系每个公民现时以及未来的切身利益，因此强化每个公民的参与和责任意识进而实现治理宗旨是必然要求，气候变化同样与每个公民自身利益关联，以减排为目标治理各主体的生活废弃物排放有着较为坚实的实践基础。

第三节　应对气候变化下生活废弃物治理研究现状

一、国外研究现状

目前国内外有些许对于废弃物治理机制研究的资料。外文资料中，在万方数

据库以“waste law treatment”为搜索词，共搜索论文430篇，在中国期刊全文数据库中搜索到以“垃圾治理”为搜索词的论文316篇，以“废弃物治理”为搜索词的论文70篇，总体来说，废弃物法律治理的研究还较为欠缺，有相当部分论文的研究不够深入，发表刊物级别较低。以“垃圾”为关键词搜索，研究面较广阔，但更多仅表现为技术层次领域的操作。从法律机制层面分析，目前废弃物的法律治理机制在发达国家已基本成熟，其中，以德国为主体的欧盟国家对生活废弃物治理的重视日益凸显，特别是德国，有关废弃物治理的法律多达8000多部（康概和王学东，2011），加上欧盟的废弃物治理法律400多部，因此，德国国内适用的废弃物治理法律机制相当健全。日本东京的废弃物治理法律机制较为成熟，制定了以循环经济为中心的环境治理基本法、部门法以及相应具体领域单行法律等三个层次的系统法律机制（王鸿春和坂本晃，2009）。上述两国的家庭废弃物循环利用均达90%以上，特别是家庭废弃物中的电子废弃物，姚淑姬（2010）对相应的治理法律机制进行了研究。英美国家在废弃物治理领域也有相当的成就，其中，美国从20世纪60年代就有了环境政策的基本和具体制度二元规范，美国的联邦和州立法在污染控制与能源保护方面进行了废弃物治理的系统立法。在英国，据统计，每年的温室气体排放从总量上看有3%来源于垃圾填埋产生的气体，因此，英国建立了以控制温室气体和减排为目标的废弃物治理法律机制，其目标是通过对废弃物的法律治理达到年度减排二氧化碳960万t。任教于英国赫尔大学的戴修殿（2011）博士对英国的生活垃圾治理模式与法律机制进行了系统阐述。可以说，英国是诸多国家中少数以应对气候变化作为目标的国家。从英国将废弃物治理与二氧化碳减排有机联系中得出启示，废弃物的有效治理是应对气候变化的重要措施之一。

二、国内研究现状

我国的废弃物治理目前已经在国内主要大型城市崭露头角，但是相应的系统法律机制研究非常欠缺，将气候变化与生活废弃物治理相联系进行的法律机制研究更是寥寥无几。据有关预测，我国生活废弃物的排放量目前可能达到每人每年440kg，而我国人口数量庞大，废弃物排放总量数额将随着经济发展日趋剧增，一旦缺乏治理，危害将无法估量。对于生活废弃物的碳足迹，学者万金保等（2010）以庐山风景区为例分析了该类废弃物的排放量和人类影响；中国科学院城市环境研究所的赵胜男等（2010）以福建省为目标直接从城乡生活废弃物中的有机废弃物入手，分析了对有机废弃物资源化利用的减排潜力。目前有关废弃物的治理主要停留在技术层面，法律系统方面有少数几个城市出台了数量较为有限的法规法条。例如，以生命周期为研究方法的高斌和江霜英（2011）对上海某区的生活废弃物温室气体排放进行研究，纪丹凤等（2011）对北京生活废弃物处理的环境影响进行了评估。在废弃物治理方面的研究仅限于北京、上海、重庆、西安、长沙等经济发达省市，偏重点主要在技术而非法律方面，而农村废弃物治理无论是在技术还是法律规范方面都极度匮乏。而从废弃物治理现实的状况来分析，无人治理、无规范治理场景比比皆是，污物横流、随意丢弃现象令人颇为担忧。

综上所述，关于废弃物治理法律机制的研究从各国的发展趋势看，具有下列趋势。第一，从技术发展机制走向综合系统法律治理机制。对于生活废弃物的治理，在最初从技术层面进行了探索与研究，但目前已不仅限于技术层面。第二，从污染控制与能源节约走向污染控制、能源节约和减排控制并重。早期大多学者主要从环境评价角度呼吁对生活废弃物进行规范严格治理，但随着人类对生活废弃物加剧温室气体排放问题的认识提高，无论是学者研究，还是国家立法，应更多地关注生活废弃物排放以及处理过程中的温室气体减排问题，并严格从法律方面进行系统规制，以实现生活废弃物治理下的温室气体减排目标。

第四节　应对气候变化下生活废弃物治理研究内容

以应对气候变化为最终落脚点，这是对生活废弃物治理进行研究的重要目标，由于这一目标具有现实可能性，即生活废弃物可控，减排效果明显，所以其正面效应不言而喻。但是，由于经济发展的制约，治理技术、理念、机制，甚至发展中的多数学者总结的库兹涅茨曲线都将可能成为研究中的制约因素。因此，对于生活废弃物治理的研究可考虑从国际经验与经济发展、国内情景、可能后果、当前机制以及国际有效机制等多元层次逐步展开。

一、国际国内对生活废弃物的研究视角比对

国际领域，由于欧盟、美国、日本以及英国等发达国家和地区城市化程度较高，所以这些国家主要以城市为中心进行了生活废弃物法律机制的建立，其生活废弃物的数量随着经济的发展和治理机制的完善，逐步经历迅猛增加—增加额相对减少—排放量绝对减少的过程。如以经济发展为横坐标，废弃物产生数量为纵坐标，二维坐标图则表现为先上升后平稳再下降的倒 U 形曲线，通常称为库兹涅茨曲线。

国内方面，我国正在城市化进程中，完成现代化的城市比发达的欧美国家，比例要少得多，生活废弃物排量规律与发达国家目前的走势并不同步。无论从农村人口、面积、废弃物成分、数量等角度，还是从城乡二元化的现实来分析，国际国内理论基础差别较大。

二、我国的生活废弃物排放情景透视

目前在我国生活废弃物的排放方面，从技术层面看，城市的治理技术普遍优于农村。从总体方法的选择来分析，以填埋法为主要方法，少数省市如北京、上海等大型城市和江苏、浙江等经济发达省份引入了焚烧方法，但是，普遍的城市填埋场地不足与超负荷、城市生活废弃物转向农村、农村废弃物治理匮乏等问题在国内是不争的严峻现实。

三、现实情景下生活废弃物排放可能产生的危害后果

城市固有的热岛效应在目前生活废弃物治理机制下，从理论上分析将有加剧的趋势，同时带来的城市污染加剧、能源浪费进而形成的能源匮乏，将是不可避免的危害后果。生活废弃物的大量填埋，形成的甲烷气体，增温潜势①是二氧化碳的 23 倍。而农村生活废弃物以有机物为主的现有排放情景可能导致本已稀缺的有效耕地减少、生物甲烷含量提高进而减少农作物产量和加剧温室效应强化。另外，气候变化的负反馈机制可能导致上述危害后果有进一步加剧趋势。

四、当前我国对生活废弃物的综合整治方法和相应机制

我国目前的生活废弃物治理主要着眼于控制污染方面，同时在治理机制上以地方性为特色，以行政规章、办法、通知等法律形式出现，而更令人担忧的是，在上述治理机制得不到遵守时，并无相应的严重法律后果。基于上述情形，治理后果受到严重制约。因此，建立以气候变化为目标的减排控排治理机制，关键点是如何加强立法和法的实施。

五、国际先进的控防废弃物排放机制以及相应的法律治理机制

在日本，建立了以循环经济为特色的废弃物治理机制，英国建立了以减排为目标的废弃物法律治理机制，美国的国家层面不如各州行为积极，使得在法律机制上州的立法比联邦更全面和更细致，而澳大利亚也从控制温室效应角度建立了系统的废弃物排放奖惩分明机制。各国特色分明，我国毫无疑问应当建立既符合国情，同时又能实现有效减排且少走弯路的治理路径。

---

① 增温潜势，是指在 100 年的时间框架内，以质量为单位的某气体对应于同质量二氧化碳气体的温室效应。

六、从减排控污角度系统建构合理的生活废弃物排放法律机制

从法律层次分类，我国的生活废弃物排放法律机制应分为基本法与特别法。基本法的制定应以全国人民代表大会和常务委员会为法定立法机关，制定生活废弃物基本法，确立生活废弃物法律治理的基本原则，如污染者治理、生产者责任延伸、源头减量等，在基本制度方面，应采用押金制度、税收制度、直接收费制度、合理的奖罚制度等系列制度作为该法律机制的基本支撑。在法律机制的运行方面，以环境保护职能部门、社会监测机构、同业企业、公民等作为执法、守法主体，建立起全方位的监督和实施机制。

在特别法的制定方面，可考虑从不同种类生活废弃物的角度，制定有关有机生活废弃物、包装废弃物、电子废弃物、餐厨废弃物等方面废弃物治理法律，规定相应主体的治理权利、义务、责任以及不同的运输、储藏、使用、抛弃过程中各环节的法律治理。

第五节　应对气候变化下生活废弃物治理的四大重要问题

一、城乡区别机制

针对我国城乡经济发展以及废弃物排放的不同情形，建立起城市市场化废弃物治理法律机制，相应在农村建立行政为主导的废弃物治理法律机制。对于建立城乡区别模式，有其内在的理论与现实基础。但是，由于目前城市废弃物的治理处于严重匮乏状态，其分散性和混乱性使得废弃物治理难以统一与分类，因此，如何建立起有效的机制改善城市生活废弃物治理的顽疾，将是法律难题。我国台湾的“垃圾不落地”花了近十年的时间方显成效，在借鉴有关国家和城市的经验基础上，我国的法律机制如何建立将涉及目标、过程、时间等诸多领域和多层次的因素，但归根结底，难点可能会落在垃圾有效分类的基础上。我国农村的生活废弃物更是充斥路边、河沟、田间等诸多零散场所。因此，无论城镇或是乡村，建立科学而严谨的废弃物治理机制以减少排放已成为迫切需要。而城乡各自的垃圾分类模式、方法、主导力量、法律制裁可能均有所区别，这是重点中的难点也是难点中的重点。

二、有关量化标准的界定

建立从源头控制高能耗的低碳导向从而加强废弃物有效利用的法律机制，全

面实现温室气体控制的最终目标，需要以一些量化作为重点。首先，如何建立适当的包装法，在包装不同类的物品上应该达到什么样的减量标准，在立法时分歧将不可避免。其次，由于各地生活标准与水平参差不齐，居民生活废弃物周排放最低量的量化是必需的，但却是艰难的。最后，在生活废弃物的处理方面，合法的温室气体排放最大值标准如何确立，是分层化还是相对分层？以技术标准或气候标准为基础？还是二者的折中？

三、对国外向我国输入废弃物建立有效的控制和治理法律机制

控制国外对我国的间接转排，以此增强我国在气候谈判中的博弈力量。该问题的难点主要在于对于国际责任究竟是经济赔偿责任还是经济处罚责任？是以经济责任还是包含重大伤害的环境刑事责任为主要形式？这种责任通常难以实现，一般可采用什么样的途径才能保证有效性？该问题作为重点是因为碳排放权贸易机制形成后，各国有了减排的强制性量化形式，对国家的碳利益保护更为重视。难点是国际责任，实现难度相当大。

四、环境诉讼制度中的诉讼主体界定

环保部门或司法行政部门是否可以成为诉讼主体？由于在生活废弃物法律治理中，违法现象肯定不可避免。达到什么样的违法事实可以提起诉讼，由哪一主体提起，都是法律中必须解决又不易解决的问题。我国的民事诉讼法对于公益诉讼未置可否，检察机关作为诉讼主体曾一度被提倡，但主体的身份和正当性遭遇质疑，且检察机关刑事案件较多，若该类违法涉及刑事责任，毫无疑问由检察机关起诉，而民事责任则有所不同，可考虑由环境行政部门行使相应的民事起诉权，这样既能保证专业技术性，同时防止了怠于行使行政管理权的可能性。但是，如何防止这种行政权的诉权滥用，又是不得不面对的难题。

根据欧盟和世界各发达国家的减排承诺，为使全球变暖控制在增温 2℃的幅度内，各国将在 2050 年实现减排幅度为 40%～80%，甚至有国家达到 100%，实现碳中和，届时欧盟和日本的人均排放为 2t，美国和澳大利亚为 4t（曹荣湘，2010），而我国现行的人均排放超过了 5t。在人类生存问题面前，责任不容懈怠。应对气候变化下的碳减排更需要替代能源的开发与应用，但是其成本耗费巨大，对发展中国家而言，可能意味着对经济的严重阻碍，以及对科技的开发与应用远高于现实的需求。科学认识城市化增长中的生活废弃物减排功能和意义有利于促进绿色生活的有效践行，资源化、能源化、减量化的废弃物治理目标是实现生态文明和科学发展观的重要途径。与替代能源比较，生活废弃物减排的实现将更直接且简

便易行，其效果也将更加可被考量与感知。因此，以治理生活废弃物为内容以减排为目标的法律机制的建立已成为毋庸置疑的时代使命。但这一过程将是艰难的，除上述诸多瓶颈亟待突破，更需要理念、行动、制度、教育及经济等诸多因素的发展与促进，但无论如何，制度将是决定性因素。

第四章　基于减排效应下的治理问题探讨

废弃物的治理可以实现资源能源的节约和有效再利用，从而降低碳排放，但最根本的前提是实现有效分类。我国目前的碳减排在能源开发领域已经颇有成效，但是废弃物在分类治理进而减少能源资源的利用方面却困难重重，困难的解决之道，在于对问题严重性和治理目标的清醒认知，在于每个公民积极参与下的举手之劳，同时借力于从上而下的规制。本书旨在对废弃物的碳减排效果进行具体探讨，进而实现对该问题的有效解决。

全球变暖正在发生，此命题已无须辩驳。在号召控制温室气体，以减排为目标的基础上，科学家预测了全球温度上升的速度、程度以及可能导致的自然、社会领域的种种危机，这种预测对绝大多数公众而言曾经是一种抽象，而如今已经具体化为种种现象，如乞力马扎罗山的冰盖消失，图瓦卢国家的搬迁，2012 年 7 月 8 日～12 日美国国家航空航天局拍摄的格陵兰岛冰盖的融化与逆向恢复，美国夏日温度的显著提高。挪威国际气候与环境研究中心学者 Robbie Andrew 根据美国国家海洋和大气管理局（NOAA）和英国气象局（Mct Office）的数据制作了 1870 年以来的大气二氧化碳浓度动图，而与 1870 年相比，大气中二氧化碳浓度达到 408ppm，增长了 40%。所有的具体现象表明，低碳减排尽管经历多重艰难，但减排控温是人类为了自己及后代生存应当承担的刻不容缓的义务。我国作为发展中国家虽然对温室气体排放的贡献没有后工业化的欧美国家巨大，但是，因为现实的温室气体排放量位居第一已经陷入减排窘境。而目前工业化城市化的发展进程中，如果遵从发达国家的要求在能源领域大幅度减排，寻找开发新的普遍适用的非碳能源，则需要投入巨额成本，从发展角度，将会严重阻碍我国经济的健康发展历程。而发达国家基于坚实的发展基础，早已将高碳排产业有效转移或控制甚至关闭，并先期在废弃物治理领域取得了卓著的碳减排效应。对我国而言，废弃物治理实现减排的空间相对广阔，在废弃物治理中实现物品的资源化、能源化利用，有效提高产品的生命周期，显然能够减少各领域产品的能源消耗和资源损耗，从而降低单位产品的平均碳排放。同时对现有的废弃物处理中产生的温室气体进行有效的能源化利用，进而减少对大气的无利用性排放，科学处理废弃物可以实现对土壤的节约利用，也是典型的减少排放的措施之一。因此，通过废弃物的科学化、低碳化治理，在理论和实践中实现减排是切实可行的。

因此，现实条件下以减排为导向，进而对城市废弃物合理治理与应用是经济可行的。以甲烷为例，根据IPCC统计，废弃物中产生的甲烷气体为大气中总甲烷气体的3%～5%（梁慎宁和杨丹辉，2011）。由于废弃物填埋过程中产生大量的甲烷，该气体虽然不是二氧化碳，但其增温潜势是二氧化碳的23倍。据此，在该领域内减排将会成功实现非能源非二氧化碳的双非减排，减排的前景相当可观。

第一节　以废弃物为重要减排领域的现实前提

一、从哥本哈根协定到巴黎协定

2009年，在哥本哈根举行的联合国气候变化谈判大会即《联合国气候变化框架公约》缔约方第十五次会议暨《京都议定书》缔约方第五次会议上，我国郑重做出声明，到2020年我国单位国内生产总值二氧化碳排放比2005年下降40%～45%。从整个承诺内容分析，呈现如下几个特点：第一，时间幅度较窄。以2009年为起点，至2020年，两端点的时间段算足也仅为11年，我国这个发展中国家无法在基础不够雄厚的基础上在11年时间里完成工业化进程。在自身起步发展并不强健的前提之下做出如此豪壮的承诺，承担的风险是相当之大。第二，减排比例高。在《京都议定书》附件一中的各发达资本主义国家承担的减排比是在1990年的基础上平均减排8%，而这一目标在现实实现过程中几乎无一国家顺利完成。因此，我国做出如此有胆魄的承诺，需付出的艰辛努力也是可以预见的。第三，涉及幅面较宽。我国做出单位国内生产总值40%～45%的减排承诺，隐含地表明我国将在各个领域实现大幅度的低碳减排行动，即在能源、工业、农业及第三产业等领域都要加强节约，促进资源能源的有效利用，最大限度地实现能源强度的最低化和综合利用的最大化。我国国家主席出席了2015年11月30日至12月12日于巴黎举行的气候变化大会，并积极推动了《巴黎协定》的产生，在顺利获批准后，《巴黎协定》于2016年11月4日正式生效，这一里程碑意义的协定，对于我国意味着减排要求的进一步加强。

二、废弃物排放前提

从全球范围分析，废弃物处理产生的排放主要有二氧化碳、甲烷、一氧化二氮，早在《2006年IPCC国家温室气体清单指南》（以下简称《指南》）中明确指出，废弃物产生的温室气体来源有4个，填埋、焚烧、生物处理和废水处理，而其中最大的排放源是填埋产生的甲烷，其增温潜势是二氧化碳的23倍。从量上分析，该《指南》也指出废弃物产生的温室气体排放量占全球温室气体排放量的5%

（周晓幸等，2012）。在学者的研究中（杨瑾等，2012），在 2008 年碳源构成中，废弃物处理形成的碳源构成达到 8.61%。而就废弃物处理产生的甲烷状况分析，有关研究得出数据，全球甲烷排放量有 6%～8%产生于垃圾填埋，而我国垃圾填埋场的甲烷排放量大约占据 11.5%。学者杜林军等（2010）更进一步以实际数据指出，全世界每年的甲烷排放量约为 5 亿 t，其中 2200 万～3600 万 t 来自垃圾填埋场。以上数据仅就废弃物的末端处理核算了碳排放，因此，加强管理与综合利用，对这些排放形成的能源进行再利用就可以实现低碳减排目标。就物品的整个生命周期而言，废弃物的处理如果以减排为目标，则可以实现更大程度的碳减排。据中国中央电视台（CCTV）2010 年第 161 期《未来世界——没有垃圾的城市》纪录片报道，每回收 1t 废纸，可以产生 800kg 的好纸，节约 17 棵大树，从能源角度分析，节约 1.2t 标准煤、600kW·h 电、100m^3 水（唐平等，2012）。如果能实现对塑料、玻璃等包装物以及家用旧电器等的诸多回收，则节约的物品、人力等形成的能源节约更是可观，此情形下的碳减排率也将会极大提高。

从我国现实角度分析，在源头分类收集废弃物未全面贯彻，废弃物再利用系统未科学形成，末端处理的“一烧了之”或“一埋结束”都将形成不必要的高能耗和高碳排。

三、生态足迹分析

据 WWF2012 的报告称，我国生态足迹总量占全球第一，即我国人均生态足迹大约是生态承受能力的两倍，而这种严重超越生态负荷的主要来源有两方面：投资固产和生活消费。生活消费则与过度消费和不当处置物品紧密相关，据《金陵晚报》报道：人类第一个生态超载日是 1987 年 12 月 19 日，随后的生态超载日逐年提前，2013 年的生态超载日提前到了 8 月 20 日，人类提前 4 个多月用完了当年的自然资源总量，严重透支了全球可承载的 33.4%[①]。根据《地球生命力报告 · 中国 2015》报道，在 2010 年我国人均生态足迹达到了全球 2.2 公顷，虽然未达到全球平均数，但是已经超过了我国人均可得生物承载力的两倍[②]。与此同时，截至 2010 年，碳足迹达到生态足迹的 51%[③]，所以，碳足迹是驱动生态足迹增长的主要组成部分。而 2016 年 8 月 8 日则成为该年度的“地球生态超载日”，2017 年 8 月 2 日是迄今为止提前最早的生态超载日。可见，人类的生态超载问题日趋严重与恶化。因此，从生态足迹分析，我国目前对于生态足迹降低的需求已迫在眉睫，而生态足迹降低的深层要求是提高资源使用寿命和持续时间，使自然资源得到

① 地球昨天拉起“生态超载”警报，金陵晚报，2013-8-21。
② 地球生命力报告 · 中国 2015，2015：前言。
③ 地球生命力报告 · 中国 2015，2015：19，24。

充分利用、最大化利用，从而实现碳足迹的降低。这就需要从政府到社会，从集体到个人的所有主体行动起来珍惜生态、珍惜资源，减少排放与消耗。

四、碳排放现状与未来负担

我国已经是世界第二大经济体，同时也是第一大温室气体排放体。后者的第一并非主观所求，恰恰是想竭力早日挣脱的。世界温室气体排放第一的头衔，已经使得国际社会的责备目光指向我国，呼吁减排的焦点瞩目于我国，同时谴责的呼声也对象化于我国，减排既是经济问题，同时也是政治问题、技术问题、制度问题、文化问题和尊严问题。我国一直以来积极履行大国责任，在人类发展方向上致力于提供正能量与正向导向，从《联合国气候变化框架公约》到《京都议定书》乃至每年年末召开的气候变化大会，我国积极参与的态度一直都在体现，努力减排的意愿一直都在表达。特别是2015年的气候变化大会，习近平总书记亲自赶赴巴黎参加，更是向全世界彰显我国积极努力参与国际减排的坚定行动。根据联合国的相应计划和《京都议定书》附件中的国家强制性减排时间表，以及国际上共同但有区别的减排基本原则可以知道，承担强制性减排义务将成为一个并不遥远的现实，在各个可能领域内实现有效减排则是现实条件下的重大历史使命，废弃物领域的有效减排将是诸多减排领域中必不可少的一环，但同时也是错综复杂、实施艰难的一环。

第二节　废弃物减排的英德现状

通过废弃物治理实现一定的协同减排效果已经形成国际共识。英国和德国在废弃物减排方面做得较为突出，碳减排卓有成效。废弃物领域是英国主要的温室气体减排领域，1990～2007年，该领域的减排总量超过了能源工业，而早就实行循环经济的德国，在废弃物领域的减排也与能源工业减排量相当（贺蓉等，2011）。

一、英国废弃物减排现状

英国废弃物治理从时间上分析，与德国和日本相比，属于后来者，从治理效果上虽然不能说后来者居上，但是也取得了卓著的成效。从数量上分析，2010～2012年生活废弃物减少了54.2万t，可降解的填埋生物垃圾减少了268.9万t（郭燕，2015）。在废弃物减排方面从目标角度剖析，英国废弃物治理主要基于减废和减排两个宗旨，英国环境、食品及农村事务部于2007年提出了英国垃圾战略总目标，即每年减排二氧化碳960万t。从动力来源分析，英国废弃物治理的动力主要来源于欧盟压力机制、自身发展机制和政党竞争动力机制。从进程来看，英国废弃物的治理在 20 世纪 90 年代孕育于环境治理中，后逐渐分离出来，而对废弃物的治理，早期的理念主要是治理污染，到了 21 世纪初逐渐转移到对废弃物加以正确管理，综合利用，以循环经济模式实现减少温室气体排放的目标。在法律层面，加大了与废弃物相关的主体的法律注意义务，废弃物的管理涉及越来越广泛的主体，包含生产者、运输者、保管者及消费者等。在废弃物处理层次上，英国分为 5 个层面，第一层面是预防优先，第二层面是再利用，第三层面是回收，第四层面是转能源回收，最后的处理层面才是抛弃（戴修殿，2011）。在号召领域，英国甚至大胆提出了"零废弃"的超现实主义理想口号。表 4-1 展现了英国垃圾治理的法制历程。从控制污染到保护环境，再到废弃物的减量，发展到 2010 年苏格兰提出了"零废弃"，而法律中的注意义务则开创了英国废弃物治理的重要里程碑。

表 4-1　英国垃圾治理的法制历程

年份	法律和相关规定
1974	《污染控制法》
1990	《环境保护法》
1991	《可控废弃物管理规定》
1994	《废弃物许可证管理规定》
1996	《固体废弃物填埋税》
1998	《废弃物减量法》
2000	《英格兰和威尔士废弃物战略 2000》
2003	《家庭生活垃圾再循环法》
2005	《家庭废弃物管理的注意义务规定》
2007	《废弃物战略 2007》
2010	《苏格兰零垃圾计划》
2011	《英国和威尔士 2011 废弃物管理规定》
2011	《威尔士和苏格兰关于 2011 废弃物零排放管理的咨询意见》
2013	《英格兰废物预防计划》

二、德国废弃物减排现状

严谨且审慎的德国人对废弃物的治理走出了一条迥然不同的道路。从 20 世纪 70 年代起，德国第一个提出了废弃物循环利用之路。可以说，在废弃物治理方面，德国走在世界的前列，具有未雨绸缪的超前思维，这一循环利用，使得德国在废弃物的环境、资源和能源的功效方面做出了趋利避害的长久有效治理。因此，现在的德国废弃物治理已成为世界各国的典范。

从目标上分析，应该说德国一开始就确立了以分类为手段实现废弃物循环利用的目的。从动力上来说，可以归结为经济发展和环境治理二者双赢的战略目标。在进程上看，德国提倡废弃物分类始于20世纪70年代，基本聚焦于末端控制，经过大约20年，即在20世纪90年代，着重加强了包装废弃物领域的分类和循环综合利用。随着人类认识和经济发展的需要，废弃物的分类和循环利用领域扩展到了诸多领域如餐厨和电子废弃物等；同时随着欧盟对于废弃物填埋的限制和废弃物框架指令的颁布，德国的废弃物治理不断发展与完善，在此基础上实现了环境治理、能源资源节约、减少排放等诸多废弃物治理的正面效应。

从21世纪开始的10多年间，德国更是加强了对废弃物排放中的能源资源核算与规制，应对全球变暖，资源能源节约能够大幅度减少碳排放，这已经成为人类减排中形成的共识。德国已经将废弃物领域的碳排放减少作为应对气候变化减缓全球变暖的重点。其理由如下：首先，德国2012年修订的《循环经济法》第8条第1款明确规定，为人类和环境保护提供最佳保障（翟巍，2015）。有学者认为这一条是"强化针对资源、气候和环境保护的循环经济建构"的目标体现。其次，2012年，德国通过了《资源效率计划》，该计划的宗旨是最大限度地延长自然资源对人类的使用价值，将其有用性发挥到尽可能的最大长度、宽度和深度。这在一定程度上毫无疑问会减少新资源的消耗并减少开发资源的碳排放总量。最后，德国在其循环经济中的限度规定也体现在对废弃物再利用中的排放控制。在《资源效率计划》利用和循环经济应用中明确规定，如果废弃物利用的消耗、成本和危害大于生产新产品的消耗、成本和环境危害，废弃物利用应当避免。

三、英德废弃物减排的总结

综上所述，世界各国以及各地区在废弃物方面取得的较为显著的成效，有以下几个共同特征：第一，制定较为严格的废弃物分类标准并切实实行；第二，分类是实现循环经济的重要环节，分类是循环经济的前提，废弃物的减量、无害以及资源化能源化都在循环中得到切实保障；第三，废弃物的有效分类与循环利用都在不同程度上促进了资源能源的节约化。正是基于上述特征，废弃物领域实现了不同程度的碳减排效应。但废弃物领域实现碳减排在英国和德国又有所不同。从目的层面看，作为世界范围第一个制定气候变化法的英国，废弃物治理的目的是降低碳排放，减缓气候变暖。而德国的废弃物治理目的有自身特色，作为世界较早注重生态现代化的国家，通过废弃物的最优化和有效治理，反复使用，使得产品生命周期得以最大化，从而起到一石二鸟的功效，既减少了污染，也增进了生产的持续性发展。从表现层面看，英国主要确定了废弃物领域的注意义务，德国则体现为生产者延伸责任。从战略层面看，英国21世纪初的五步框架战略显示出了步骤上的有序性，而德国则区分了废弃物处理的五个层次。

第三节　废弃物碳减排领域剖析和现实障碍

废弃物领域的减排效应被国际认知并加以采用已经是实践中的不争事实，欧盟仅因为减少填埋并将填埋的甲烷及时回收利用，就达到了废弃物领域减排量的97.2%，实现减排率 45.1%（贺蓉和殷培红，2011）。废弃物领域已经是大多数国家实施减排的重要领域（张艳艳等，2011）。我国于 2004 年超越美国成为世界上最大的垃圾产生国，根据《2012 年世界发展报告》可知，2011 年全球城市产生固废约 13 亿 t，亚太约 2.7 亿 t，其中我国占了 70%（刘文慧，2015）。国务院 2016 年颁发的 61 号文件《“十三五”控制温室气体排放工作方案》，在该条文的“四、推动城镇化低碳发展”的第三条中明确规定：“加强废弃物资源化利用和低碳化处置。”这意味着在国家层面，已经明确将废弃物的减排作用以条文形式进行肯定。总体来看，废弃物领域的减排主要在资源化和能源化两个方面。

一、废弃物减排的两个领域分析

（一）废弃物的资源化减排

废弃物的资源化减排，主要是指废弃物的回收利用方面。通过对废弃物进行高质量回收，延长资源的使用寿命，进而减少对新资源的开发耗用，节约资源的同时也节约了资源的处理碳消耗。Corsten（2013）采用仿真模型发现，以荷兰 2008 为例，回收可以实现减排二氧化碳 2.03Mt，而单纯的焚烧仅实现减排二氧化碳 0.7Mt。

目前，在废弃物资源化减排领域，我国将大有可为。目前可以实现有效且高效的资源化减排的领域集中在餐厨领域、包装领域和电子领域。首先，餐厨领域。宋国君教授 2015 年的《我国城市生活垃圾管理状况评估》明确指出，我国目前的餐厨废弃物在整个废弃物中占据比例高达 50%以上，因为数量庞大，可用性较强，所以可预测减排效果应当相对可观。其次，包装领域。仅以电子商务平台来看，我国的电子商务平台发展迅猛，2015 年的包装包裹达 200 亿件；2016 年，仅从双十一一天的流通量来看，交易额就超过了 1800 亿元，可见该过程需要的包装物数量庞大，如果能够使用回收资源或者能够将该过程用过的包装物规范化二次使用，碳排放将大大降低。最后，电子领域。我国经过了改革开放以来近40年的经济发展，电器的普及和更新换代已经司空见惯，大至空调、冰箱、洗衣机，小至手机、计算机和家用小电器，在这些电器中，有大量可回收利用的资源，甚至被很多人视为城市矿产，废旧电器内的稀有金属、电器本身的机身外壳等，从内到外无一不是资源之宝。

（二）废弃物的能源化减排

废弃物的能源化减排主要体现为两方面。一方面是指在废弃物领域，可以通过对废弃物处理的能源化回收，实现碳能源替代进而实现减排。如焚烧实现热能发电和供热、对填埋场产生的甲烷气体实现技术回收应用等。能源化减排的另一方面则是指减少废弃物收集运输和处理能源消耗，进而达到能源减排。即通过严格的分类，使废弃物大大瘦身，这样就减少了废弃物的收集困难，减少了运输总量，也就顺理成章地造就了处理中的能耗节约。

综上所述，无论是资源化还是能源化减排，首要的前提则是先对废弃物进行分类，这才是具有决定性意义的第一步，如果第一步无法实现即使减排口号喊得再响，其效果都是不言而喻的，即直白的结论是废弃物不分类就难以实现真正的有效减排。

二、废弃物减排现实障碍

理论上，通过资源回收和能源利用来构筑废弃物减排的路径是可行的，但在现实中，却存在着重重障碍。首先，体现在资源能源减排中的轻重倒置；其次，则是分类领域的历史顽疾。

（一）能源资源减排中的轻重倒置

从资源化减排和能源化减排两个领域的难易程度分析，资源化减排应该更容易实现，这种减排只不过是生活中的“拿来主义”，拿的时候加以仔细辨别再正确选择即可，因此需要的是内在的细心和遵守，更多地体现为精细化路径。而能源化减排则需要相应的技术，例如，如何焚烧能够提高热效率、如何减少二噁英、如何做到甲烷不泄漏不爆炸、如何测算甲烷的产生量等。同时，在设备的匹配上，如何做到焚烧设备与废弃物产生量相对应，如何使甲烷收集设施与填埋场规模相适应，一旦硬件设施确定安装，投资中的“锁定效应”立即作用，正如现实中大量的焚烧项目不断实施，但焚烧数量是以目前废弃物未分类进行核算的，而国家对焚烧的补贴则使得焚烧项目拥有者不断扩大焚烧数量以获取更多补贴，这与节约资源能源恰恰背道而驰。而如果对废弃物严格分类，则焚烧数量会骤减，焚烧设备的锁定效应背后暴露出的将是设备本身的大量空载、废弃和非低碳化。

因此，在减排的两大途径中，资源化减排的实现程度高于能源化减排，同时在技术和资金投入上前者也有着相当的优势，在复杂程度上，能源化减排需要更严密的标准以及诸多的配套软硬件要求，而资源化减排则更多地彰显人类对该问题的精细化程度和意识遵守。

（二）分类领域的历史顽疾

废弃物减排的第二大障碍则是分类领域的历史顽疾。如前所述，无论是资源化还是能源化减排，首要的基本前提是废弃物的分类。未来学家托夫勒在 20 世纪预言，"继农业革命、工业革命和计算机革命之后，影响人类生存发展的又一个浪潮，将是世纪之交时要出现的垃圾革命"（阿尔温·托夫勒，1984）。其实，具有简朴节约传统的中华民族很早就意识到了通过分类实现节约的基本常识。有学者称我国是最早实现废弃物分类的国家，因为在 20 世纪，北京就展开了轰轰烈烈的垃圾分类工作，甚至很多的公民依然留恋曾经牙膏皮、废凉鞋乃至猪头骨等废弃物可以换钱换物品的时代。从分类的现实瓶颈来看，主要表现在以下几个方面。

第一，意识形态领域。人人都认识到分类对资源的节约，但是知道未必能够做到。当分类存在一定的行为识别障碍或者带给生活的哪怕是微量的不便，舍弃优等行为进而选择劣等行为也是常态，如同历史呈现的劣币驱逐良币，所以行为与认知的背离使得分类在行动中难以落实。

第二，技术领域。分类的标准是技术问题，各地气候、习惯、风土人情甚至地方产品的不同，都会导致生活垃圾类别各有千秋，分类标准的界定必须综合考虑。废弃物运输处理等方面也是技术的专业领域，从设施到收集处理模式，目前这些技术知识的普及和应用均存在较大的缺陷。

第三，制度方面。由于各地经济政治发展的不平衡，各地纷纷按照自己本地的状况制定了本地废弃物处理措施，但是在实施过程中，关于废弃物的分类往往最难以实施，而常见的理由是必须循序渐进、时机尚未成熟。南京市政府 2013 年 4 月颁布的 292 号文件，原定于同年 6 月 1 日实施的《南京市生活垃圾分类管理办法》，至今未能真正实施，是分类规则难以实施的典型。

第四，中国人口障碍。废弃物是人人参与制造的，但却没有人人治理的责任感，人口数量的庞大导致废弃物产量的必然庞大，人类制造了废弃物却无法不离不弃地对废弃物命运负责，甚至避而远之，长此以往势必导致废弃物的混乱危机深重，如果大家能够做到"自己的废弃物自己负责"，废弃物数量会大大减少，治理难度也必定降低。

第五，消费习惯障碍。舌尖上的中国成就了美味，同时形成了大量的餐厨废弃物，以中餐为主的民族消费方式使得餐厨废弃物成为废弃物领域的主力军、污染王，是资源浪费的重要渊源，在处理中也因为湿度影响燃烧进而造成高排放，混放废弃物的方便习惯，一时之间难以改变，形成了积重难返的投放简单化习惯。

第四节　废弃物减排的情景分析

根据当前废弃物现实投放状况，将废弃物在三大领域实现严格分类，即餐厨废弃物、电子废弃物及包装废弃物，就可以实现大幅度地降低碳排放数额。主要体现为分类后，资源被回收利用后的碳排放降低，以及能源利用后对碳能源消耗的降低；同时也体现为分类回收后，废弃物数量减少，收集运输和处理中的废弃物的碳排放降低，即资源降碳和能源减碳。

一、资源降碳领域

（一）餐厨废弃物分类收集处理减排

餐厨废弃物是我国废弃物的重头部分，根据2015年中国人民大学国家发展与战略研究院出具的《我国城市生活垃圾管理状况评估》报告中，以12个城市为蓝本所出具的MSW种类占据比例分析，我国的餐厨废弃物一直以来有着绝对高额比例，最高的沈阳市达到了73.70%，而12个城市的餐厨废弃物占废弃物总量的比例均值为59.33%。如果实现了餐厨废弃物隔离分类，则可以使MSW从体积和质量上大大减少，而餐厨废弃物混杂收集最大的危害则是产生高增温潜势气体——甲烷，因此，这里将以餐厨废弃物分类可能减少的甲烷气体作为餐厨废弃物资源回收减排数据进行分析。以2014年为例，根据表4-2中提供的2010～2014年城市垃圾清运量数据，以及由比例均值计算产生的餐厨废弃物总量，可得到二氧化碳减排公式为

$$废弃物质量\times 59.33\%\times 60\times 0.714\times 23$$

（每吨餐厨废弃物产生60m^{3}的甲烷，每立方米甲烷质量为0.714kg，甲烷的增温潜势是二氧化碳的23倍）。即$17860.2\times 59.33\%\times 60\times 0.714\times 23\approx 10440900.676$万kg。

表4-2　2010～2014年城市垃圾清运一览表

年份	2010	2011	2012	2013	2014
城市垃圾清运量/万t	15804.8	16395.3	17080.9	17238.6	17860.2

从能源角度分析，由于餐厨废弃物的分离，大大减少了废弃物的处理数量，极大地降低了能源消耗，以5t货车运载为例，假设运载5km，每100km耗油10L，

则仅仅在运输领域即可以降低碳消耗，实现二氧化碳减排为 17860.2×59.33%÷5×5÷100×10×2.3≈2437.185 万 kg（2.3 是转换为二氧化碳当量的系数）。

（二）电子废弃物分类收集处理减排

随着经济的发展，我国 20 世纪 80 年代以来兴起的家用电器经历三十多年的成长，各类电器的存量已经达到数十亿，进而报废电子产品数量与日俱增，据有关专业平台统计，2011 年以来，我国已经回收了大量电子废弃物，回收价值达到数百亿元，见表 4-3①。

表 4-3　电子废弃物回收经济价值表

年份	2011	2012	2013	2014
回收价值/亿元	119.2	57.2	69.8	78.4

从以上数据可以分析，首先，从含量上看，回收价值主要是指电子废弃物回收资源节约价值，包含在电子废弃物中提取的各种金属再利用价值以及其他材料的二次使用节约资金；其次，从数量上分析，2011 年回收发展较好，但接下来的数据表明，有大量电子废弃物并未得到真正回收利用。因此，加强电子废弃物在现实中的回收，在资源领域实现减排是务实之道。

我国的碳交易平台已经正式运营，因为每天的价格波动较大，各地区也不平衡，所以，将回收价值转换计算成碳价格具有极大的不稳定性，但从实质角度分析，是可以进行转化的，该类回收利用也是对碳消耗的极大节约。

（三）包装废弃物分类收集处理减排

包装废弃物的回收在我国的现状不容乐观。目前，我国大量未能回收利用的包装废弃物主要表现为纸类和塑料类。以 2015 年为例，我国仅快递业务产生的包装废弃物就达到 200 多亿件，其中塑料袋 82.6 亿个，包装箱 99 亿个（孙翼飞，2016）。可见，批量生产大量消费进而海量浪费的现象在生活中已经司空见惯。如果从节能减排角度分析，仅仅包装箱的回收就可以实现明显的减排成效。以纸类为例，每 1t 废纸可以回收制作纸张 800kg，相当于节约 1.2t 标准煤，而 1.2t 标准煤可折算成 2.62t 二氧化碳。2015 年的《我国城市生活垃圾管理状况评估》报告显示纸类废弃物在总废弃物中的比例均值为 9.13%，2014 年的纸类如果完全回收，可实现的二氧化碳减排量为 17860.2×9.13%×0.8×1.2×2.62≈4101.376 万 kg。

目前，我国在回收方面取得一定成效。据有关数据统计，2011～2014 年，我国

① 数据来源于智研咨询。

废弃钢铁、废纸、废弃塑料三个领域的回收，折算后碳减排量分别为27.962MtCO_2-eq、965.695 MtCO_2-eq、22.502 MtCO_2-eq（黄威等，2017）。

二、能源减碳领域

对废弃物科学地终端处理也将有助于能源化减排。比如，将分类后的废弃物进行焚烧并对其热量合理利用以供热供电，可以达到减排效果，而对填埋场的甲烷气体合理收集利用，也可以实现较大程度的减排。

关于堆肥方面，因为产生的是有机碳，通常不作为温室气体进行核算。

废弃物治理下的减排一直以来是环境治理良好国家的主要目标，英国则直接以减缓气候变化，降低碳排放作为废弃物治理的直接目标。在此基础上，各国均实现了精细地以促进 MSW 分类进而实现循环利用的治理模式并取得显著成效。分类下的物件条理化、环境整洁化和排放低碳化是人类应为的生存之道，也是资源能源有限性下的幸福之路。

第五章　良知引领下的废弃物治理知行合一探讨

废弃物治理的艰难历程在我国已是有目共睹，常令人感觉有心无力。国外考察、技术开发、设立科学的分类标准和治理路径，投入了大量的人力、物力、资金、技术等，可是在大多地区依然收效甚微，太多人的行为与态度似乎并未发生根本性转变，依然故我。外在的努力和推力进行了如许，但无法有效推动治理的根本改观。也许废弃物的治理，从根本上讲，更应该是一个内生的问题。本书尝试从良知角度、人的内心角度探讨废弃物治理中的知与行问题，希望对治理能有所启发与推动。

第一节　日常废弃物治理与良知

一、日常废弃物治理

危机与矛盾，经常伴随着社会的繁荣与昌盛。人类天经地义地享用着科技发达带来的文明成果，徜徉其间，乐不思蜀，沉浸其中几近沉沦。于是，需求日益增多，物质日渐充沛，由此带来的是生活物品更新加快，对新物品的占有似乎带来了幸福生活，不断地升级换代与喜新厌旧，抑或喜新并不厌旧，但有限的生活空间，因适应不了物质增长的脚步，使得生活中越来越多的物品走向了废弃。人们如何将曾经视若珍宝的背包挥手一掷？又是怎样将带来欣喜的手机随手抛却？与最初物品带来的惊喜相比，将此类产品变为垃圾，变为废弃物，扔到垃圾桶的一瞬间，当初的小心翼翼、当初的如获至宝、当初的万般珍惜已经荡然无存。

经常提倡的美德是变废为宝，可是人们何时变得如家常便饭似的反宝而废？生活中的废弃物日积月累，人们对物的追求并未日渐消退，物欲不一定都来自于质朴的基本需求，更多的来自于过度膨胀的攀比。于是，一方面是大自然资源的消耗枯竭，伴随的是市场中产品的排山倒海；另一方面是趋之如鹜的大众无休止的需求，伴随的是频繁更新造就了废弃物的堆积如山。城市、乡村多了两个危机词“垃圾围城”、“垃圾围村”，与西方经济发达国家相比，物质充沛的历史并不长，但是与物质充沛的历史相比，垃圾危机的历史并不短。

面对我国发展中的废弃物，哲学三问也许在此要转换为废弃物是什么？废弃物从哪里来？废弃物往哪里去？山区的衣衫紧缺与城市的衣柜丰实，稀有金属的市场紧张与电器繁多的弃之不用，短缺与充盈的并存悖论，更值得人们深深反思：废弃物是生存问题还是发展问题？是物质问题还是意识问题？是外部问题还是内部问题？有一点是确定的：废弃物治理一直是一个难以解决的顽疾问题，而每一个人都身在其中。

二、良知引导治理

对物应有的珍惜感恩，表现在行为方面，正如孟子所云："食之以时，用之以礼，财不可胜用也！"（傅佩荣，2011）。此处的"财"在现代生活中准确地说，就是资源。何谓用之以礼？每一事物都是大自然历史弥久的酝酿，应该取之敬畏、用之珍惜、奉之真诚，每件物品都是一个生命，不任意取予是一种最简单的礼节。曾有哲人说，如果是罪恶，就会因为大家都去做，就不会罪恶，因为外部原因，事物总是容易解决。最难以解决的是内部原因。而心学大儒王阳明先生则说："但在常人多为物欲牵蔽，不能循得良知"（王阳明，2015）。何谓良知？孟子曰："人之所不学而能者，其良能也；所不虑而知者，其良知也"。而王阳明先生说："吾心之良知，即所谓天理也""心之虚灵明觉，即所谓本然之良知也"（王阳明，2015）。即在王阳明先生看来，良知是人与生俱来的一种向善道德性，在良知的指引下，人有向善的道德意识和道德判断，在这种心灵下生活，人能抵挡重重诱惑，如同剥去云雾，获得人生的自由与光明。而这一切都源于生活的磨砺与考验，在事上磨炼，是王阳明先生提倡的最基本方法，而途径则是其提倡的良知下的知行合一，即致良知。知之真切笃实便是行，行至明觉精察便是知，知中笃行行时察知，知行并举中成就彼此，从而构建一个美善井然的仁诚社会。

陶行知先生说，行而知之，故其名曰"行知"，并提出了"行动是思想的母亲"的哲学命题（顾明远和边守正，2011）。诚然，对于废弃物的治理，行动比思想更有力量。但是对于废弃物治理问题，更多的不是认识论问题，而是实践道德理性在行动上的展现；而良知也不仅仅是不虑而知，德性之知，人类生活涉及的物品、潜在废弃物，不仅需要德性之知，同时需要见闻之知，更需要深入探索才能体会并深知。

良知论与知行合一说是王阳明心学的核心，其最终宗旨是听从内心的道德意识和道德判断，在行动上恒定慎独地落实，即致良知。致，意味着实现、一贯、极致。王阳明心学是儒家心学发展的集大成学说，将孔孟的"仁善诚"从理想转变为现实，也将孔孟之后有着较大空白的儒学推上了宋明以来发展的高峰。其最大的特色是将人的内心影响力发挥极致，达到心落实处的稳定之态、行从心走的不逾矩之举，达到良知下的知行合一。随着民主与科学的发展，近代儒学大师牟宗三老先生在通透解析良知说之后，将认知坎陷学说引入良知领域成为良知坎陷说（程志华，2009），使得王阳明心学下的先验超越现实，即不虑而知得以突破，良知的两层含义得以确定，即良知既包含人类与生俱来的道德意识和道德判断，又包含现代科技下的经验和学习认知。而其良知遍润说（牟宗三，2010），对良知的泽润性和渗透性更是精确地阐释。余英时先生认为，王阳明心学以龙场悟道为分界点，之前得君行道之后觉民行道，良知便有了两层含义：其一，将理从“士”解放至社会普通人；其二，将公共的理分散给每一个人（陈琦，2014）。因此，本书从良知角度来探讨废弃物治理的知行合一，从意识与行动角度探讨废弃物的有效治理。

第二节　废弃物治理中的知行要求

废弃物治理中，知行各有其具体含义。但从普遍意义而言，“知”，即良知，有多重含义。第一，在儒学最早的心学创立者孟子眼里，则是指不虑而知，即不虑而知乃良知，不虑而能乃良能。第二，在王阳明先生眼里，有多重解说，如天植灵根说（王阳明，2015）、是非说（王阳明，2015）、评价监督说（陈来，2014）。而总结良知特点，则表现为先验性、普遍性、实践性。

“行”的含义，则是指具体的外在活动表现。而王阳明先生的“行”的含义则显得更为宽泛。第一，知之真切笃实处便是行（陈来，2014），即对知的本质真切把握就是行。第二，一念发动不善，即是行（王阳明，2015）。在阳明学观点中，知行二者的关系是知先行后，行重于知，知行互发（陈来，2014）；在王阳明先生学说中，知是行的主意，行是知的功夫，一般是主意统帅功夫，但此处恰恰是重在功夫，主意不再统帅。

一、废弃物治理中的“知”

面对废弃物治理哲学三问，此处的“知”应当包含以下四个层面。

其一，知本质。即在将物品从实用物转化为废弃物的一瞬间，从价值角度评价该物是否真的已失去自身物品功能？答案如果肯定，则废之；反之，则不废。总之，无论废与不废，根本的是从物的本质角度进行剖析。

其二，知来源。即该物转变为废，是主观之废抑或客观之废？面对客观之废，则要探索为何而废？从物品本身的可恢复性程度决定其结果。

其三，知去向。当一件物品被决定走上废弃之路时，如有部分功能时，则应在处置方面，力图将其部分功能最大化实现；失去其原有基本功能时，考虑转化功能的实现，如餐厨废弃物提炼生物质燃料。同时判断流向的路径是否合法，以防止不法路径导致的危害，例如，餐厨废弃物流向养猪场即不法路径，有形成同源病的致命风险，过期食品流向食品制造业重返加工，则会危害人类健康。

其四，知结果。对于废弃物的治理，要知晓治理下的资源效应、环境效应、经济效应以及气候效应。比如，干湿不分，会导致纸类、包装、金属等废弃物的污染损害，这些本可循环或二次使用物品浪费会造成经济损失，以及腐败易发酵甚至发臭的废弃物会对周边环境造成损害，可能是对土壤，也可能是对空气。有机废弃物自身发热将导致堆积物温度升高并产生甲烷气体，这两种效应都毫无疑问会导致升温效应，特别是无色无味的甲烷可燃气体，增温潜势是普通温室气体二氧化碳的 23 倍。

二、废弃物治理中的“行”

在废弃物治理中，毫无疑问行大于知，与心学强调的行重于知完全吻合。主要体现为行珍惜、行分类、行自治、行引导四个方面。

首先，行珍惜。在儒学看来，惜物即天人合一的仁者之举，从孟子的万物皆备于我，到张载的民胞物与（张载，1978），进而发展为二程的天地与万物一体（程颢和程颐，2000）。阳明学在物与人的关系方面，提倡的是万物一体之仁，将物视为敬畏的生命体，取用有爱，取用有序（辛小娇，2015）。

其次，行分类。得其所，是人类追求的理想状态，此原理自然应用于废弃物治理。分类是治理的基本需求，对于生活的打理、事物的治理，最根本的是井井有条，摆放有序。条理，顺序的前提，就是安排有类，即通常所说的物以类聚，人以群分，其原理放之四海而皆准。分类不仅是视觉感受，更是效率追求，是废弃物生命价值的效率延伸。

再次，行自治。物品由用而废，都因于主体的行为与意志。受益者受其损，既是公平原则，也是治理公理。使用者有享受其有效性的权利，也应承担其废弃后的处置义务，“将你的垃圾带回你的家里”虽然不是名言至理，但是却是朴素的生活常规。

最后，行引导。毋庸置疑，人的行为往往具有模仿性，或者参照性。良好的行为导向是秩序井然的必要保障，尽管不一定是充分保障。随便践踏草坪者，在草坪留下一串串脚印，草坪不复往昔。随手扔废弃物者，其扔掉的一包废弃物无疑会招来一堆废弃物。父母的身体力行会影响孩子的行为模式，废弃物不分类者会给分类者带来心里的分类无用感甚至是不平衡的吃亏感。

因此，从废弃物的治理知行要求来看，知应先于行，但行的结果也会影响知。在二者关系中，践行的结果更为直观。如果本着知行合一的引导，遵循良知的指引，废弃物治理会形成较好的效果。但是，近二十年的废弃物治理却成效不显，究竟是知的领域出现障碍，还是行的范畴执行不力？有待研究探讨。

第三节　现行废弃物治理下的知行悖论

废弃物治理是世界难题。在物质日益发达的现代社会，每个国家的废弃物在经济发展过程中，数量上都有了数倍的增长。在面对普遍性问题方面，各国政府和民众都付诸了努力，但成效各有不同。在治理领域，历史较长且成效较好的，结论一致称道德国和日本。对于德国，一向以严谨著称，国民遵守规范，诚信落实，无须监督且能一丝不苟，因此分类细致，循环利用有条不紊。而日本的成功治理，很大程度上归功于日本资源匮乏的一贯理念灌输，严格遵循分类标准，行动密切配合，定时定点地进行废弃物收集。诚、知、行，在两国的废弃物治理中起到了关键性作用。

我国的垃圾分类试点城市源于2000年，建设部颁布《关于公布生活垃圾分类收集试点城市的通知》，规定八个试点城市（北京、上海、广州、深圳、南京、杭州、厦门、桂林）率先施行生活垃圾分类。以南京为例，大多地区的分类几乎无任何起色，典型示范过的地区和小区域面积，在最初的试验中，曾经有过一定的积极效果，但长久下来，效果日渐式微，很多试点区回归原点。在废弃物分类治理的征途上，前进的步伐沉重拖沓，举步维艰。突出显示的最大问题，可以总结为说到做不到，知道行无道，无法一以贯之。归根结底，不如说是在缺乏真诚的情景下，形成了二者矛盾的知行悖论。

一、知行悖论存在样态

（一）调查数据分析

大学生群体应该是人群中认知能力和道德意识相对较高的群体。在某大学发了近千份调查问卷，设计了10个废弃物治理的相关问题，主要问题如下：是否知道现存的城乡废弃物危机问题？你认为废弃物治理最主要的途径有哪些？普通公民在废弃物治理中是主要作用还是次要作用？生活中能否坚持施行分类？问卷回收率达到了90%，关于问题的回答结论统计结果见表5-1。表5-1对4个主要问题的回答状况进行了统计总结，可以发现，关于废弃物的治理危机和要求，已经在认知中形成共识，但是令人大跌眼镜的是，行动中却截然相反。无独有偶的是，2015年，一组对宁波6区2036户社区居民的实地调查，几乎展示了相同趋向的调查结果，即愿意参加垃圾分类的比例为82.5%，而实际在行为上参与垃圾分类的比例为13.0%（陈绍军等，2015）。这两个地区两次关于废弃物治理的调查，相隔不足两年，但结果却基本一致。

表 5-1　大学生垃圾危机认知调查表

调查问题	调查结论	
城乡危机的存在问题	90%知道	10%未关注或不知道
废弃物治理的途径	76%赞成分类	24%赞成直接燃烧或填埋
普通公民的治理作用	82%认为在于公民	18%认为政府或社会组织有效
生活中能否坚持分类	21.3%能坚持	78.7%不能坚持

在废弃物治理的知行严重悖反情形下，关注我国其他危机中公众的知行状态，对解决废弃物治理具有指导意义。以下对一些学者关于水污染和环境保护问题的三组调查数据进行了大致梳理，其中第一组和第二组是关于环境保护的，第三组是关于水污染和保护的。从表 5-2 中数据可以发现，公众危机意识高，能够带来一定的积极实践行为，但是，结论却显示，危机认识越是普遍，参与行为比例反而显示一定的偏离。

表 5-2　水污染和环境保护问题认知调查表

公众危机认识	公众参与行为
74%	53%
87%	30%
90%	18%

注：①数据来源于王凤的《公众参与环保行为影响因素的实证研究》，中国人口·资源与环境，2008，18（6）：30-35；

②中国公众环保指数 2010 年度报告；

③数据来源于陆益龙的《水环境问题、环保态度与居民行动的策略——2010CGSS 数据分析》，山东社会科学，2015，（1）：70-76。

表 5-1 和表 5-2 的几组数据无一例外地证明，无论是抽象危机，如环保危机，或是具体危机，如水危机和废弃物危机，公众都能认识到危机的存在和危害，但无一例外地成了行动中的侏儒，意识中的巨人，使人不得不深思：意识的价值在哪儿？危机仅仅用作思考？

（二）实践活动剖析

上述的几组调研数据，确凿证明了知行严重不一致的严峻现实。在现实的危机应对中，废弃物治理的行为方式还面临以下两方面的现象。

第一，邻避效应。个体知道危机知道危害，但缓解危机危害的行为却远离该个体。这就是通常所说的邻避效应。目前的邻避效应主要存在于以下废弃物治理活动中：废弃物焚烧点的建立，废弃物填埋场的建立，废弃物中转站的选址。比较有影响的事件主要包括：在这一系列的反建立废弃物处理设施和场地行动中，反对的理由林林总总，如环境卫生问题，焚烧的危害物排放问题，填埋场的渗滤液问题，气味导致的空气质量和气味承受等。而大家最终的态度和呼声几乎一致，场地建在哪儿？废弃物如何处理？这些都不是反对的关键点，只要一点：不建在我家后院，不立在我的门前，万事皆大吉。表 5-3 是在建造过程中引起强烈邻避效应、甚至冲突事件的垃圾填埋场、焚烧厂。

表 5-3　邻避效应活动一览表[①]

时间	地点
2006	北京六里屯
2009	广州番禺、南京天井洼、北京阿苏卫
2010	贵阳乌当、河北秦皇岛
2011	江苏无锡
2012	广州花都
2013	广东惠州
2014	武汉锅顶山、浙江杭州
2015	广东罗定
2016	湖北仙桃
2017	广东清远

第二，转移行为。即将可能的危机侵害转移至他人他处，典型表现为垃圾倾倒案例层出不穷。表 5-4 是 2016 年一年内发生的重大垃圾倾倒事件一览表，如从水体上游往下游的倾倒，发达地区往不发达地区的倾倒，邻县市或省间相互侵害的跨区倾倒。

表 5-4　2016 年一年内发生的重大垃圾倾倒事件一览表（楚不易，2017）

时间	倾倒发生地	垃圾来源地	数量/t
2016.3	河北巨鹿	山东	400
2016.5	江西赣州	广东深圳	33
2016.6	江苏苏州	上海	12000 左右
2016.7	江苏南通	上海	2000
2016.8	广东中山	广东东莞	400
2016.12	上海崇明岛	浙江嘉兴	10994.4
2016.12	江苏徐州	浙江湖州	2000

① 主体数据来源于多个网站，进行相关收集整理。

无论是治理中的反对声音，或者是跨地区间的侵害转移，都无一不理直气壮地喊出了一个同样的潜台词：我的原因，你的结果，我的消费，你的买单。邻避效应持续十多年依然轰轰烈烈，随着焚烧技术的改善，数据信息的公开，人们害怕其造成危害的恐惧心理不减当年，可是关于危害后果或危害事实乃至危害事件，公众很难举出有力的实证，而废弃物的危机已迫在眉睫，大家选择了忽视。对自身安危的关切尤甚，对自身产出的废弃物熟视无睹，对废弃物处理的现实要求漠然置之，对废弃物治理的方法技术愤然抗议，如何从良知角度唤起内心对现实的反思和认知？人和物各得其所才能各自相安，知和行都需要择善而从之，这样才能有人类的生生不息。而在废弃物的倾倒事件中，我国第一大都市，魔都上海是典型的互害模式代表，既是受害者，同时也是加害者。仔细剖析，不难发现，加害者集中在上海、广东、浙江等经济发达省市。这进一步证明物质丰富下废弃物必然增多的客观事实。也说明了在物质的追逐中，人们趋利避害中只有自己的物质得失观。转移侵害，而不是减少侵害或化害为利。实在是王阳明先生所言的，心被物质所蒙蔽。人类的共存带来了持续的进步，个人权利意味着人人不被伤害的同时保障他人不受伤害，人人对物质的追逐自然意味着追逐中的物质给自己带来幸福，但决然不会带来任何损害。没有人能将自己的幸福建立在他人的痛苦上，将自己的获得建立在他人的失去上。在废弃物治理的活动中，公众普遍承认危机的存在和危机治理的迫切性需要，但在现实的危机治理面前，都异口同声地说出了“不行”，既表示着对治理行为的反对，也宣称着自身行为的远离。

无论是邻避效应，或者是转移行为，都表达着废弃物治理中的知行分隔。

二、知行悖论下的误区解读

行必源于知，知后方能行。而偏偏残酷现实是知而不行，知而逆行，这是废弃物有效治理的重大瓶颈，也是废弃物治理一直无法切实实现良性突破的重大原因。王阳明先生认为，知而不行不是真知，不是真知的知，终究缺乏一定的灼见，从人的思维根源分析，公众对于废弃物治理的认知确实存在一定的误区。

（1）误区一：内外问题。废弃物治理是内部问题？还是外部问题？公众认为废弃物是外部问题，这显然是一大误区，而且是致命的误区。废弃物从何处来？从每个人的日常生活中来，这些物品最初给所有者和使用者带来一定的方便、喜悦甚至是生活中的幸福与快乐。之所以成为废弃物，无非是因原有功能丧失，或者因人类有新的替代物。人类对待废弃物的方式，反映了人类对于使用物品的态度。呼之即来挥之即去的功利主义，反映了人类只将物品看成外来问题，权利内部化，义务外部化，受益完毕后将处理义务交给外在的世界。而权利义务本应是平衡的，一致的，享有权利者必定拥有义务，受益者必定承受其损，获得必有给予。因此，废弃物治理本身是一个内部问题，如同屋内的尘埃必然由居住人清扫，室内的凌乱一定由享用者整理。因此，从根本意义而言，废弃物是典型的内部问题，社会中每一个成员都应为自己产生的废弃物承担消解义务。只是废弃物的消解经常超出人的解决能力，国家在此情景下承担起一定的辅助义务，进而解决每一个公众的生活烦忧。但是，在此过程中，每一个公民仍然是解决此问题的主角，至少，从根本上减少废弃物的产生，并最大条件地进行类别甄别，以方便废弃物的后续处理。可是，国家的辅助却使得民众长期形成习惯性依赖，内部成了外部，配角成了主角。因此，消除对问题本质的误解，从良知深处认清，废弃物治理是内部问题，而非外部问题。

（2）误区二：高低问题。废弃物治理在很多人看来，是一个低端问题。追求高大上，解决高端问题，成了生活中的一大趋势。废弃物治理究竟是高端问题还是低端问题？在 2016 年底的中央经济工作会议上，重点强调了废弃物的治理问题；2017 年 3 月，颁布了《生活垃圾分类制度实施方案》；2017 年中央一号文件，要求大力解决农村废弃物的治理；2017 年的全国两会上，再次强调生态财富问题，可见废弃物治理已经上升为国家高度关注的问题。种种迹象表明，废弃物的治理并非公众误解的低端问题。称其为低端问题，从另一个层面上证明废弃物与每个人密切相关，证实公众对废弃物的不屑与厌弃之情。但正是因为人人与其相关，我国近 14 亿人口的小问题放大至近 14 亿倍，就不会再是小问题。人人参与其中，人人皆可发挥作用。问题的普遍性，问题的严重性，问题的难以解决性，在历史的进程中，对历史和现实的影响，都始终说明，废弃物治理从来不是一个低端问题。况且，从生存与发展的角度分析，大多人认为废弃物治理只是发展中的小问题，不足挂齿，但事实表明，废弃物处理不当带来的疾病问题、环境问题、能源资源问题，从来就不低端，很多时候，是一个生存问题。

（3）误区三：轻重问题。在废弃物的治理方面，还存在另一个常见的轻废重用、轻人重己问题。公众愿意将个人的心力耗费在对自己有用的物品上，而对于准备抛却的物品，却不愿意耗费个人心力。比如，打开一瓶饮料，当个人力气较弱而打不开时，哪怕需要恳请周围多个人，也不厌其烦，但饮料喝完，处理曾经盛装饮料的空瓶子，只会轻轻一抛，便彻底绝别无一丝眷恋；如果要求清洗干净再处置空瓶，尽管与当初花费九牛二虎之力打开瓶子相比，只是举手之劳，但是因为清洗不会给自己带来功用，清洗成了完全无须理会的一种烦琐。而轻人重己更是常见的生活废弃物处理方式，方便自己抛却而轻视环卫人员的装运是司空见惯的现象。随手扔却垃圾袋，一半在内一半在外，无人会将洒在外面的一半精心处理，只会留待他人清扫。玻璃瓶子不小心打碎成为废弃物，自己不会用手去片片捡起，以防受到伤害，更不会贴上标签告知别人，运装时“小心勿碰，以防碎玻璃的伤害”。重视新物品，轻视废弃之物；重物品对自我的效用，轻物品给他人的不便或伤害风险；重私人空间的分类有致、洁净整齐，轻公共区域的混杂脏乱。此等轻重差别，依良知自省，实不该有。

（4）误区四：公私问题。废弃物处理是公共问题还是私人问题？公众认为是公共问题，而非私人问题。曹洪军等（2017）在调研中发现，对于环保问题，56.08%的人认为应该由政府负责，33.30%的主体认为应该是企业或社会负责，只有10.62%的人认为该问题由公民个人负责。面对大量的物质供给与选择，很多人认为选择是自己拥有的权利。纷繁的物质最终碾压了精神，“要要要”是个人问题，“不要不要”却由私人转向了公共，这是典型的利己行为。当大肆批驳嗤之以鼻的利己主义时，是否自己也陷入了其中？可否从良知深处来反省，废弃物治理更多的是私人问题而非社会问题。有研究者为了了解一些家庭的经济、习惯或是人群特征，曾经以废弃物作为重点对象领域（威廉·拉什杰和库伦·墨菲，1999）。

第四节　知行合一下的废弃物治理建构

一、知行合一实现的基本前提

对于废弃物的治理，回归良知下的知行合一，才是根本之道。而实现这种回归，必须以唤醒良知作为前提，做到生活中的四个基本要求：敬畏、慎独、守一、主动，才有到达知行合一理想彼岸的可能性。

（一）敬畏

敬畏是一种态度，是对天地万物心怀尊重且感恩，是发自内心深处的崇敬，并会在行为中自然流露。敬畏在废弃物治理中的表现为心底的珍惜和行为的抑制与俭朴。物乃大自然所生，集天地精华，集众人之力，形成了一定样态，呈现在你我眼前。如同“只是因为在人群中多看了你一眼”，便有了李健的《传奇》歌曲之美。只不过在万物中终于遇见了某一具体物，这便是一种缘分。同类物品在大自然中有千千万万，甚至不计其数，可是拥有的便是唯一。期待、喜悦、便利、麻烦，种种感受伴随人们成长，也促进了人们的成熟。从最初的拥有某物，到整个过程的相伴相随，直至最后不得已的告别，恪守王阳明先生的万物一体之仁，将物的价值发挥到极致。当今时代的经济发展，带来了物质充沛的多选择生活。衣服没有最美，只有更美；手机没有最新，只有更新；日新月异，物品更迭，新旧只是相对，抛却成了一种习惯。而日常饮食生活中，家庭使用高档餐桌，布置高档餐厅，招待贵宾时若见到盘底，主人总有羞涩吝啬之感，唯有觥筹交错，残羹成堆才显得真诚大气。于是饕餮大餐中的剩余物成为评价东道主的重要标准，剩余越多显得主人越真诚，可是“真诚”的衡量物最终将成为餐厨废弃物。油然想到两句诗：谁知盘中餐，粒粒皆辛苦！怀有敬畏，便会减去一份欲望；怀有敬畏，便会增加一份珍惜。

（二）慎独

这是废弃物治理中一种发自内心的行动。无须监督，无须褒贬，始终谨慎，独守良知，做到真实的知行合一。在王阳明先生的学说中，慎独来自于诚意，《大学古本旁释》中记载：诚意只是慎独，工夫只在格物上用，犹《中庸》之“戒惧”也。《大学》中说：此谓诚于中，形于外，故君子必慎其独也。《中庸》记载：莫见乎隐，莫显乎微。这就意味着，但凡有细微的不诚心理，抑或些许的侥幸心态，都是不慎独的举止，其实更是内心没诚意的表现。在垃圾监督员的监督下进行废弃物分类，在公共场所投放废弃物入桶，但是无人监督时侥幸混装、非公共场所时随意偷偷乱抛废弃物，就是不慎独的典型表现。侥幸混装、偷偷乱抛本身说明人内心的惭愧感，其实违反了自身的良知。不良之知不善之举引发不安之心，与其如此，不如诚心诚意使得废弃物各归其类，不污染他物，不影响环境，不产生伤害。比如，将玻璃、尖锐物品单独放置，甚至贴上警示提示。人人守着内心的良知，行为上始终谨慎遵循，每一丢弃行为前都慎思，行为自律，无人监督无须监督，珍爱每一物，善守每一物，安放每一物，物尽其用审慎处理，废弃物治理的理想状态终能实现。

（三）守一

守一，既是行动也是态度。在儒学中，守一意味着行为德行不逾矩，另一个替代词则为中正。孔子曰：吾十有五而志于学……七十而从心所欲，不逾矩（陈晓芬和徐儒宗，2015）。在废弃物治理中，守一，意味着一以贯之的诚心诚意，坚持而不懈怠的实际行动。具体说来，有以下两层含义。第一是欲望守一不逐物。人的欲望永远是无止境的，市场上的各类新品也促发了人的欲望日趋增加，永无休止。逐物并获得，看似得到了满足，但是寄托于物的幸福永远是短暂的，对物的欲望也是此消彼长，而物物更迭带来的最大危害便是废弃物产生量的剧烈增多，衣服被更替，手机被升级，“剁手族”由此一茬接一茬，废弃物产生一批又一批。其实人们内心也深知，很多购买行为应该抑制。守一的第二层含义即行为守一不变更。在废弃物治理方面，坚持分类，不因大多人的混装而放弃；坚持景点不扔垃圾，我的垃圾我带走，不因随处可见的种种包装废弃物而心安理得地去跟随。遵循内心做正确的事情并不困难，最大的困难是一直坚持到底，行为之间的感染力使人们不是用心以行动去感染他人做正确的事，相反会被他人的错误行为感染而放弃正确的举止，善小不为，恶小为之，久而久之，善难行恶难止。克己复礼，天下归仁，克制住内心不该有的物欲，克制住随波逐流的乱抛乱扔举止，舍小我，善大我，这就是用物有序，这就是仁。只有这样，守一方有可能，即守住心的善良方向，守住一贯正确的行。

（四）主动

主动是一种担当精神，是一种发自内心的无压迫感行动。王阳明先生的大儒精神，呈现的是一种忧国忧民的主动担当。宸濠之乱发生时，王阳明先生未得到君王的平叛诏令，并且行在赴福建镇压乱党的途中，但王阳明先生得此消息后即刻在江西展开行动，平定宸濠之乱。而到了晚年，即便在身体羸弱情形下，应中央指令在田州、思恩镇镇压叛军，对于中央未下令平叛的八寨、断藤峡，也依然完美地平定了叛乱。为民安定，为民幸福，风险自担，这种情怀与胸襟是儒生的真实写照。对于废弃物治理而言，主动显得何其渺小但又尤为重要。主动清理，即便不是自己抛弃的；主动宣传，即便没有领导来检查；主动行为，即便没有他人在监督。做一个志愿者，一个引导者，一个主动的践行者。

二、知行实现合“一”的途径探索

知指引行，行深化知，二者的统一才是成事的必要条件。废弃物治理也不例外。王阳明先生在《答顾东桥书》和《答周道通书》中都曾强调真切知和明察行的统一：“知之真切笃实处即是行，行之明觉精察处即是知”。在废弃物治理中，以知立行，以行促知，可以从以下方面来落实。

（一）加强知的真正确立

1. 关于知的内容

在认知领域中，加强公众对废弃物治理中相关知识的认知是基本前提。首先，对于废弃物治理的原因，如经济节约，资源节约，能源减排，环境保护，健康关联等，公众能够对该问题的危害后果进行全面广泛地掌握，会进而产生强烈的治理愿望和认知。其次，治理标准，如哪些物品是治理的重要领域，废弃物的分类具体标准等。

2. 加强认知的具体形式

认知内容经过一定的时间，经常会逐渐淡化，因此，通过一定的方式对认知强化，是必不可少的条件。对于废弃物的危害后果，可以采用标语的形式宣传，在一些公共场合或是特定地点，如小区单元门出入口，标语可以是书写体，也可以采用电子告示。而对于废弃物的分类标准和收运时间表，可以采用日历形式，在电子信息时代，纸质日历和电子日历都是人们安排生活的重要载体，可以在二者间同时进行宣传，以期达到巩固强化认知的效果。

（二）规范中以行促知

对行为的规范可从多方面进行。废弃物的治理，从根本上说，是实践活动，是行为约束。因此，需要建立多方位多层次的规范。本书仅从公民行为角度加以建立。

第一，以绿色消费制度促进公众良知选择。从减少废弃物的产生量方面，可以考虑建立绿色消费制度。绿色消费，是针对广大民众的，从国际角度而言，该制度在 20 世纪 60 年代已产生，包含三特点五要求（马维晨，2016）。三特点即少投入多产出，能耗少，废弃少；五要求即 5R，节约资源、减少污染（reduce），绿色生活、环保选购（reevaluate），重复使用、多次利用（reuse），分类回收、循环再生（recyle），保护自然、万物共存（rescue）。在政策规范上引导公众选择绿色消费行为，对于生产商要求其建立严格的生产者责任延伸制度，对于遵循回收的公民，在选择消费时，产品进行适当优惠，但规定相应的约束。

第二，以有偿税费制度引发良知分类。废弃物的治理本身需要一定的经济成本，目前的收费大多是以户为单位进行的。但是以户收费制度无法促进有效减少废弃物数量，并分类治理。对于参与绿色消费的生产商可以免费回收废弃物。对于餐厨或相应的包装等废弃物，过期食品等应该采取收费制度，收费的基准是废弃物产生重量而非户数。对于一些包装固定化产品，可采用押金制，实现商家有效分类回收，以便循环利用。

第三，以经济奖惩制度引导良知趋利避害。对于积极分类出可循环使用的纸张、玻璃、金属等废弃物的公民，可以采用一定的奖励制度，目前的电子管理条件下，电子积分或者电子红包制都可以实现有效的激励。而对于漠视分类的行为人，可以拒收其废弃物，或者对不分类行为加收累进废弃物处理费，以示一定的惩罚效应。当然，无论奖励或惩罚，首要前提，是废弃物的实名管理，在废弃物盛装容器上采用电子条码以识别。

第四，以定期定点制度使公众以行化知。目前最大的困境是废弃物的分类投放与收运。公众认为分类后收运中又被混装，分类的劳动成果被毁于一旦。而收集运输部门则认为，公众不遵守分类投放以至于不能进行分类收运。无论是哪种情形，目前较为有效的途径是参照日本和中国台湾地区的做法，定期定时定点收运。虽然起初会有一定的不习惯，磨合需要一个过程，但是定期定时定点的习惯一旦养成，公众会逐步适应，从内心角度，有一定的强化作用，会产生如同西方宗教礼拜般的仪式效果。

总之，废弃物治理中，应当追求合理的善，以知导行，以行促知，知行合一。

朱子对于读书的要求是："读书之法，莫贵于循序而致精，而致精之本，则又在于居敬而持志"（赵万峰，2011）。王阳明先生依此发明的心学和致良知之说，其居敬持志、循序致精是融通诸事大成的真理、目标、态度、过程，无一不审慎，无一能轻忽。在此路途中，不断与自己的懈怠和妥协斗争，此乃王阳明先生的拔本塞源（冈田武彦，2015），一以贯之，不假外物，以天理、良知、道心去尽心，良知引导道德自律，道德自律实现行为上的不逾矩。去奢侈，从节俭，俭既代表对物的最大化利用，也是道德的体现，俭以养德已是耳熟能详之词。古人云："力行近乎仁"（陈晓芬和徐儒宗，2015）。知道废弃物的有益处理，不能着力践行，公众岂非将自己推向不仁？废弃物的治理，既是一项浩大的内心信仰与外在行为结合的工程，又是必须实现的人人应该承担的自我使命。在知行合一的路途上，漫漫幽远，每个人应在良知中树立己立立人、己达达人的信念，实践中善人善己，知行统一，将自己产生的废弃物立为自己的处理责任，当成内部事务，而非外部事务，废弃物的有效治理将指日可待。

第六章　生产者责任延伸制度研究

生产者责任延伸制度对于提高资源利用率，减少废弃物排放，保护和改善环境，建设绿色生态生产链发挥着重要的作用。虽然我国已经初步建立了生产者责任延伸制度，但其中仍存在诸多问题，亟须对其进行完善，这就需要从理论层面加强对生产者责任延伸制度的研究。本书从生产者责任延伸制度基本范畴入手，探讨生产者责任延伸制度的理论基础和必要性，分析我国生产者责任延伸制度现状及问题，借鉴国外经验，有针对性地提出完善我国生产者责任延伸制度的建议。

第一节　生产者责任延伸制度基本范畴阐释

一、生产者责任延伸制度的概念

1988 年，环境经济学家 Lindhqvist（1992）在提交给瑞典环境署的一份报告中首次提出了生产者责任延伸（extended producer responsibility，EPR）的概念，并将 EPR 表述为以降低产品总体环境影响为目标，让生产者对整个生命周期内的产品负责，尤其是承担回收、循环和最终处置责任的环境保护政策。1996 年，美国总统可持续发展委员会（PCSD）将 EPR 命名为产品责任延伸，并将其定义为由生产者、销售者、消费者和回收商共同承担产品以及产品废弃物对于环境影响的新兴环境管理政策。1998 年，联合国经济合作和发展组织（OECD）在《生产者责任延伸框架报告（第二阶段）》中较为系统地阐述了 EPR，其界定 EPR 是指生产者和进口者基于其产品对环境造成的影响，必须在整个产品生命周期中承担相应责任，其中包括上游阶段的产品选材和生产过程，以及下游阶段的产品使用和废弃物处理。生产者从设计产品开始就承担产品及废弃物最小化环境影响的责任，对不能因设计所免除的环境影响，他们需要承担物质、信息或经济责任（何悦，2010）。1998 年，欧盟开始实施的整合产品政策（integrated product policy，IPP）是一种以产品为主导，促进绿色产品市场发展的政策，而 EPR 制度是其中不可或缺的内容。欧盟注重生产者在产品生命周期内对环境影响的管控，要求生产者必须履行产品消费后的回收、再生利用和报废处理的责任延伸义务。相比较而言，产品责任延伸更强调在产品全过程中所有参与者以产品为中心对产品废弃物的处理责任分配，而生产者责任延伸则更为注重生产者在产品废弃物环境影响的责任作用，将废弃产品的生产负外部性管制调节机能交由生产者主导。由于美国将 EPR 中生产者的责任分散给不同主体共同承担，弱化了生产者承担内化外部经济性问题的能力和动力，无法从根本上解决问题，所以大多数国家对 EPR 采取了类似欧盟的定义。

我国《中华人民共和国循环经济促进法》将 EPR 定义为生产者有义务负责回收、再利用或无害化处置其生产的被列入强制回收名录的产品废弃物或包装物，也可委托第三方代其履行，消费者则有义务将废弃的产品或包装物交回生产者或其委托的第三方进行回收、再利用或无害化处置。虽然对 EPR 的概念和体系仍处于探索和发展阶段，但不难发现，政策制定者更倾向于将其定义为强调生产者相较于传统生产者的“责任延伸”，以生产者作为制度设计的中心出发点。2016 年颁布的《生产者责任延伸制度推行方案》明确将 EPR 制度定义为将生产者对其产品承担的资源环境责任从生产环节延伸到产品设计、流通消费、回收利用、废弃物处置等全生命周期的制度。这一定义进一步强调了生产者在EPR制度中的重要性，也明确将废弃物治理思路从末端治理延伸至产品生命周期的全过程。

二、生产者责任延伸制度的基本内容

EPR 制度作为环境保护政策工具，对从源头上解决一部分高环境危害、高处理成本和不易回收的固体废弃产品的环境污染问题取得了令人满意的成果，因而受到了全世界各国的引入与推广。从 20 世纪 90 年代开始，欧洲、北美地区和日韩等发达国家，都陆续引入循环经济政策来化解已存在的环境和资源问题，通过数十年的摸索，已经建立了较为完善的 EPR 制度。

传统观念中，一个产品的完整生命周期中，生产者仅需要阶段性地对产品生产中的环境损害以及使用中的质量瑕疵承担责任，对于其他阶段不需要承担责任。EPR 制度则强调，对于产品本身以及废弃物可能造成的环境和资源问题，生产者作为对于源头信息的充分知情者和制造者，更应该在全周期中承担与其能力相应的责任。即 EPR 制度要求生产者从以往只需要在生产和使用的中上游过程中承担责任，延伸至废弃产品处理的下游，即在产品的整个生命周期中生产者都需要承担相应责任，除了传统的产品质量责任和污染防治责任，还包括废弃产品的处理责任。

EPR 制度不仅仅是对生产者责任的再划分，作为一种正式法律制度，更重要的是建立以生产者为中心，政府、消费者和行业共同参与，以环境资源的长期良性发展为基础，对废弃产品合理化处理进行规范的一系列法律制度（唐绍均，2009）。因而，不仅需要规范生产者本身的生产和回收处理行为，将其上升为法律义务，也需要对整个产品周期中其他不同主体进行引导和规范。也就是说，EPR制度实际上包括两个部分：一部分是EPR制度的基本内容，要求生产者对其产品承担的资源环境责任从生产环节延伸到设计选材、消费使用、回收利用、废弃物处理等全生命周期；另一部分则是EPR制度的配套机制，引导、配合和监督生产者履行EPR义务所需的监管机制和调节机制。

第二节　生产者责任延伸制度的理论基础和实践必要性

一、生产者责任延伸制度的理论基础

（一）外部性理论

经济外部性（externalities）理论源于阿尔弗雷德·马歇尔（Alfred Marshall）在其《经济学原理》中提出的外部经济概念，它是指在社会经济活动中，一个经济主体对其影响其他经济主体的行为，并没有相应支付或相应获偿，就出现了经济外部性（阿尔弗雷德·马歇尔，2012）。后英国经济学家阿瑟·赛西尔·庇古（Arthur Cecil Piguo）将经济外部性区分为正外部性和负外部性，正外部性是指他人效用增加却没有相应支付，负外部性是指他人效用减少却没有相应获偿（王淑贞，2012）。一般认为市场机制配置资源失灵就会导致外部性问题，此时就需要政府干预市场从而起到宏观调控的作用。产品废弃物导致的环境污染和资源破坏就是负外部性的典型表现。生产外部性（externality from producer）和消费外部性（externality from consumer）是指生产和消费行为所造成的经济外部化，生产者通过生产获得经济效益，消费者通过消费获得使用价值，但是在产品废弃后产生的环境影响造成对于他人效用的损害，形成负外部性（邹卫星和房林，2008）。解决这样的负外部性，关键在于把无法反映在成本和价格中的因素内部化，控制治理成本和损害成本，从而追求资源的合理配置。在产品全生命周期中产生的环境负外部性问题，其损失应通过生产内部化加以解决，这样才能够从根本上解决污染问题。EPR制度以经济外部性为理论基础，可以提高资源配置率，让生产者对其生产产品的全周期环境影响进行防治，从原先的末端治理改变为源头控制，进而刺激和鼓励生产者进行绿色设计和清洁生产。

（二）产品生命周期理论

产品生命周期是指产品的整个生命周期，包括产品设计、选材、制造、包装、销售、使用等，也就是说产品的生命周期涵盖从生产到废弃的全过程（格尔德·哈特曼和乌尔里希·施密特，2007）。这一理论的提出是为了取得产品营销利润的最

大值，后经过环境学学者的研究和发展，国际组织和欧盟在许多生态环境保护相关领域都引入了这个体系，目的在于提高产品整个生态周期生态效率。每个环节都会对环境产生影响，参与产品全生命周期的生产者、消费者、回收者、再利用者等多个相关利益主体都应当对产品生命周期中的影响承担责任，这为EPR制度对产品废弃物处理和再利用进行责任分配提供了理论依据。正是基于产品生命周期理论，EPR制度将生产者的责任向前延伸至产品设计和原料选取环节，向后延伸至消费后的回收利用和废弃物处置环节，主要包括源头控制、过程控制、绿色分销和末端循环，要求生产者从生产之初就考虑产品末期的处置问题，积极制订更为绿色低碳的生产计划，制造绿色的、可低碳循环并加以资源化的产品。

（三）循环经济理论

20世纪60年代，经济学家波尔丁（Paulding）在《宇宙飞船经济学》中提出“循环经济”概念，其后坂本藤良从生态经济学的角度来研究循环经济问题。20世纪80年代，循环经济的理念在发达国家被广泛应用，资源的回收、再生利用和再循环被作为可持续发展战略中的重要一环。现经联合国环境规划署推动落实的循环经济理论，是指在发展经济和保护环境并重的基础上实现资源的3R原则，即减量化（reducing）、再循环（reusing）和再利用（recycling）（杜欢政和靳敏，2017）。循环经济理论要求经济发展模拟自然生态系统的规律和循环形式，使人为的产品生产过程尽可能生态化，从而对环境产生最低程度影响，以达到生态平衡与可持续发展。EPR制度是将传统经济的直线型资源走向转变成封闭循环式走向，最大化生产生态化模式，对投入到产出的单箭头进行逆物流回收再利用，其作为极为重要的一环以达到循环经济的目标。

二、生产者责任延伸制度的实践必要性

（一）电子电器废弃物回收存在较严重阻碍

随着现代科技迅猛发展，电子电器产品的更新速度飞快，电子电器产品废弃物的数量也呈爆炸式增长。2013年，我国的电视、冰箱、微型计算机和空调的年产量就已经超过亿台，可想而知其废弃量也是非常惊人，但如此巨量的废弃电子电器产品，其再生利用情况却并不尽人意。一方面，我国一直就有着修旧利废的习惯，从而导致更多地依靠游击队式的走街串巷私人回收，缺乏完善的电子电器废弃物回收系统；另一方面，电子电器废弃物中常常含有难回收的稀贵金属以及有害物质，非规范性的私人回收方式，往往既不能有效回收利用其中的有用资源，也无法妥善处理其中的危险物质，如广东省贵屿镇事件就是不规范拆解电子电器

废弃物的典型案例。20 世纪 90 年代，发达国家和地区开始对电子电器废弃物进行管理，都不同程度地确立了 EPR 制度，我国电子电器产品现今因发达国家围绕 EPR 制度建立起来的绿色壁垒在国际市场被削弱了竞争力，导致出口减少，而电子电器废弃物却大量流入国内。

（二）包装废弃物再利用在我国面临重重问题

由于包装废弃物分散在消费者手中，其回收和再利用成本都较高，有效的处理方法是将包装废弃物进行分类回收后，统一交由再利用方进行处理。德国、日本等国由于废弃物回收体系化、规模化和行业化，所以回收目标实现情况也比较理想。在德国，瓦楞纸回收率达 95%左右，美国对于包装废弃物回收利用的年收益可达 40 亿美金，但在我国，除纸箱、塑料和玻璃瓶的回收利用情况令人比较满意，其他包装废弃物的回收率相对较低，远未形成规模。此外，包装废弃物管理属于综合管理体制，多头管理问题突出，相关部门从自身利益出发，导致管理效果不佳。地方层面，包装废弃物的处理与回收细则也存在缺失，欠缺统一标准。

（三）我国废弃物再利用产业尚未被社会环境广泛接受

首先，目前我国普遍对再利用认识水平不够。再利用作为产品报废阶段回收处理的先进技术性理念，还未能被我国广泛了解接受，再利用企业和消费者也不能正确掌握现今国际背景下再利用的发展趋势，缺乏全局观念和忧患意识。

其次，再利用从某种角度而言是对维修环节的创新和发展。在制造和维修产业中，交错和开拓出的新兴产业领域，对企业本身的创新能力和管理能力有较高且严格的要求。目前我国再利用产业发展方向仍不明确，相关企业在创新和管理方面也远远不能达到要求。

再次，政府无法提供足够的支持。再利用产业一直以来存在政策阻碍，我国现今的产业结构对再利用行业没有清楚的定位、方向和目标，导致在规划我国产业结构时，未充分考虑可持续发展战略、相关产业对再利用行业的潜在需求，部分法规政策在多方面均对再利用产业的发展造成了实际阻碍。

最后，部分再利用核心技术还需要攻坚克难。EPR 制度相关再利用重要设备相对匮乏，实践中未能落实批量生产，大多数再利用试点单位多采用换件法或者尺寸修理法进行再利用生产，这直接导致了再利用产品难以达标，废弃品再利用率低，难以让消费者满意，加工成本却高昂（周效敬，2017）。显然，我国再利用产业不能适应社会现状，在技术创新和规范管理上存在着较多的问题，急需政府的大力支持和指导，才能完成 EPR 制度中“资源—产品—再生资源”的封闭资源逆物流循环，实现 EPR 制度对产品废弃物的环境影响问题的防治目标。

第三节 我国生产者责任延伸制度的现状和问题

一、我国生产者责任延伸制度的现状

（一）立法现状

目前我国并没有EPR制度的专门立法，主要是一些规范性文件。2016年的《生产者责任延伸制度推行方案》（在以下简称《方案》）首次系统地设计了 EPR 制度体系。《方案》中规定生产者对产品承担从生产环节到产品设计、流通消费、回收利用、废物处置等全生命周期的资源环境责任。《方案》要求，到2020年EPR制度体系初步形成，产品生态循环链构建取得重大突破，重点品种的产品废弃物达到平均40%的规范回收与循环利用率。到2025年，EPR制度相关法律法规体系基本建立并完善，产品生态设计广泛推行，其中重点产品的再生原料使用率达到20%，产品废弃物的平均规范回收率与循环利用率达到占总基数过半比例[①]。《方案》将生产者责任延伸的范围拓展至生态设计、使用再生原料、规范回收再利用和加强信息公开等方面，要求率先对电器电子、汽车、铅蓄电池和包装物等实施EPR制度。

实际上，2008年我国就通过了《中华人民共和国循环经济促进法》，明确EPR制度作为发展循环经济的重要内容，并将逐步建立起完善的EPR制度，对电子废弃物、包装物及报废汽车等特定产品制定了相关具体细则。我国重点推动EPR制度在电子废弃物领域的实施，2003年的《废电池污染防治技术政策》规定生产者和进口者对于废电池负有回收责任；2009年建立了由生产者缴纳费用的废弃电器电子产品处理基金；2015年，工业和信息化部、财政部、商务部、科学技术部联合拟定了试点工作方案，并挑选出15家企业作为EPR制度首批试点单位。

（二）实践现状

我国在2011年针对电器电子产品制定了回收处理管理条例，该条例建立了电器电子产品回收目录制度、处理企业许可制度及基金制度，要求生产者和进口者就目录所涉及的电器电子产品向基金缴纳一定费用，用于补贴获许可的处理企业。其中，基金制度正是我国 EPR 制度的重要实践内容，大多数国家和地区在实践EPR制度初期往往会采取直接经济责任来代替尚未成熟的行为责任承担能力。基金制度的优越性使得我国电器电子领域的回收体系快速发展，截至2014年，以电

① 生产者责任延伸制度推行方案[2016-12-25]。

视机废弃物为例的部分电器电子产品回收率达到了预期目标，尽管不同种类的电器电子产品之间有着较大的回收数量差异，但是大幅促进了电器电子产品回收率和回收体系的发展。2015 年，六部委联合发布的《废弃电器电子产品处理目录（2014 年版）》，进一步将回收目录中包括的电器电子产品增加到 14 种，完善和改进了原本单一的回收模式，也探索了 EPR 制度在我国发展的新方向。

2016 年，我国确定并公示 15 家电器电子企业作为首批 EPR 制度试点单位。首批入选的试点单位中大部分是以长虹、格力等为代表的在产品废弃物回收上已有一定经验的大型企业，因此除了回收体系的探索和建立，更重要的是有充分条件得以在产品设计和选材阶段推动 EPR 制度中要求的生态设计和生态生产，加强相关方面的技术创新和开发，为 EPR 制度奠定行业基础。以长虹为例，其建立了自身的再生资源利用公司——长虹格润再生资源有限责任公司，利用完整的产业链打造了具有企业特色的 EPR 制度体系模式，实现了产品市场流和资源再生流的双线协调发展，在践行 EPR 制度上进行了大胆且创新的尝试，也为我国相关产业发展和完善 EPR 制度提供了方向和启示。

二、我国生产者责任延伸制度的问题

我国 EPR 制度目前处于起步阶段，存在许多亟待解决的问题，无论是 EPR 制度体系还是 EPR 制度配套机制都存在严重缺失。

（一）立法体系上尚未建立起 EPR 制度

我国循环经济立法上虽然体现了 EPR 制度观念，但是 EPR 制度的条文规定仍比较少，缺乏针对产品全生命周期中各个环节中生产者应履行的EPR制度全面、系统的规定。德国、日本等国的 EPR 制度立法体系完善，制度设计成熟，责任规定详细，可操作性高，因此其 EPR 制度运行良好，能够达到制度设计目标。2009 年正式实施的《中华人民共和国循环经济促进法》没有明确要求由生产者承担其自身产生的产品废弃物回收和回收再利用的相关延伸责任，仅对部分需要强制回收的产品规定了生产者应履行的回收责任。直至目前，我国 EPR 制度的全面立法体系尚处于研究孵育阶段，仅在 2016 年 12 月出台了政策性规范文件，尚未进行正式立法。

EPR 制度的建立同时需要大量的配套措施，包括责任和惩戒体系的完善、各种诉讼制度的健全，以及高效监管机制的确立。但是很显然，现阶段我国对 EPR 制度配套的法律体系建构较为欠缺，甚至存在大量空白。例如，《中华人民共和国循环经济促进法》中已经规定的押金制度，并没有对应的具体法律法规对接落实；只在部分重点电器电子产品领域施行了 EPR 性质的处理基金制度，针对汽车、家具等大宗高价产品和厨房垃圾、包装物等量大类杂的产品也缺乏相应措施；逆物流循环体系、生产者责任组织（PRO）制度等没有通过具体的法律条文进行体系建构，还处于无法可依的状态，以及EPR制度的追究机制也都尚不完善（刘芳，2012）。

（二）政府未出台具体的标准和回收目录

发展循环经济是我国一项重要的战略举措，现行法中已有包涵EPR制度的相关条文，但因为不明确具体、可操作性低、缺乏硬性约束，所以效果甚微。《方案》要求，到2020年实现重点品种的废弃物规范回收与循环利用率平均达到40%，到2025年重点产品的再生原料使用率达到20%，废弃物规范回收和循环利用率达到50%，对未来十年的废弃物回收定下了初步的目标，然而即使在EPR制度成熟的发达国家，回收率也很难达到40%。因此，具体的目标实现方案和标准，仍需要政府有关部门根据实际情况进一步明确。同样地，对于回收废弃产品范围，《方案》也只是简略表述为四类重点产品：电器电子、汽车、铅酸蓄电池和包装物，对于回收详细目录也并没有配套出台（周效敬，2017）。

另一方面，只有当生产的产品收录于强制回收目录中，产品的生产者和进口商才是具体承担EPR的主体，而不是所有生产者和进口商都需承担这一义务。但我国因为没有出台具体的强制回收标准和目录，所以哪些产品的生产者和进口商应当承担EPR也尚不确定，无法开展下一步具体工作。而各类生产者和进口商本身缺乏执行EPR制度的意愿，加之没有具有操作性的标准和回收目录，监管部门更无从监管。因此，初步构建EPR制度必须对其进行有效的具体规制，才能实现制度设计的初衷，而不是让其成为一纸空文。

（三）缺乏对生产者和回收再利用者的激励措施

生产者作为营利性组织，在追求最大利润的本质前提下，难以让其主动增加自身运营成本履行EPR，只依赖生产者的企业社会责任感去自行履行环境责任是不切实际的。如何让生产者更加主动有效履行EPR以达到预期目标，是ERP制度实施中需考虑的重要因素。单纯通过基金机制，虽然便于操作，但是有较大阻力和较低可行性，生产者在基于生产成本的考虑上往往会选择更具有经济效益的方式，难以实现资源循环利用的目的。

在现阶段，回收再利用缺乏激励机制，这在很大程度上阻碍了EPR制度的实施。事实上，伴随着经济发展的减速，再生资源的需求量也会相应降低，国际资源市场价格将会有一定程度的下降，再生资源的价格也势必会有较大幅度的下跌。但与此同时，政府对环境问题的治理日益重视，利用产品废弃物进行再利用循环生产的环保成本不断上涨，再加上人力资源等成本的不断攀升，回收再利用者难以通过EPR制度获取经济收益。其后果就是，原本具有经济效益的产品废弃物不会逆物流循环重新作为再生资源，从而彻底失去市场价值，难以实现资源有效利用和环境影响控制。因此，建立合理有效的激励机制，对现阶段引导生产者和回收再利用者切实履行 EPR 义务有着至关重要的作用。

（四）EPR 制度责任分配不到位

EPR 制度虽然主要强调生产者在产品废弃物处理中的重要作用，但是该项制度依靠生产者单个行为主体是难以落实到位的。投放者、回收者、再利用者、政府、消费者等都应当在制度中承担相应的责任。但就目前的制度设计而言，首先，对生产者在产品全生命周期中应承担的产品废弃物回收和再利用的经济和信息责任无明确规定，对生产者承担 EPR 的方式和相关责任内容也缺乏详细规定。为了切实高效地循环利用和环保处置产品废弃物，需对不同性质和种类的产品做出对应的强制性规定。其次，生产者在资金和技术方面也存在阻碍。虽然诸如格力等有能力建立自己的回收体系的大型生产者，可以独立完成 EPR 制度要求的回收与再生利用，以及促进自身技术创新的局面，但中小型生产者显然难以自行完成 EPR 制度的相关要求，仍需要政府与行业对其资金和技术上给予一定的支持。此外，EPR 制度实施困难的关键原因之一是我国消费者缺乏分类处理生活生产废弃物的意识，单纯依靠回收体系对数量庞大的废弃物进行分类处理，不仅成本高昂，更重要的是难以实现废弃物的有效分类回收，消费者分类回收责任的缺位管理，严重影响了 EPR 制度的实践。

（五）我国回收处理体系和制度存在严重缺失

目前，我国回收体系令人担忧，与 EPR 制度实施条件严重不匹配。除公共环卫对废弃物的集中处理，相当数量的废弃物，是通过专门依靠回收或者收集废弃品为生的人群进行收集和分类。这种长期不正规的废弃物回收渠道，一方面，在产品废弃物被抛弃的初始阶段就面临着分流，导致与公共回收系统合作的回收和再生利用企业无法获得足够的废弃物资源；另一方面，由于这样的拾荒人往往未受过专业的培训，对产品废弃物初级处理时存在一定危害性行为，尤其是对含有有毒有害物质的废弃物的处理更是具有较高风险性。

大多数确立并实施 EPR 制度的国家，一般由政府部门负责对居民生活和商业行为产生的可回收利用和不可回收利用废弃物的分类处理进行监管，再由公共环卫对不可回收利用的废弃物进行无害化处理，可回收的废弃物交由再利用者进行再利用生产制造（计国君和黄位旺，2012）。但我国现今实施 EPR 制度遇到的最大客观问题就是在现有的回收体系中无法有效地获得批量产品废弃物用于再生利用。显而易见，要实现将产品废弃物运输给再利用企业生产，其中包括许多环节。首先，需要消费者自行在初始对产品废弃物进行分类丢弃；其次，社区应设有相应不同种类的废弃物分类回收设施；最后，公共环卫在清理运输运过程中要确保分类完毕的废弃物分开运输。目前的分类回收体系难以满足 EPR 制度对回收标准的要求，综合客观要求，势必需要建立多元化回收处理体系。

第四节　其他国家生产者责任延伸制度的经验借鉴

一、德国生产者责任延伸制度的经验借鉴

（一）完善的法律制度

德国在资源循环利用方面一直处于欧洲领先地位，甚至在全球也是再生资源利用率最高的地区，其各类垃圾的回收利用率都达到 50%以上，包装物、电池、书写纸等特定废弃物再生利用率甚至高达 70%以上。20 世纪 70 年代以来，德国政府就一直积极对废弃物进行管理。1972 年，针对国内严重的废弃物污染问题制定了《废弃物处理法》，旨在管理混乱的垃圾回收市场，主导思想仍然是从末端来解决废弃物污染（王兆华和尹建华，2008）。随着公众环境意识的不断增长，焚烧、填埋等单纯末端治理的危害巨大，大众已产生日趋强烈的抗议呼声，细枝末节的补丁式完善从根本上无法解决废弃物填埋和焚烧引发的污染问题。

1986 年的《废物防治与管理法》，确立了废弃物防治与再生利用优先于废弃物处理的原则，并要求石油制品生产者向消费者回收废弃油制品，承担以环保方式进行处理的义务。从传统的末端治理转向源头治理，将废弃物管理的重点从“如何治理废弃物污染”转移到“如何避免废弃物的产生”，这也是 EPR 制度的雏形（Peagam，2013）。1991 年和 1994 年又先后颁布了《防治和再生利用包装废弃物条例》和《资源闭合循环和废物管理法》，率先在立法层面确立了 EPR 制度，并经由此后的相关立法进一步具体化。德国通过一系列的立法活动，制定了 800 余项法律和 5000 多条行政条例，不仅从制度上确定了 EPR 制度的体系框架和具体内容，更是从法律意义上明确了各方应承担的责任，要求生产者和消费者都应考虑产品生命周期里的循环再利用问题，确保了 EPR 制度的可操作性。

（二）成熟的废弃物分类处理体系

对多数发展中国家而言，EPR 制度实践中不可避免的问题之一，就是废弃物回收体系的不成熟，生产者进行废弃产品再利用往往需要负担巨额成本。而德国在垃圾分类方面起步较早，已经形成了成熟的分类处理体系，为 EPR 制度的实施提供了基础条件。

按照后续处理方式，德国把城市生活垃圾分成分类收集垃圾和剩余垃圾两大

类，分类收集垃圾包括废纸、有机垃圾、玻璃、轻质包装废弃物、大件垃圾以及废旧金属、废旧电池等类型，剩余垃圾则是不可回收的残余废弃物。德国采用“五分法”，即将生活垃圾分为五大类分别使用不同颜色的垃圾桶，以对废弃物进行初步分类。大件垃圾、有毒有害垃圾及电子废弃物则被要求投放到专门的回收站。德国强调每个公民都有垃圾分类义务，违反此项义务的将面临高额罚款处罚，并反映在个人征信记录中。德国还在联邦警察部门中专设环境警察，总计约有 1 万余名环境警察，各自对其管辖区域负责，有权对现场违法行为实施行政处罚，还要每周不定期抽查所辖区域居民区的垃圾分类情况。经过严格的初步分类回收后，由垃圾中转站再次分类后交给不同的处理商进行再生循环利用或处理。

在丢弃时就对物品进行严格分类处理，减少了不必要耗损，使生产者便于收集且大幅降低了回收成本，也更有动力和成本来提高自身的再生利用技术水平。

（三）废弃物第三方处置集体机制

德国的循环经济相关立法中明确规定：第三方可以代生产者履行产品责任，因此生产者可以通过委托第三方来代替自己直接履行 EPR 制度中的循环利用义务。双轨制回收系统（duales system deutschland，DSD）是德国建立的废弃物处置集体机制，它在原有的回收体系之外建立独立的回收利用公司负责产品废弃物的分类、回收、运输和处置，DSD 公司与原有的回收利用体系同时运营，所以 DSD 系统也被称为二元处置系统（徐伟敏，2007）。DSD 公司并不是营利性组织，而是生产者责任组织（PRO），生产者向 DSD 公司缴纳绿点（Green Dot）标志的使用许可费用于其运营，就能被允许在生产的产品包装上使用绿点标志，DSD 公司的绿点系统将统一回收和再生利用带有绿点标志的产品废弃物，从而免除了生产者的个人回收和再利用责任。

DSD 系统在 EPR 制度中起到了枢纽性作用，它本身并不实际承担回收和再生利用责任，而是将生产者各自的 EPR 义务集中起来，再与专业的回收、再利用企业合作，由它们在实际中进行产品废弃物的回收和再生利用。一方面，可以代替加入 DSD 系统的生产者履行 EPR 义务，解决了很多中小型生产者企业没有自行建立循环利用系统能力的问题；另一方面，由 DSD 系统统一安排产品废弃物收集，再运输给专业的回收和再利用组织，降低了循环利用的成本，也实现了资源配置的最大效率化。

二、韩国生产者责任延伸制度的经验借鉴

（一）明确的 EPR 回收量化目标

韩国是第一批用法律框架来鼓励生产者履行 EPR 义务的国家之一，现在已经

有较为成熟的体系，相较于欧美国家和地区，韩国实施 EPR 制度的环境和我国更为相似，对我国构建 EPR 制度有着良好的借鉴作用。

作为韩国综合废弃物管理计划第二阶段（2002—2011 年）的一部分，2002 年，韩国对《促进节约及资源再生法案》进行了修订，将要求生产者通过缴纳回收押金，在实施回收和循环利用后获得返利的生产者押金返回制度（deposit refund system，DRS），转变为具有强制性的 EPR 制度（Manomaivibool and Hong，2014）。实际上，1992～2000 年废弃物管理计划第一阶段中，DRS 制度并没有达到预期的效果，除了退款额不足以达到回收成本、生产者主动放弃存款额情况，更为关键的是单纯的经济激励下 DRS 制度低迷的实际回收利用率，生产者更愿意支付较低的处置费而不是高额的再生利用费，现行的 EPR 制度则有效改善了实际回收情况。

韩国 EPR 制度的独特之处在于，它不仅仅是废弃物处置管理的原则性条例，更有相对完整的整体体系配套机制。每个年度审核中，目标行业的生产者必须以上一年产品义务回收率和销售量为基础完成回收义务量，没有达到回收目标的，将被处以回收费用 115%～130%的罚款（Jang，2010）。毫无疑问，EPR 制度比 DRS 制度对废弃物的循环利用管理更为有效，明确的回收率使生产者履行 EPR 义务有明晰可遵循的考核标准，也为政策制定的反馈与考评提供了衡量尺度。总之，在韩国建立 EPR 制度的三个阶段中，都对回收率有明确的量化指标，这对 EPR 制度的完善和实施效果起到了不可忽视的作用。

（二）完善的 EPR 制度配套机制

以联合国经济合作和发展组织提出的扩大生产者责任为前提，韩国成立了生产者责任组织，这为后来的 EPR 制度奠定了行业基础。经过修订的《促进节约及资源再生法案》规定了三种生产者履行 EPR 义务的方案：个体生产者责任（IPR）、实际作业外包回收企业责任以及加入 PRO。后两种方案的区别在于，PRO 成员将行为责任直接变成经济责任，授权 PRO 代替成员制订计划和履行责任（刘芳等，2017）。最终 90%的企业加入了由环境部许可成立的 PRO，加入 PRO 的韩国生产者需支付处理费，PRO 所收集资金的 70%～90%用来支持再生利用公司（孙绍峰等，2017）。由 PRO 代为履行产品废弃物的再生利用责任，将产品废弃物交由再生利用商处理。生产者和 PRO 都必须向韩国环境工团（KECO）定期报告自身的销售和进口数据，以及再生利用情况，KECO 通过监督确保达成回收目标，然后将报告情况和 EPR 制度实施结果反馈给环境部，由环境部根据进展情况进行统筹调整。

将 EPR 监管责任委托给 KECO，极大地提高了 EPR 制度的实施效率，实现了对生产者管理覆盖广度的提升，同时也改善了环保部门的监管效果。此外，KECO 还通过信息披露制度强化对生产者履行 EPR 责任的监管。

第五节　完善我国生产者责任延伸制度的建议

一、健全相关法律法规体系

根据前述EPR制度的职能，应由国务院颁布EPR的相应法规，省、自治区、直辖市和较大市的地方性法规或地方政府规章因地制宜地明确本地EPR的实施细则，并确定特定部门承担对生产者和生产者责任组织责任履行的直接监管。

（一）建立具体的标准和回收目录

我国尚处于EPR制度构建的初始阶段，要构建完善的EPR制度，首当其冲的就是搭建EPR制度的基本框架与基本内容，这就需要进一步明确EPR制度的责任与义务，这样才能真正实现EPR制度。建立具体的标准和回收目录，一方面为生产者履行EPR义务提供利于理解和执行的明文规定，做到有法可依；另一方面也为相关部门提供监管标准和界限，避免在实际执行过程中出现滥用职权的情况。

（二）明确管理职责分工

我国对废弃物回收体系管理，存在行政部门之间职权不清、相互交叉的问题，废弃物回收体系本身涉及的环节较多：涉及经营许可方面，由工商部门管理；涉及堆放管理方面，由城管部门管理；涉及安全事故隐患方面，由消防部门管理；涉及环境污染方面，由环保部门管理。因为涉及管理部门太多，反而难以区分具体的执法主体，各部门之间容易相互推诿。就此而言，势必明确划分相关部门间的职权分工，对各部门的权责进行具体规范，如果无法有效解决这一制度上的问题，将为后续EPR制度的相关执法带来巨大隐患。

二、建立问责制度

《方案》已经提出在EPR制度中引入信用评价机制，但只是简单地表述为加强信用评价，建立EPR制度的信用采集系统，并与目前的征信系统完成对接，建立报告和公示制度，并对部分严重失信企业进行多部门联合惩戒。可见，在EPR制度中引入信用评价机制更多的是注重其追踪作用，在追责方面并没有切实有效的方案。事实上，目前我国企业征信系统还不够完善，在确认追踪的实际操作上仍有较大的难度，因此提高责任追究效果是切实改善目前征信系统不健全现状的有效方案。将EPR义务履行情况纳入生产者企业征信记录，与相关行政许可和市场经营挂钩，进而影响企业商誉，有助于更好地利用信用评价制度对EPR义务的履行进行监管和追责。

现行的环境法未能彻底摆脱末端治理和事后规制的理念，往往只有当造成环境损害时，才根据过错责任原则要求生产者承担侵权责任，即使是新《中华人民共和国环境保护法》要求污染者承担严格的无过错责任，也都是建立在污染结果已经发生的情况下，基于环境污染和生态破坏的事实要求其承担责任。防大于治是实践真理。EPR 制度实质上可在污染源产生前对其进行预防，其管理的对象并不是产品废弃物本身，而是生产者对于产品废弃物的处理行为，因此简单地根据环境污染结果对生产者等进行管理，并不能达到 EPR 制度的设计目的，而应该在生产者未达到 EPR 制度下的回收再利用指标时，基于销量情况预测其产品可能造成的环境损害，由生产者承担相应的经济代价。

三、明确主体的责任分配

（一）生产者的 EPR 基本责任

生产者在产品上游的原料获取与产品设计中就采取生态设计，考虑到消费后的处置问题，在源头就减少污染性原料的使用，同时生产者也必须承担产品下游的废弃物处置与回收再利用，实现产品废弃物的资源循环。EPR 制度从狭义上就是针对生产者对产品废弃物管理的相关制度，生产者具有至关重要的地位，其是否履行 EPR 义务以及履行的程度决定着制度的实施效果。除了针对废弃物产生和处置的直接管理，生产者还应该承担信息说明责任，针对产品的材质和回收处理方法相关信息给予消费者充分说明，作为对于产品生产信息最充分知情者，生产者有责任对其产品进行充分说明以便于后续回收再利用。

（二）政府部门对 EPR 制度实施的监管和引导作用

EPR 的回收和再利用，应该基于市场调节的基础上，由生产者作为主要责任承担者进行资源分配，若国家行政力量过度干预则会造成预期的 EPR 制度效果不能达到，反而影响其实施。一方面，政府部门应该对生产者责任履行进行监管，针对回收再利用率和责任承担情况进行全方位地监督和管理，建立及时有效的监管体系；另一方面，政府部门对消费者消费后处理废弃物的行为加以引导，积极开展相关环保教育，提升公民参与 EPR 意识，从而正确引导消费者对废弃物分类处理，必要时应制定相应的强制性条例，对公民垃圾分类进行义务化规定，养成公民良好的环保意识。

（三）PRO 在 EPR 制度中的枢纽作用

PRO 作为中间平台帮助建立行业回收再利用体系，尤其是对中小型企业和部分特殊材料回收，建立联盟化组织以分担中小型企业履行EPR义务中遇到的阻碍，更好地协助再制造企业进行废弃物集中处理，帮助解决中小型生产者参与EPR制度的技术和资金问题。此外，PRO也可在一定程度上针对行业EPR制度实施情况，及时向立法者反馈，促进完善EPR制度。

四、完善废弃物回收利用体系

（一）建立多元回收模式

在我国，建立EPR制度，必然完善目前落后的废弃物回收体系，让生产者、回收者和再制造者共同参与到资源循环链中。基于国内生产者企业的发展程度极度不均衡，对于不同类别的产品废弃物不能同一标准统一处理，所以在建立EPR制度时，必须充分考虑我国实际国情，因地制宜地制订多种并行的回收模式方案，而非不分地区，一概而论。对于部分产业巨头允许其自行展开全过程的回收再利用系统性活动，对于大量的中小型生产者也应该建立适宜的回收模式进行集中处理，通过多元回收模式，减少EPR制度的实施成本。

（二）鼓励回收利用技术创新

EPR制度实现的是资源的循环利用，一方面需要生产者进行生态生产，另一方面需要生产者将回收的产品废弃物再利用，实现其资源化和循环利用，从末端处理上实现逆物流从而使循环闭合。这也要求回收系统能够更加有效地实现产品废弃物的回收，无论是生产者自行处置，还是由再制造商进行循环利用，都需要进一步改善回收渠道。政府应大力支持回收再利用技术创新，鼓励生产者针对自身产品特点进行回收技术研究，提倡由技术条件雄厚的企业带动产业发展，从技术层面提升产品的回收利用效果。

EPR制度在德国、韩国等发达国家已经实施多年，并取得了比较成功的经验，而我国还处于初始阶段。随着我国经济市场化的发展，面临的资源与环境压力将日益突出，基于我国庞大的产品废弃规模国情，以及回收利用体系的缺失现状，深入研究EPR制度进而构建完整的制度体系具有重要的理论和实践价值。EPR制度的有效实施需要调动大量的社会资源，明晰并落实责任主体，建立回收利用体系，该制度更是对我国环境精细化管理水平的严峻考验，只有充分调动各方的积极性，以预防和全过程控制为基本原则，有针对性地构建可操作性的制度内容，才能真正让这一全过程性环境保护制度落到实处。

第七章　电子废弃物循环利用探讨

第一节　经济能源节约下电子废弃物的循环利用

随着科技水平的提高以及市场经济发展的不断深入，电器电子产品得到广泛应用，对维持人们正常的生活、决定和制约生产经营活动、促进国家的经济发展起着越来越重要的作用。然而，由此产生了大量的电子废弃物，造成了越来越严重的能源浪费和环境污染。

本书通过对电子废弃物立法上的研究，进一步实现和加强对电子废弃物的循环利用和有效治理，减少所造成的碳能源消耗，节约经济成本，从而保证资源的持续利用，实现人类社会的可持续发展。

贵屿镇位于我国广东省汕头市潮阳区，地处潮阳、潮南、普宁三地的交界处。传统的废品回收行业在贵屿镇就十分发达，到了 20 世纪 80 年代末、90 年代初，废品回收由一般的固体废弃物扩展到废旧电器电子产品。废旧电器电子产品的回收利润十分可观，因而规模逐渐扩大，也越来越成为国外电子垃圾的拆解回收场所。但由于技术限制以及过分追求利益的心态，贵屿镇的电子废弃物的回收都是采取简单直接的小型作坊运作模式。这样导致的不利后果就是电子废弃物中所含有的有毒有害物质无法得到有效处理，从而对经济能源造成浪费并且对生态环境和人体造成危害。而且，贵屿镇的家庭纷纷投入到电子废弃物回收行业中去，大部分的耕地被荒废，农业发展停滞，人们的生活更加依赖于电子废弃物回收行业，从而造成恶性循环。贵屿镇因此也成为全国最大的电子废弃物拆解处理集散地，同时也是被电子废弃物中有毒有害物质污染最严重的地区之一。

经媒体曝光后，贵屿镇电子废弃物治理问题得到政府及国际相关环境保护组织的关注。当地政府相关部门表示由于贵屿镇地处三地交界处，在管理方面三地之间相互推诿，导致贵屿镇实际上属于空白地带，电子废弃物引起的污染问题也就无人监管了。并且负责人表示，由于没有明文规定禁止该种家庭作坊模式的电子废弃物拆解处理，所以对于贵屿镇的该种行为并未通过法律进行规范，而是将其交由市场来调控。不少学界专家都将这起广东贵屿镇电子废弃物案视为我国电子废弃物治理发展史上的一个里程碑性案件。

引申阅读

曾经“电子垃圾之都”如今环保企业扎堆（沈丛升和谢庆裕，2017）

大雨过后，蓝天白云。令陈宏雄等村民感叹的是，如今能呼吸到新鲜的空气，在2年前的贵屿镇里根本无法想象。

“家家拆解、户户冒烟、酸液排河、黑云蔽天”曾是这个饱受电子垃圾污染的小镇的真实写照。粗放的发展模式下，“积重难返”的环境问题还能否解决？“电子垃圾之都”的标签如何抹去？

痛定思痛，贵屿开始走上治污之路。省委主要领导多次作出批示指示，3次现场调研贵屿整治工作，明确要求2015年年底前彻底解决问题。“十二五”期间，省市区各级累计投入财政资金约10亿元用于贵屿整治。

2016年，在汕头市环保部门和各界的大力推动下，总计投入12亿元建设的循环经济产业园全面投入使用，中节能等环保企业开始进驻，贵屿开始从粗放发展驶入循环发展的“快车道”，一场绿色的“蜕变”正在这里发生……

产业入园成治污突破口

路边小楼林立，人住楼上，首层当作坊，旧电器占道，空气中到处是呛鼻的味道，这是陈宏雄对过去贵屿最深刻的印象。“每家每户都从事最原始的酸洗电镀拆解业，除了这个大家不知道还能以什么谋生。”陈宏雄说。

贵屿循环经济产业园管委会专职副主任郑金雄是贵屿电子拆解产业变迁的见证者。

……

据不完全统计，2011年，13万居民中有6万人从事拆解相关产业，全年拆解废物量超过100万吨。

“如果一下子取缔当地所有的产业，肯定会引起稳定问题，我们与村民再三商量之下，建设循环经济产业园，引导企业入园，分步推进成为大家的共识。华美社区让出500亩土地作为首期用地，多场专项打击非法拆解行动在贵屿陆续开展，这都使后面的产园建设顺利起来。”郑金雄说。

“五个统一”破解无序拆解

一台台废旧洗衣机进入生产线的入口，输送带将其自动滚运到一个硕大的箱子里进行拆解粉碎，随后通过强大的离心力将不同品种的金属颗粒分类吸附，实现有效回收。这是记者在贵屿循环经济产业园内的TCL废旧家电拆解生产线上所见的一幕。

在多方筹集资金以及多方努力下，贵屿循环经济产业园赶在2016年开年正式投入使用……

破解无序拆解的关键点在于操作运营的规范化和统一性。实践中的“五个统一”突破了一直以来的瓶颈，即统一规划、统一建设、统一运营、统一治污、统一监管。五个统一带来了电子废弃物的规范化且可持续性的蓬勃发展。

由此可见，由污染到清洁治理，贵屿镇电子废弃物的循环之路依然在稳健迈进。电子废弃物回收利用循环产业园的曲折发展再次证明，电子废弃物必然要走回收低碳之路。

电子废都贵屿镇由污到治的艰难历程，付出的代价较为惨重，包含经济代价和健康代价甚至生命代价，12亿资金，500亩土地，加上由此投入的人力物力，还有时间的耗费，以及给空气、土壤、水体带来的健康伤害，得到的是少数人的相对利益，付出的是当地全部居民的生命健康代价。得失之间如何权衡？防大于治，预防才能减少代价的付出，因此，预防才能低碳，治理必然高能耗，这是亘古不变之理。

一、电子废弃物治理概述

（一）电子废弃物概念

电子废弃物也称为“电子垃圾”，是指被弃置不再使用的电器或电子设备，包括电子科技的淘汰品。在对电子废弃物进行界定时有以下几个方面需要注意。第一，这里的“不再使用”必须是电子废弃物因被弃置而不再使用的，而不包括所有的过时电器电子产品。被弃置，通常是指产品达到使用寿命或者失去使用价值。第二，电子废弃物包括最终成为废弃物的所有电器电子设备，也包括消耗在生产过程中的零部件（黄惠娥等，2016）。

（二）电子废弃物的特征

1. 数量增长快

根据联合国环境规划署发布的数据显示，电子废弃物因其每年多达2000～5000万t的产生量而成为全世界增长速度最快的废弃物流，从而成为目前面临的严峻挑战[①]。

① 联合国环境规划署，全球环境展望，2012，5：184。

造成这种情况的原因大致有以下几条。第一，随着科学技术水平的不断提高，电子行业和市场迅速扩张，电子产品广泛渗透到人们生活的方方面面，可以说人们的日常生活已经离不开电器电子产品。第二，在经济发展的背景下，人们的购买能力和消费水平得到提高。从而刺激电器电子产品的生产。不仅如此，目前由于市场需求越来越膨胀，市场竞争越发激烈，生产企业在这样一个环境下，必须要通过不断创新技术、研制新的产品来提高自身的竞争力。这些因素都促使大量的电器电子产品迅速更新换代，从而造成电子废弃物数量呈现高速地增长。

2. 危害大

电子废弃物因含有如镍、汞、硒、镉等大量的被禁止越境转移的有毒有害物质而被《巴塞尔公约》认定为危险废弃物。这些物质不仅会对土壤、空气、水资源造成污染，而且也会使人体发生病变，从而严重损害健康。

3. 资源价值突出

电子废弃物具有突出的资源价值，这主要体现在两方面：一方面，电子废弃物本身就含有比一般固体废弃物更为丰富的资源，包括可回收的贵重金属以及可用作燃料的塑料等。另一方面，从资源成本角度来讲，从电子废弃物中提取、回收资源比直接从矿山中开采资源更加具有经济性。在现实实践中，也存在通过发掘电子废弃物中的资源发展产业的例子。

二、我国电子废弃物治理的立法现状

我国针对电子废弃物的立法起步较晚，法律规定也比较分散，包括《电子信息产品污染控制管理办法》、《中华人民共和国固体废物污染环境防治法》、《废弃电器电子产品回收处理管理条例》等多部法律法规。通过这些立法，基本确立了生产者责任延伸、实行集中处理等电子废弃物监管制度。

（一）《电子信息产品污染控制管理办法》

2007年的《电子信息产品污染控制管理办法》是我国颁布的第一部专门的电子废弃物管理立法，该办法有三大亮点：第一，遵循源头治理的理念，该办法对电子废弃物中的汞、铅、六价铬等六种有毒有害物质进行了控制；第二，该办法对电子信息产品污染控制的措施做了比较全面的规定，如名录管理制度；第三，该办法具体规定了生产商、进口商及销售商的责任。

（二）《中华人民共和国固体废物污染环境防治法》

《中华人民共和国固体废物污染环境防治法》是将电子废弃物纳入固体废弃物的范畴来进行统一规定的。在该法中，明确规定了污染者负责的原则，而且首次引入了生产者责任延伸的理念。但该法的缺陷也很明显，首先，它对于电子废弃物治理的针对性不强，未设置专门性的条款；其次，该法的规定过于原则化，可操作性不强，如明确的固体废物减量化、资源化和无害化的“三化”原则等；最后，该法将重心放在对废弃物的控制上，而在加强对废弃物中资源循环利用方面有所欠缺。

（三）《废弃电器电子产品回收处理管理条例》

该条例的突出之处在于它对《中华人民共和国固体废物污染环境防治法》中的生产者责任延伸制度做了具体的比较细致的规定，例如，规定生产者缴纳专用于电子废弃物回收处理费用的责任（马恩等，2017）。从而使得生产者责任延伸制度不再过于原则化。同时，该条例规定了对电子废弃物进行集中处理以及对从事电子废弃物回收的企业实行许可制度，其目的就在于在电子废弃物实行多渠道回收下，控制电子废弃物的最终流向。

三、国外有关电子废弃物回收处理的先进经验及借鉴意义

（一）欧盟

在电子废弃物回收处理的问题上，欧盟立法一直处于世界前列。在借鉴各国成功经验、结合各个国家已颁布法律的基础上，2002 年欧盟通过《报废电子电气设备指令》（即 WEEE 指令）与《在电子电气设备中限制使用某些有害物质指令》（即 RoHS 指令）。以这两个指令为依据，欧盟于 2004 年通过了《电子垃圾处理法》。因此，欧盟在电子废弃物回收处理方面的核心就是 WEEE 指令和 RoHS 指令（王景伟和徐金球，2004）。

1.《WEEE 指令》

《WEEE 指令》侧重于从源头治理电子废弃物污染，通过延长电子电气设备的生命期限等方式来减少和预防其产生。该指令的核心亮点就是具体详细地规定了生产者责任延伸制度，即由生产者来承担电子废弃物回收处理的各项费用。同时对于该制度做出了一系列的配套措施规定，比如，规定在销售的电子产品上，进口商有义务贴上回收的标签，从而承担起进口销售的电子产品日后的回收责任。

2.《RoHS 指令》

《RoHS 指令》中对进入欧盟市场的电器电子产品做出了限制规定，其含有的6种有毒有害物质不得超出一定的标准，这就要求外国出口产业在进行出口时考虑这些物质的含量并寻求替代物质，在一定程度上容易造成贸易壁垒（王海涛，2004）。但该指令所限制的物质都是会对环境、人体造成巨大危害的物质，这种限制从长远和生态的角度来看具有合理性和必要性。

欧盟的《WEEE 指令》和《RoHS 指令》明确了所规制的对象及各方主体所承担的责任，通过这两个指令，欧盟针对电子废弃物回收处理建立了一系列的法律制度。

首先，欧盟的《WEEE 指令》将生产者的责任从产品的生产期间延伸到产品的全部生命周期。这就把产品的回收处理及二次利用的成本责任纳入其中。并且，不同于日本，欧盟的这种生产商责任延伸是要求生产商来承担经济责任的。其次，欧盟的《WEEE 指令》要求生产商建设起分类收集的设施和回收处理系统，在电子产品报废之后免费地提供回收设备并在对电子废弃物进行回收时，保证电子废弃物的部件和整机的再利用性。当然生产商也可将这种回收义务以委托的形式转移给其他回收商，只不过对被委托的回收商有资格限制，需具备政府的行政许可并进行审查。最后，欧盟的《WEEE 指令》要求生产商在电子产品上进行必要的标记，这种标记可以是提示消费者该电子产品的回收方法和途径，也可以是标明电子产品中毒害物质的成分、含量等相关的信息。

（二）日本

从 1990 年日本将焦点投放到废弃物的回收利用上，到如今日本针对电子废弃物形成了完善的立法体系，日本的做法有诸多值得借鉴之处。

日本于 1991 年修订《废弃物处理法》，该法要求生产家电的企业不仅要在家电产品外部注明再生的标志，而且需要加强再生设计。此后日本颁布了一系列法律法规，构成了废弃物的科学管理系统，该系统中包括生产者责任延伸。虽然采取的是生产者责任延伸，但并不意味着其他主体不需承担责任。在日本的电子废弃物回收处理体系中，各个环节的有关主体均需承担相应的责任，比如，要求消费者支付电子废弃物的回收处理费用。这种消费者的回收经济责任是日本电子废弃物回收处理体系中的一项创新和亮点。相比于欧盟生产者的经济责任，它有效地降低了生产者的成本，从而有利于电子产业的发展。

不同于其他国家，日本在电子废弃物再商品化方面做出了具体量化的规定。比如，针对家电的再生利用，日本要求生产商进行再商品化的再生率在 50%～60%之间。通过设定再生率的最低限度来促进电子废弃物的再生利用，节约经济和能源。同时为了保证生产者能够及时地将消费者收集的电子废弃物再生化处理，日本还建立了严格的管理票据制度（卢凡，2015）。这种管理票据制度简单来说就是将电子废弃物进行再生处理过程中的情况如实记录，以便让社会公众及时了解电子废弃物的处理状况，确保电子废弃物再生化处理有效实施。这与德国的EPR登记制度比较相似，但区别也比较明显：EPR登记制度的公示范围仅限于管理内部，而不包括社会公众，而日本的管理票据制度由于对电子废弃物再生状况如实记录并向社会公开，其公示范围涵盖了整个社会。

（三）美国

美国作为经济大国，电器电子产品得到普及的同时也产生了大量的电子废弃物。对于这些电子废弃物，除了向国外输出的，其余的都要依靠回收处理体系进行回收和再利用。

首先，美国也接受了生产者责任延伸制度，由生产商对电子产品的整个生命周期负责。美国很多从事电器电子产品生产的公司企业如惠普、戴尔等都逐渐建立起了各自的电子废弃物回收处理系统，利用先进的环保技术对电子废弃物进行回收、循环利用。这种做法不仅给企业自身带来了较高的利润、提高了企业的名誉和口碑，而且为美国的生态保护、能源节约做出了贡献。

其次，在此基础上，美国又强调生产者责任延伸中的责任延伸本质上是一种责任共担，也就是消费者在进行电器电子产品消费时需预先支付产品日后进行回收治理的相应费用，通过这种方式要求消费者与生产者共同承担责任延伸（宋蕊霖，2014）。这样一来，就形成了政府为主导、各环节中的各个主体紧密联系的责任体系，从而对电子废弃物产生、消费的整体过程进行控制。

（四）借鉴意义

欧盟、日本及美国等发达国家、地区在电子废弃物回收处理方面的做法处于世界前列水平，我国目前面临着能源短缺、资源制约及环境危害的问题，在具体国情的基础上借鉴国外先进经验具有重要意义。

三者都是根据各自的具体情况来建立电子废弃物回收处理体系，可见，我国在借鉴时也必须要从国情出发。并且在确定主体责任承担体系的同时，三者均制定了一系列的配套措施。这是我国在解决电子废弃物回收处理问题时要注意的地方，制度体系的建立不能仅有原则化，必须通过具体相配套的措施制度来保证落实。

1. 高效的政府监管

政府高效地履行监管职责，能够有效保证电子废弃物法律法规内部相互协调并监督其有效实施。完善有关电子废弃物方面的法律法规，要保证有法可依，各个责任主体依据法律履行相关义务，政府负责监督，对于出现违反法律的情况予以纠正和惩治。

从国际经验上来看，发达国家的政府监管大部分是由两个部分组成：一是国家的环保部门，这是主管部门；二是被授权的社会第三方，这种第三方是非营利性的组织或者企业。在这一方面，德国的做法比较典型。德国的联邦环境保护署是主管部门，而被授权的 EAR 基金会则负责监督市场生产者履行法律法规规定的相关义务并进行报告（白婷婷，2013）。由这两者形成独立的监管系统，规范电子废弃物的治理和利用。

2. 强调绿色设计原则

考虑电子废弃物的特殊性，在立法方面要注重绿色设计的原则。具体而言，主要有两点：第一，在生产的源头环节就要注重绿色、生态的产品设计。对于各类电器电子设备，要具体地设定所应达到的生产标准，确保其生产原料无毒害且易回收，同时规范生产技术，减少或避免在生产过程中产生污染和毒害物质。第二，严格控制电子废弃物的进口。部分发达国家在处理电子废弃物时，采取了将其中大部分的废弃物以出口的方式转移到一些发展中国家，如我国。因此，欧盟对电子废弃物进口设置绿色壁垒的做法十分具有借鉴意义。利用《巴塞尔公约》的有关规定，对向我国转移《巴塞尔公约》所禁止的电子废弃物严格限制和禁止，从而保证我国不会成为发达国家倾倒电子废弃物的垃圾场。

四、我国电子废弃物回收处理制度的缺陷和不足

无论是从金属的品质、数量还是种类来说，电子废弃物都是一座蕴藏丰富的矿山。以黄金为例，1t 电路板可以提取 100g 左右的黄金，而全世界品质最高的金矿每吨矿石也只含有 70g 左右的黄金。从经济成本角度来讲，开采电子废弃物这座矿山可以省去勘探、开采费用。开采 1 盎司黄金需要 300 美元，而回收 1 盎司黄金，则只需 10 美元。从环境成本角度来看，将从电子废弃物中回收的废钢代替新的钢材，可以减少大约 86%的空气污染、76%的水污染和 40%的用水量。正因为如此，我国电子废弃物的回收处理也越来越得到关注并取得一定的成果。以近五年来我国对于包括电视机、电冰箱等在内的五种主要大型电器电子产品的回收再利用情况为例，如表 7-1 所示，同时可以发现，从 2012～2016 年五年内，五种电子废弃物回收量数额剧增，近乎翻倍。

表 7-1　2012～2016 年我国五种主要电器电子产品回收量①

年份	2012	2013	2014	2015	2016
数量/万台	8264	11430	13583	15274	16055

①《中国再生资源回收行业发展报告》（2013～2016 年）。

但我国在电子废弃物回收方面仍存在很多问题，对比上述国外经验，结合广东贵屿镇的案例，问题主要包括以下几个方面。

（一）回收不规范下的浪费严重

我国在《废弃电器电子产品回收处理管理条例》中明确规定，对于电子废弃物的回收处理实行多渠道回收和集中处理的制度。我国目前承认回收公司、个人商贩等回收渠道存在的合法性，也鼓励自行回收及委托回收。只有具备一定资质和规模的公司企业才有条件应用较高水平的科技设备来将电子废弃物中有价值的资源进行充分的回收。比如，废弃电视机中的PP塑料经过破碎机成为颗粒，再混合一定比例的木屑粉经过造粒机加工，就可以得到塑木。而塑木相比于木材不仅防虫防腐性更强，而且更重要的是塑木更加环保。科学研究表明，每用1t塑木可以节约129m^3的木材，减少13.8t的碳排放，并且相当于节约80桶的石油、11t标准煤。而个人回收主要采取简单、传统的回收方式如焚烧，导致巨大的污染和危害。废旧电器中的塑料回收处理技术欠缺，使得废旧电器中的塑料成分得不到规范应用。

但是由于我国对于这种多渠道回收的规定过于简单化和原则化，导致在实践中大部分是混乱无序的个人回收，所以集中处理得不到落实。有数据显示，2009年北京市废电器电子产品回收率达到70%，但进入正规企业拆解处理的仅15%[①]。贵屿案，就充分体现了这一点，贵屿镇上的电子废弃物回收基本上都是依靠家庭小型作坊的形式。这种形式往往是以单纯追求经济利益为目的，主要是采取焚烧、填埋等简单、传统的方式来进行电子废弃物回收处理，其结果就是对资源能源造成浪费、对环境和人体造成很大的危害。

（二）对正规的回收企业缺乏激励机制

上面所述的很大一部分电子废弃物回收最终流向的是小型作坊或流动商贩，其部分原因就在于正规的回收企业进行回收处理时的成本投入较高，包括处理的技术成本、先进的设备成本、企业规模成本以及回收时需支付的费用等。再加上收回成本的周期又比较长，企业发展比较困难。而相比之下，流动商贩则更容易在电子废弃物回收市场中发展。他们将回收来的电子废弃物如废旧电视机稍加修整再投入二手市场，价格可以高出收购价的3～6倍。如果是不能够投入二手市场的，在进行简单拆解、将其中易分离出来的金属再次以高价投入市场后，其他的部分就和普通垃圾一样被遗弃。据估计，每处置1t电子废弃物，可获利润3000～10000元；一年若处理100t，年利润可达30万～60万元（郭艺珺和宋鹏霞，2007）。我国在对这些正规回收企业设定对电子废弃物的回收处理义务的同时，缺乏像提

① 《北京市“十二五”时期废弃电器电子产品处理发展规划》。

供便利融资、适当减免税收这样的经济支持和激励制度。从而不仅使这些企业处于市场竞争的不利地位，而且也不利于整个专门回收行业的发展。

（三）立法层次较低

贵屿案中，在当地负责人看来我国在电子废弃物回收处理方面，缺乏可以依据的法律，但事实上如前所述，我国在这方面制定的法律已经较为丰富了。出现这种情况的原因就在于我国关于这方面立法的层次较低，缺乏法律层面上的立法。

我国目前对于电子废弃物管理的立法大多属于部门规章、行政法规，而缺乏法律层次上的立法，从而使得关于电子废弃物方面的立法层次比较低。这样会产生以下几个方面的不利后果。

首先，立法层次较低，多依靠规章法规来进行规定会导致立法过于分散，在应对电子废弃物问题需要援引法律规定时，人们不知该如何选择。同时规章法规往往不像一部法律那样能够为人们所了解，以至于当人们遇到电子废弃物相关的问题会认为是没有法律规定可以依据的。

其次，将电子废弃物相关的立法局限于部门规章和法规中，很有可能会导致冲突发生，使得法律体系内部自相矛盾。电子废弃物的治理涉及多个部门并且需要从上至下各个级别之间的通力合作。欠缺法律层面上的立法，在各级政府、各部委从各自工作的角度对电子废弃物做出规定时往往难以做到纵观全局、通盘考虑，所制定的制度之间难免会产生矛盾与冲突，导致我国在此方面的管理活动效率低下。

（四）法律条文缺乏可操作性

在贵屿案中，当地负责人表示无法可依，很多家庭模式的小型作坊持续存在而得不到处理，很大程度上是因为法律法规并未对这种方式进行具体规定。我国目前关于电子废弃物的法律规定大部分属于原则性规定，可操作性不强。较为明显的例子就是电子废弃物管理条例中，强制性要求回收修复后的电子产品必须满足国家技术规范，以保障公民人身、财产安全，但未涉及对于违反规范的行为的具体处理，无处罚则难以强制。再如，在《中华人民共和国清洁生产促进法》中规定，对于易降解、无毒害的产品和包装物的设计方案，生产者应当优先选用，但对于此类方案的认定标准、是否做到优先选用的评价标准，以及不优先选用的后果责任如何等具体问题未作规定。这种过于原则化的规定在电子废弃物立法方面普遍存在，其后果就是，真正到实施的环节无具体法律规定可依据，或者是即便实施了也难以达到预期的效果。

（五）责任承担体系不完整

科学完备的责任承担制度，对于落实电子废弃物有效治理和利用具有重要意义。我国在借鉴国外先进经验的基础上，引入了生产者责任延伸制度并且进行了具体细化。但我国的生产者责任延伸制度还处于雏形阶段，我国法律对此也只是稍有涉及，所以还存在不少问题。

首先，有关主体之间的责任分配不尽合理。电子废弃物的治理涉及生产、销售直至回收整个过程中的所有主体，在进行责任分配时，应当在这些主体之间进行合理分配。但我国的责任承担制度仅仅针对生产者规定了强制性义务，而对于其他主体的责任规定则过于原则化、呼吁化，如要求消费者不随意丢弃电子废弃物。由于此种规定不具有强制力，即使不履行其责任，法律也未设置处罚，这就使得消费者主体在实践中，无法成为真正的责任主体。

其次，在我国的责任承担制度中，生产者承担的责任方式只是经济责任。国际通行的生产者责任延伸制度将责任分为五大类，我国则是将其划分为四大类，经济责任是其中的一种。但在实际运作中。生产者承担的只有经济责任，例如，由生产商及进口商来负责缴纳电子废弃物在回收治理中的政府性基金。在电子产品为其带来高利润的情况下，生产商、进口商所承担的经济责任就微乎其微了。没有有效的责任方式来制衡，生产者责任延伸制度就难以落实，也无法取得预期的理想效果。

五、循环利用后的经济能源节约愿景

电子废弃物中含有丰富的有价值资源，对其进行循环利用，不仅能够解决电子废弃物对环境和人体的危害问题，而且还能够将其中可回收的资源投入良性循环的轨道中，从而节约经济成本和能源消耗（危想平和周芳，2016）。具体而言体现在以下两个方面。

（一）经济成本的节约

首先，在治理成本上，对电子废弃物进行循环利用有利于治理成本的节约。目前我国电子废弃物的治理方式主要有三种。第一种方式是将电子废弃物当作普通的废弃物进行填埋。这种做法需要耗费较高的填埋费用，经济成本过高。有调查表明处理 1t 电子废弃物所需的费用在 200～300 元人民币之间。并且，采取这种方式会对土地资源造成极大的损耗和污染，这种损耗和污染在事后要想通过治理而得到恢复，所需要的成本会更高。第二种方式是先对电子废弃物分类再进行拆解，将其中的一些贵重金属进行回收，其余的排放到水流中或焚烧后进入空气中。由于这种方式大都是在不具备所需条件的作坊或工厂中进行，欠缺集中性和专业性，一方面难以对电子废弃物中的可利用资源进行充分回收而造成浪费，另一方面也容易对水资源、空气资源造成污染。这种污染的治理同样是比较困难并且成本较高的。最后一种方式就是对电子废弃物进行回收翻新，实现再利用。目前我国的回收渠道主要包括回收公司的回收和个人的回收。其中回收公司的回收受到规制，需将其回收的电子废弃物交由具有资质的专业拆解企业进行合法地处理，因而相较于个人回收，造成的危害较少。虽然其受到运输费用、员工工资等成本限制，短期来看成本相比个人回收或许会更高，但这种方式因其更加规范化和科学化而对环境、生态系统造成的危害更少，所以从长远角度来看，这种方式在治理成本上更加节约。

其次，对电子废弃物实行循环利用有利于减少电器电子设备再生产的成本。将前一个批次电器电子设备生产活动所产生的电子废弃物进行回收处理，使其得以投入后一批次的利用，通过这样的方式就可以减少后一批次中电器电子设备的生产量，从而减少所需的再生产成本。

（二）资源、能源及碳排放的节约

首先对电子废弃物进行循环利用可以减少对自然资源的消耗。电子废弃物的传统处理方式所遵循的是从资源到产品再到最后的污染排放这样的一个过程。在此过程中，人们首先将资源能源大量的开发出来进行生产加工，然后在消费的过程中又将产品所产生的废物和污染排放到环境、生态系统中去。但其实这些废弃物中含有丰富的价值资源，以废旧电冰箱为例，具体如图 7-1 所示（赵利利，2017）。

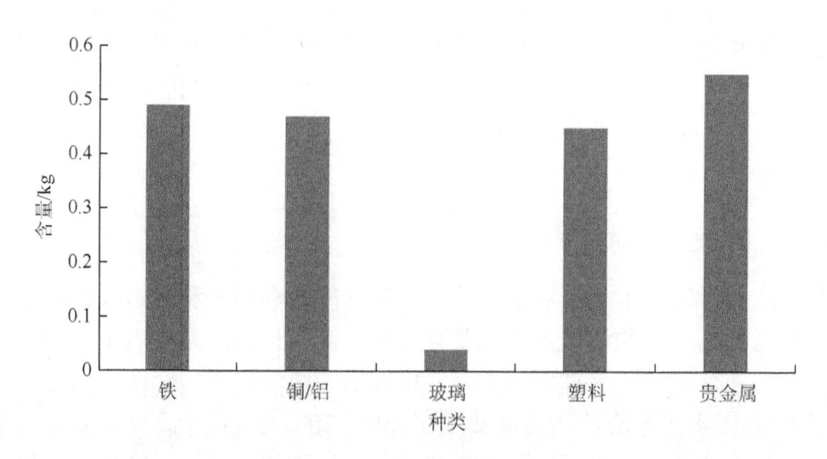

图 7-1　废旧电冰箱中资源含量

实现电子废弃物循环利用可以有效地将可利用的有价值资源通过回收实现再生化，并且由于循环过程是要求由资源到产品最终到再生资源的过程，就使得电子废弃物的处理进入一个资源循环利用的状态。

其次，电子废弃物实现循环利用后，碳排放量也会得到减少。电器电子产品在生产、消费过程中产生大量的废弃物在对资源能源造成巨大浪费的同时，还排放出大量的二氧化碳。同样以废旧电冰箱为例，将其中含有的资源提炼出来需要消耗大量的能量，并且在此过程中会排放大量的二氧化碳（宋小龙等，2015）。具体如图 7-2、图 7-3 所示。

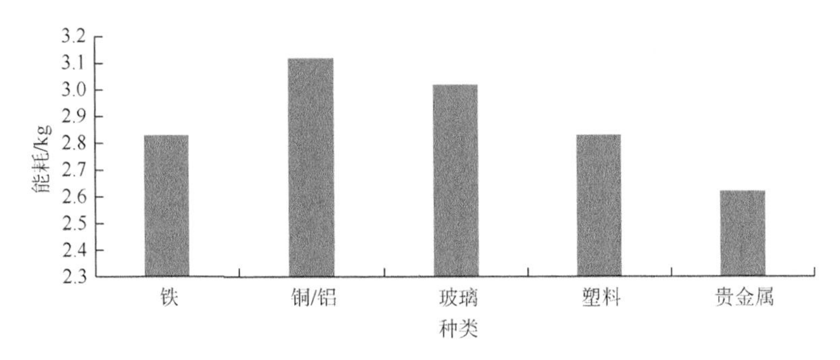

图 7-2　废旧电冰箱资源处理运作能耗

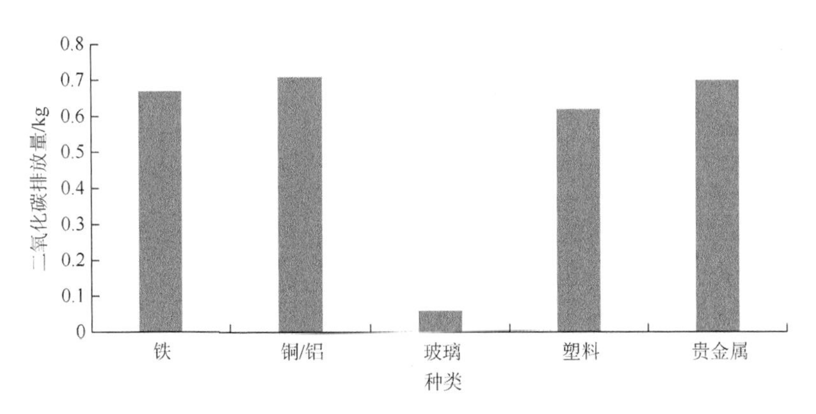

图 7-3　单位资源排放的二氧化碳

而我国目前电冰箱的报废量在总体上又呈现上升趋势，如图 7-4 所示，粗略计算下来近五年我国电冰箱平均报废量在一千四百万台左右，所造成的碳排放约为十一亿一千七百万 kg（杭正芳等，2012）。因此，减少报废量或者增加废弃物的可回收利用率，对于碳排放量的减少，具有重大且深远的意义。

再如，以手机产品为例，诺基亚公司有关负责人泰尔浩曾表示，全球共三十亿手机用户，以每人回收利用一部旧手机来作为对照，被浪费的原材料高达二十四万吨，并且由此多排放的二氧化碳大致相当于四百多万辆汽车一年内总计的排放量（钱伯章，2010）。这巨大的碳排放进入大气中，最终对生态资源造成很大的破坏，对全球变暖起到促进作用。

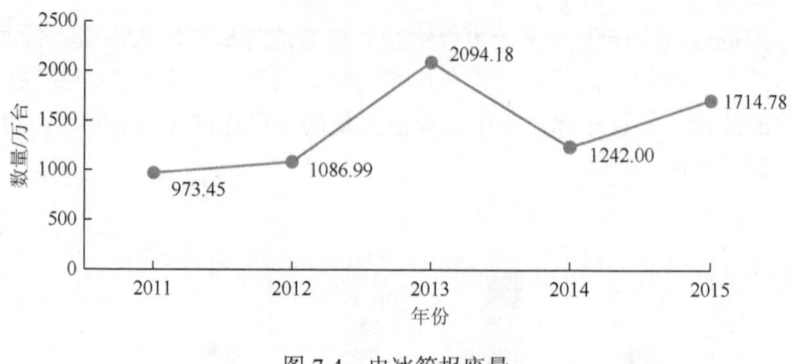

图 7-4　电冰箱报废量

而循环利用中的再循环原则是以污染排放最小化为目标的，以降低二氧化碳排放缓解全球变暖。通过对电子废弃物进行资源到产品再到再生资源的闭合式循环，追求在生产阶段最大限度地减少电器电子产品、在消费阶段无害化地对废弃物进行回收和再利用，从而最终减少碳排放甚至是实现碳的零排放。

六、我国电子废弃物回收处理法律制度的完善

（一）完善法律制度

1. 以立法的形式来明确生产者责任延伸制度

在我国现有的相关法律法规中，未对生产者责任延伸做出具体明确的规定，这是立法中的一个重大缺陷。明确责任主体才能有效地从源头减少电子废弃物带来的污染和危害。所以必须通过立法，明确地将对电器电子产品整个生命周期内的回收利用责任赋予从事电子产业的生产商，要求生产商建立电子废弃物回收系统，或者委托给其他具备一定资质和条件的第三方企业，进行电子废弃物回收处理，实现循环利用。这样不仅可以实现电子废弃物的有效治理，而且在减少日后自身回收成本的动机驱使下，生产商会积极地提高科学技术水平、改进电子产品的设计，从而在源头上就可预防和减少电子废弃物对经济能源的浪费，以及对环境和人体的危害。

从上述的欧盟、日本及美国三者对电子废弃物回收处理的做法，可以发现在生产者责任延伸制度的基础上，欧盟与日本、美国采取的形式并不相同。欧盟采用的是生产者的完全责任，由生产者承担电子废弃物在回收处理过程中的经济责任。而在日本及美国，消费者都是需要支付费用的，区别在于消费者支付费用的时间不同。日本是消费者在废弃物回收处理时支付所需费用，美国则是消费者在购买电器电子产品时就要预先支付产品日后的费用（辜恩臻，2004）。责任承担的

模式方面，比较欧盟与日本、美国的各自模式，欧盟模式更能够为我国所接受，即由生产商承担完全的经济责任。原因就是我国目前的经济水平还是比较低的，还属于发展中国家，社会还未达到普遍富裕的层次。而日本、美国由消费者分担一定的经济责任客观上加大了消费者的负担、减轻了生产商的责任，这就和我国的实际国情发生了矛盾。如果采用这种消费者承担经济责任模式，其后果就是人们因有限的负担能力而选择不购买电器电子产品，此种消极后果既阻碍经济发展，也难以满足公民物质需求，更直接阻碍电子业的常规发展。

电器电子产品的销售者也应承担一定的责任，但这种责任应该是补充责任，销售是电器电子产品流通过程中的重要环节，如果销售者在消费者购买电器电子产品时不履行一定的告知义务，由于消费者对电子废弃物如何处理并不了解，大部分的消费者很有可能就直接将电子废弃物丢弃或者进行简单的填埋、焚烧。除了电器电子产品的生产者、销售者，消费者也应承担一些行为责任，如不得随意丢弃电子废弃物、将电子废弃物放至指定回收地点等，并且对此可以适当地设立一些激励机制。

2. 建立完备的法律体系

完备的法律体系是处理电子废弃物回收问题的根本保证，尤其是对于我国这样一个经济处于快速发展而资源能源又严重欠缺的发展中国家来说，对电子废弃物的法律规制起步本来就比较晚，因此更需要加强立法，建立起完备的法律体系。而在立法上有两个方面需要注意。

一方面，要加强高层次的立法，目前我国关于电子废弃物方面的立法层次比较低导致立法过于分散，相关主体在援用时不知所措，并且容易导致立法上的矛盾和冲突，从而降低管理的效率；另一方面，要注重加强配套措施建设，使得立法更加具有系统性。我国目前关于电子废弃物的法律规定大部分属于原则性规定，可操作性不强。这样的后果就是虽然从法律层面做出了规定，但难以真正实施或者实施了却达不到预期的效果。所以必须加强有关电子废弃物回收处理的综合性立法，形成一个兼具制度与措施的系统性法律体系。

3. 立法中贯彻绿色设计原则

在电子废弃物立法方面贯彻绿色设计原则，具体是指生产出来的电器电子产品不仅仅要满足质量的标准，而且还要环保节能，无论是在生产过程还是使用过程中对环境和人体都不会造成危害，同时当其报废后不影响对其的回收和处理。目前在具体的法律中该原则已有体现，但还未真正地贯彻到立法体系中。所以有必要将绿色设计的原则贯彻到整个电子废弃物的立法活动中去，使其成为这方面立法的指导性原则。在该原则指导下，具体包含以下几个方面。

第一，事先预防。首先是将电器电子产品生产的标准具体化、严格化。不仅要求所使用的原材料无毒害、易于回收，而且要求回收时采用先进环保的技术和相关设备，提高回收可利用率。对于每一个种类的电器电子产品要设定具体、严格的标准，并通过设定合理的奖惩措施对产品是否达标进行严格的监督，从而在生产的源头上预防污染。其次，严格限制电子废弃物进口，建立和加强绿色壁垒。以《巴塞尔公约》为基础，将有毒害的电器电子产品拦在国门之外。第二，事后预防。在产品最终成为废弃物之后的处理过程中，在处理的方式、回收的主体资格等方面做出限制规定，比如禁止焚烧这一类简单传统的处理方式，再比如要求进行回收的企业具备一定的回收、拆解资质和能力等。

（二）明确政府的职能定位

要保证电子废弃物回收处理有序、有效进行，政府要尽快转变现有职能，理清政府和市场的关系，将政府职能由管制、主导转变为服务。

首先，政府有建立完善的电子废弃物法律体系的职责。政府不仅要通过制定法律法规等活动来在我国电子废弃物回收处理方面确立生产者责任延伸制度，明确相关主体的责任承担，通过制定具体的配套措施来保障法律制度的有效落实，而且政府要对电子废弃物的回收处理进行监督，在出现问题时及时予以纠正和维护（林成淼等，2015）。

其次，政府有必要对电子废弃物的回收处理提供一些政策上的支持，如建立基金或者免税等。这是因为对电子废弃物回收处理所需的资金是比较高的，由生产的企业单独支撑有两大弊端：一方面，质量上难免有偷工减料的情形，不能保证回收的质量；另一方面，经济上也很有可能造成企业难以维持，从而影响我国电子产业的发展。

再次，政府拟制电子废弃物回收中的具体标准或指数要求。电子废弃物在回收处理后需要达到一定的标准，这种标准因具体电子废弃物的种类不同而有所区别，带来的问题就是，制定此类标准的主体由谁担当？自然不能是市场上的主体，一是因为市场主体制定标准难以统一，二是因为主观影响因素较多。从客观、公平、严密、规范等角度，这样的职责必然地落在了政府身上，只有政府才有能力制定标准。虽然我国公民的环保意识在不断提高，但对电子废弃物的危害及其回收处理的方式还缺乏认识。

最后，政府的监管义务。对于不履行回收义务的生产企业或个人，政府行使赏罚分明的监管手段，定期查看回收企业的运转环境和相关数据，规范拆解行业，对不规范拆解形成的环境污染、健康危害和资源浪费，责令责任主体限期治理或者予以关闭，并有力支持公民付诸救济。政府应该利用其监督管理职能，加强对电子废弃物回收处理的宣传，鼓励公民将电子废弃物交由正规的专门性企业回收，而不要随意由流动小贩收购。提倡公民节约资源能源，对电器电子产品多加爱护，延长其使用寿命，尽量做到物尽其用。

（三）健全电子废弃物回收处理体系

1. 规范电子废弃物回收主体

我国目前主要存在回收企业、个体商贩和作坊两种回收方式，其中的回收企业包括生产商企业自身回收也包括委托其他企业进行回收。然而就实际情况而言，我国目前还是以个体商贩的回收方式为主流。但是，电子废弃物的回收不同于其他一般废弃物的回收，它具有一定的复杂性和专业性，在回收后要进行专业、集中的处理。个体商贩的回收，相对混乱无序，电子废弃物在被回收后也无法集中地进行处理，从而极易造成危害。因此，我国需要规范电子废弃物的回收主体，通过对回收渠道的控制来构建和健全电子废弃物回收系统。一方面取缔个人回收、小作坊回收；另一方面也要对企业回收进行规制，对企业的回收设备、回收系统进行审查并进行资格赋予从而排除一些不具备回收能力的企业回收电子废弃物。这也要求对电子废弃物回收企业设置较高的准入标准，主要体现在技术设备、工艺流程及公司的资本规模几个方面。而对于未达标准就擅自从事电子废弃物回收的企业或个人，应该设置相应的法律责任，这种法律责任不仅仅局限于行政责任，还应包含经济责任，对严重危害公民生命权的，可以规定相应刑事责任，从而规范电子废弃物的回收。

2. 对合法的拆解企业给予绿色补贴

对于享有资质的电子废弃物回收、拆解企业，政府应当在经济上给予适当的绿色补贴（任鸣鸣等，2016）。依据的理由主要有两方面。

第一，企业进行电子废弃物的回收及拆解活动需要先进、专业的设备和技术来保障自身的拆解能力。所以在前期，从事该行业的企业需要投入大量的资金。同时该行业的收益迟缓，资金难以在短期内回笼，在此情景下，如果政府不给予适当的经济支持，则可能导致两种结果：一是拆解企业因严重亏损而破产，并且使其他有意于涉足该行业的企业望而却步，最后的结果，将可能导致从事电子废弃物拆解的企业日渐式微，从而使电子废弃物流入个人或不具备相关资质的作坊进行简单的回收，对经济能源、环境生态造成重大危害。二是企业在资金不足的情况下，为了保障企业的生存而减少拆解的投资、降低处理成本，使得电子废弃物最后的回收处理距离标准水平相差甚远。这样的情况下，即便是实现了全国绝大部分的电子废弃物都由合格的企业进行处理，但由于处理能力和水平低而同样对经济能源造成浪费、对人体和环境造成损害。

第二，回收拆解企业是资源利用、能源节约和碳减排的真正实现主体。回收拆解企业担负着回收拆解的全部流程。绿色补贴是一种行为肯定与激励措施，也是价值回归，这对于企业责任感的树立与延续具有重要的积极意义。

所以，政府应当通过制定政策来给予这些企业绿色补贴，从经济上为拆解业提供支持，保障企业的生存和发展，同时提高企业处理电子废弃物的能力。

3. 实行回收和处理相分离

在电子废弃物回收处理过程中，有必要将回收和处理分离，这样做的目的是防止因处理不当而造成更严重的污染和危害。人们都知道电子废弃物中含有多种有毒有害物质，如果不把回收环节和处理环节进行分离，很难保证在对电子废弃物进行处理过程中释放的物质与其他电子废弃物发生化学作用，从而造成比直接填埋、丢弃危害更大的危害。在这一点上，我国已有实践，如 TCL、海尔等电器电子产业均建立了拆解中心。

电子废弃物带来了越来越严重的能源浪费和环境污染问题，对人类生存和发展造成了巨大的危害。实现和加强对电子废弃物的循环利用和有效治理，对于减少能源消耗、节约经济成本，保证资源的持续利用，实现人类社会的可持续发展具有重要意义。

但电子废弃物回收处理问题涉及多方主体，任何一方的角色定位和责任承担都必不可少。因此，实现电子废弃物有效处理和循环利用首先就必须明确各环节中主体的责任。生产者责任延伸制度更适合我国国情，但绝不意味着其他主体无须承担责任。销售者需履行告知义务并承担相应补充责任，消费者需要对电器电子产品做到物尽其用，减少制造不必要的电子废弃物。政府通过制定法律法规、发布支持性政策、进行监督管理等方式来为企业对电子废弃物进行回收处理提供良好环境和有力支持。只有各个主体认真履行各自的责任和义务，彼此之间相互协调和配合，电子废弃物回收处理活动才能有序推进、有效落实。

第二节　生命周期视角下电子废弃物的再生讨论

电子产品的生命周期是指电子产品从产出到灭亡的全过程，包含生产者、消费者以及二手市场应负的责任。目前我国电子废弃物规模庞大，但却面临着电子产品生产者对产品整个生命周期应负的法律责任不明确、消费者在使用后不能将废弃产品送至正规地点、没有统一的二手市场对电子废弃物进行合理再生等一系列问题。与此同时，德国和日本作为工业大国，早已认识到实现电子废弃物再生的重要性，配以系统的法律规定，在电子废弃物的再生处理上已取得一定的成果。

所以，我国实现对电子废弃物在整个生命周期下的有效治理，从而提升废弃电子产品的回收效率及再生处理水平已经成为当务之急。

一、概述

（一）生命周期下电子废弃物的含义

电子废弃物又被称为电子垃圾，在立法上，各个国家或地区对它的规定却不同。经济合作与发展组织规定："电子废弃物是指任何使用电力达到它生命周期末端的各类设备，也可认为是拥有这些电子设备的使用者来说不再具有使用价值的电子电气产品。"欧盟在 2013 年 2 月份公布的《报废电子电气设备指令》对电子废弃物的定义认为一件电子产品不再被使用就已经成为电子废弃物，依据的是当前生活中淘汰的电子产品，往往并非因产品的使用功能已经丧失，相反它们还可继续使用，只是人们已经找到更好的替代品从而将其抛弃，这样的电子产品进入到二手市场或者被人们抛弃到某个角落即成为电子废弃物。它们自身的价值没有被有效再生，却对环境和生态产生破坏。欧盟的这项指令也是现今较为权威，并被广泛认可的。

我国于 2003 年公布的《关于加强废弃电子电气设备环境管理的公告》中指出："电子废物是指废弃的电子电气设备及其零部件。包括：生产过程中产生的不合格设备及其零部件；维修过程中产生的报废品及废弃零部件；消费者废弃的设备[①]。"此后，我国又于 2007 年发布《电子废弃物污染环境防治管理办法》做了进一步的说明："电子废物，是指废弃的电子电器产品、电子电气设备（以下简称产品或者设备）及其废弃零部件、元器件和国家环境保护总局会同有关部门规定纳入电子废物管理的物品、物质。包括工业生产活动中产生的报废产品或设备、报废的半成品和下脚料，产品或者设备维修、翻新、再制造过程产生的报废品，日常生活或者为日常生活提供服务的活动中废弃的产品或者设备，以及法律法规禁止生产或者进口的产品或者设备。"从此可知，电子废弃物就是日常生活中不再被使用的电子产品及其部件。这也和欧盟指令相契合，并不以产品的使用价值来划分，而是以被不被使用作为判定标准，有效的管理，将使充斥在生活每个角落的电子产品归纳到资源再生系统中，有利于从电子产品产出到灭亡的整个生命周期对产品进行管理。

2017 年 3 月 18 日，我国公布了《生活垃圾分类制度实施方案》，提出了对生活垃圾进行强制分类的要求，引导居民对生活垃圾进行分类。《方案》指出作为生活垃圾中生产速度最快的垃圾，电子废弃物的分类回收需要整个社

① 国家环境保护总局文件，环发〔2003〕143 号。

会的行动。实现电子废弃物的分类回收为实现再生提供便利，引导社会将电子废弃物在内的生活垃圾安置于正规处理之路，有利于资源的再生和循环经济的发展。

（二）电子废弃物的生命周期特征

由上述含义可知，此处的电子废弃物特指两种，一是原本完整的电子设备，二是蕴含于电子设备中的每一零部件。生命周期则包含了生产、使用、废弃、再生等阶段的设备或零部件的生命过程。

1. 电子废弃物产生速度迅猛下的电子产品生命周期缩短

电子产品涉及面广，人们对电子产品的需求度大，对电子产品的使用感受要求高，电子产品的快速生产以及革新换代频繁使得电子废弃物产生速度迅猛。电子产品遍布生活的方方面面，不仅反映了科技的进步，还可看出人们对社会满意度的提升。然而，人们追求新科技新体验使得电子产品的生命周期变短。生产者为追求利益、迎合市场，不断生产大量电子产品；消费者在换新前并不能将产品尽其用，在抛弃后并不能将它们投放到正规的处理地点；二手市场目前仍处于混乱状态，并不能对废弃电子产品进行高效再生。这些情况都使得电子废弃物规模逐渐庞大、增长速度迅猛。

2. 对环境、生态及人的身体健康产生危害

《巴塞尔公约》明确指出使用后被抛弃的电子产品具有危害性，要对其进行系统高效地管理。电子废弃物中含有很多有害物质，它们不仅对生态环境造成破坏，如污染水质、大气、土壤等，而且它们还含有重金属、化学物质，对人的身体健康造成威胁。如果不对废弃电子产品中的部件进行高效回收，必然流入人们生活的环境中，随着空气、水土进入人的身体，不利于身体健康。

3. 作为城市矿产对循环产业的重要价值

电子废弃物是城市矿产的一部分，是生活垃圾中资源价值最高的一类垃圾。二手市场对电子废弃物进行回收，一部分仍有使用价值的电子产品可以重新回归市场，另一部分失去使用价值的产品中的贵重器件经重新组装又可在参与新产品的投放中进入市场。循环使用是电子废弃物生命周期中的重要环节，一般包括产品整体再使用、部件再使用、元器件再使用等（宋小龙等，2016）。这实现了资源的循环利用，是对电子废弃物的再生。废弃的电子产品进入正规的二手市场，由二手市场对其进行系统的再生处理，不仅可以缓解环境压力，也是对资源的节约，为实现循环经济贡献了力量。

4. 实现再生面临现实困境

我国对于电子废弃物进行再生的二手市场没有形成正规系统，很多小商小贩私自回收电子废弃物，消费者为了便捷大多选择直接将不再使用的电子产品放置到小贩处，而小商小贩并不具备专业的技术，通常不能对它们实现高效再生。而且，电子产品是科技发展的产物，它们工艺不同、大小不一、设计原理各异以致对其进行再生处理本身就具有大难度，加之不规范的二手市场，均不利于我国实现电子废弃物的再生。与此同时，电子废弃物回收系统也不完善，对其进行再生耗费的成本高，这也阻碍着电子废弃物的再生。

二、从生命周期视角讨论电子废弃物再生的意义

电子废弃物是新兴产业不断创新的结果，遍布人们生活的方方面面。从与人们生活息息相关、给人们的通信和了解信息带来便利的手机来说，2007 年第一部智能手机问世，至今智能手机已经有十多年历史，全球已制造超过 71 亿部智能手机。随着科技的进步，手机的功能逐渐强大，消费者对于手机的智能性要求也日趋强烈，导致手机被换新的概率大大增加，大量的废弃手机带来了环境污染。据调查统计，一部智能手机的使用寿命大约为两年，我国每年约淘汰 4 亿部手机，而生产者在生产手机时为了适应市场对手机的需求度，往往注重利益与快速，对节约资源、保护环境和生态做得不到位。

中国再生资源回收利用协会统计表示 1t 废弃手机经过加工处理后能提出 300～400g 黄金以及 500g 白银，但是目前关于废弃手机再生的法律体系不完善，它们并没有进入正规的再生企业。流入小作坊或者随意被抛弃的手机对循环经济的发展、环境保护、生态平衡均造成了巨大影响。绿色和平组织的《如何看待自己的智能手机——全球智能手机用户使用习惯及态度调查》报告显示，80%的受访者认为品牌应当改进智能手机维修的流程，延长智能手机的使用寿命，同时提供更完善的产品回收体系，并且应当对产品的整个生命周期负有责任，包括设计、生产、使用和回收等全部环节（白雪，2017）。

一部手机完整的生命周期是指生产者将手机制造出并投放进市场，消费者使用后将其送至二手市场，二手市场对其各部件进行拆解并转化形态成为新产品回归市场。电子废弃物回归市场的过程是零部件实现循环利用的过程，电子废弃物蕴含的剩余价值以新产品的形式循环使用是对资源的高效再生，而目前我国以废弃手机为代表的大量电子废弃物没有进入正规二手市场，它们所含有价值的零部件不能被循环利用，电子废弃物没有得到高效再生，不利于可持续循环经济的发展。

此时，我国实现对电子产品从摇篮到坟墓的生命周期监管，会使电子产品的

原生和再生生命都得以延长，提高资源利用水平，减少能源浪费，促进循环经济的发展，同时也可以减少对环境和生态的污染，有着经济、社会、环境、生态等方面的积极意义。

（一）生命周期的界定

生命周期是指单个个体从出生到死亡所经历的各个时期（舒新城，2009）。很多人认为产品的生命周期就是产品投入市场进行使用直至退出市场，然而电子产品不同于其他不可再生的产品，它们被淘汰后往往还含有大量的有价值资源，很多被淘汰的电子废弃物并没有失去使用价值，很多不能被继续使用的电子废弃物经过拆解后可以产出大量有价值的器件，所以它们在被抛弃后并没有走到生命的尽头。当对电子产品进行生命周期讨论时，要结合电子废弃物本身的可再生性能，只有这样才能将电子产品完整的生命周期包含，不至于对资源造成浪费，同时也可以保护环境和生态，也更有利于整个周期中涉及责任的各方对责任的承担。既包括制造产品所需要的原材料的采集、加工等生产过程，也包括产品贮存、运输等流通过程，还包括产品的使用过程以及产品报废或处置等使废弃物又回到自然的过程，这些过程构成了一个完整的产品生命周期（黄和平，2017）。由此可知，电子废弃物的生命周期不仅包含它作为电子产品时的生产、使用过程，更重要的是它作为可再生资源的回收、循环使用过程。

（二）以生命周期为视角的意义

1. 有利于节约资源、保护生态环境

电子产品在被淘汰后依然蕴含丰富的资源，它的生命周期并没有结束。电子废弃物作为高科技和有价值金属的产物可以被循环利用，对它实现回收再生处理不仅对资源进行了节约更顺应了循环发展要求。由电子废弃物的特征可知，它们不仅有资源价值还含有危害性。电子废弃物没有妥善的处理道路势必对环境、生态及人的健康造成危害。这就要求在电子废弃物的整个生命周期内严格把控电子废弃物的处理，不漏过任何一个环节，只有这样才能实现高效监管从而惠及各方。

2. 有利于从整体分配责任

目前我国电子废弃物规模庞大，一方面是由于生产者快速生产、消费者革新换代频繁造成，另一方面是再生水平不够造成了电子废弃物的堆积，此外，回收渠道的不畅通也对电子废弃物遍布产生了影响。从生命周期视角对电子废弃物再生进行讨论，可以对其从产出到灭亡的过程进行系统规制。从生命周期的视角可以看出在电子废弃物实现循环使用的过程中生产者、消费者和二手市场及政府需

要承担的责任，有利于对他们各方责任进行法律上的分配，从而保证电子废弃物的高效再生（图 7-5）。

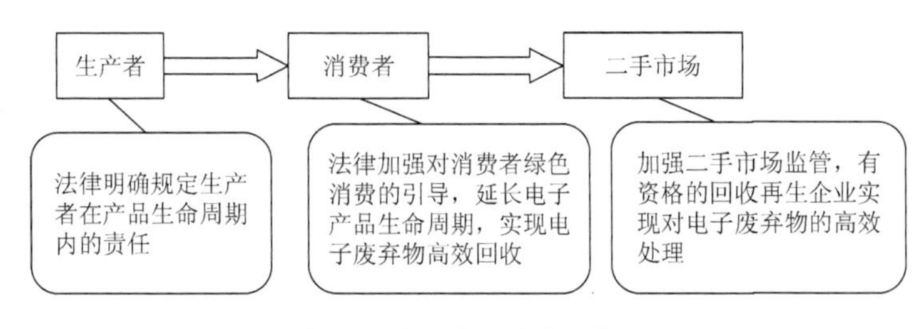

图 7-5　电子产品生命周期图

3. 有助于循环产业的发展

电子产品的生命周期呈现缩短趋势，一方面可以看出技术的革新，另一方面也隐含人们对资源的浪费。生命周期管理思想是从产品产生直至灭亡整个过程尽可能减少产品生产和消费过程中的污染排放或资源消耗。将电子产品的生命周期进行系统的监管，有助于实现产品在生命周期内价值的全部实现，也可以倡导市场努力延长产品的生命周期，从而提升电子产业的生命力。实现电子废弃物的循环使用可以节约资源，也可以保护生态环境。在二手市场将电子废弃物中的剩余价值开发出来，让它们以新产品的形式回归市场，这是实现零部件循环使用的过程，更是实现再生的一部分。从生命周期角度对电子废弃物进行讨论，将电子废弃物与四方责任主体置于法律规定下，可以促进资源的高效利用、循环产业的发展从而实现资源的再生。

三、德国及日本关于电子废弃物再生处理的法律制度概况

（一）德国的生产者责任延伸制度

1. 生产者责任延伸制度的概况

瑞典环境经济学家托马斯于 1988 年第一次提出了生产者责任延伸制度的概念：“生产者对产品的责任应该被延伸到产品的整个生命周期，特别要承担废弃产品的回收、再循环和最终处置责任（钱光人，2009）。”此后生产者责任延伸制度在世界范围内被运用，德国在废弃汽车、家电等领域使用，日本在制定的环境法体系中多次运用，日本的《循环型社会形成推进基本法》就明确了生产者对产品制造的责任以及产品经过使用报废后对于废弃物的处理责任。

生产者责任延伸制度不仅要求产品制造者对产品废弃后的废弃物进行回收、

再生处置，还要求生产者在制造之初就考虑到产品对环境及生态的影响从而进行清洁而高效的生产。它的核心是通过引导生产者承担产品废弃后的回收和资源化利用责任，激励生产者推行产品源头控制、绿色生产，从而在产品全生命周期中最大限度地提升资源利用效率（张聪，2017）。此要求正体现了从产品的源头进行治理，有利于资源的节约、环境的保护。在电子产品的生命周期过程中起主导作用的是生产者，生产者利用所掌握的技术生产产品，并将产品投入市场，生产者了解自己产品的构造，在回收后可以更妥善地拆解并对废弃物实现最大价值的再生处理。在电子产品整个生命周期内贯穿生产者应担的责任，也可以让生产者在产品生产之时就将回收、再生成本考虑进去，实现优化生产，这也可避免很多短生命周期、淘汰率高而快的产品生产而加剧废弃物的产出。生产者责任延伸制度规定了生产者对产品所负的质量责任、回收责任、环境污染防治责任以及再生处置责任，生产者的责任贯穿始终，有利于资源、环境及生态保护，更是顺应了可持续发展。

2. 德国的立法及实践

德国是工业大国，对环境和生态的重视程度也走在世界前列，随着工业的发展，包括电子废弃物在内的生活废弃物规模日渐庞大，德国于 1986 年制定了《废物防治和管理法》，首次将产品生产者应负的责任进行了明确规定，要求生产者在生产之初就进行环境预防，还要求生产者对废弃物进行回收处理并实现二次使用。此后，德国不断完善法律制度，用生产者责任延伸制度保障电子废弃物的高效再生。

1992 年制定的《限制报废车条例》明确指出生产者对废弃车辆承担回收义务。1996 年德国颁布了《循环经济与废物管理法》，详细地规定了生产者的各项义务，规定了生产者承担再生利用义务，优先利用高效方法实现对废弃物的再生，还规定使用产品后产出废弃物的人以及持有废弃物的人要协助生产者回收废弃物，此外还规定了国家在地方设立专门的回收机构并用可行性技术协助废弃物的再生，生产者可以委托地方专门机构代为履行他们对废弃物的回收、再生责任。根据此废物管理法，德国在 1998 年制定了《电池条例》，规定了对有害的废弃电池实现免费回收。2005 年德国通过了《电子电气产品流通、回收和有利环保处理的联邦法》，该法响应了欧盟的号召，明确规定生产者负责电子废弃物的回收、再生处理，同时也规定由正规回收企业对废弃物实现回收。

3. 取得的成果

德国在电子废弃物再生处理上将生产者责任延伸制度贯穿始终，配以不断完善的法律体系来严格监督各方实施，取得了丰硕的成果。生产者在企业内部或者商家聚集地设立回收站、德国政府在各地区设立公共回收站、生产者委托公共回收站代为履行回收义务，这使得德国的电子废弃物回收处理有了正规的二手市场，消费者面向的是正规的二手市场，极大程度避免了小商小贩的泛滥，更有利于电子废弃物的处理。德国利用法律条文规定对于违反生产者责任延伸制度的生产者实施处罚措施，对涉及违反规定的厂家的产品实施下架处理，这也迫使生产者对废弃物进行回收、再生处理。同时，德国还规定生产者可以适当提高产品的零售价格来弥补建立回收站以及处理废弃物带来的损失，政府也利用国家力量逐步取缔不正规回收，引导消费者将电子废弃物送至正规二手市场，这也提高了生产者对废弃产品进行再生处理的积极性。

（二）日本的环境税政策

1. 环境税的概况

从 20 世纪 70 年代起，很多发达国家就在税收体系内引用了环境税政策，生产者的生产行为造成了环境问题却又不承担相应的环境成本，滥用资源却又无须付出相应代价，这导致了环境利益的不公平和环境效率的低下，国家征收环境税的目的是让环境污染者对他们的行为负责（李慧玲，2007）。环境税主要分成两部分，一是在电子废弃物生命周期内向生产者征收环境税，二是消费者提出回收再生他们持有的废弃物时也应交纳环境税。国家用明确的法律保障环境税的实施，以达到对电子废弃物的高效回收与再生，并将环境税所得用于环保事业，更有助于保护赖以生存的自然、生态环境。

2. 日本的立法及实践

20 世纪 90 年代起，日本政府就出台了《家电再生利用法》等一系列法律，要求在电子产品的生产过程中就实现资源的高效利用并避免产出废弃物，强调生产者和消费者担负废物的回收、再生处理费用。

日本于 1998 年公布的《家电再生利用法》明确指出生产者负责回收、消费者承担处理费。生产者针对自己的产品在地区建立回收站，当消费者在使用完产品后对回收站提出回收及再生要求时，生产者可以要求消费者负担一部分环境税，当然这部分费用在合理范围内，这就提高了生产者和消费者对电子废弃物进行再生处理的积极性，有效减少了废弃物的随意丢弃。

3. 取得的成果

日本国民的环保意识一直很强烈，在行动上也走在世界前列，他们深知电子产业的发展不仅惠及生活更为环境带来了隐患，所以日本在电子产品生命周期内重视资源利用和环境保护。日本将环境税政策和生产者责任延伸制度紧密结合，依靠后者强有力的实施，日本建立了正规的二手市场，对废弃电子产品有强烈被回收再生的居民有了畅通的渠道，政府在二手市场处理废弃物时加以辅助，随着再生技术的不断进步，日本的电子废弃物得到了有效的再生处理，给世界范围内的电子废弃物再生处理带去了榜样力量。

（三）德国和日本其他先进做法

实现对电子废弃物的再生首先要实现对它们的回收，国家明确规定消费者不能随意抛弃废弃物否则将承担责任，政府在地区设立专门回收企业并采用多种方式实现电子废弃物的回收，例如，网络预约或者电话邮件预约后，回收站安排人员上门进行回收。德国还不断完善电子废弃物管理体系，于2004年创办了废旧电器登记基金会。此基金会作为非营利性组织，全程监督生产者的生产、协助二手市场对废弃物进行回收、倡导消费者保护环境、统计相关数据协调各方责任主体、在电子废弃物生命周期内协助政府进行管理。

在电子废弃物再生处理上，日本进行了大胆地探索，日本不愿意用焚烧或者填埋等方式来处理电子废弃物，他们追求的是资源利用最大化和环境影响最小化，在此理念下，松下电器公司斥资建立了环保技术中心，努力实现电子废弃物回归为商品重新回归市场。他们利用对产品设计的熟悉度在拆解时就最大能力拆出各部件，经过重新组装进入市场，在那些损坏的不能再使用的零部件中提炼金属，有效地实现了变废为宝，取得了丰硕的经济和环境效益。

四、我国电子废弃物再生处理现状及不足

（一）已取得的成效

1. 相关法律制度的发展

2005年生效的《中华人民共和国固体废物污染环境防治法》，要求实现电子废弃物的再生时要考虑对环境产生的影响，避免对环境造成破坏，自此开启了我国实现电子废弃物高效再生的道路。2006年发布的《电子信息产品污染控制管理办法》，要求生产之初就实现绿色生产，减少有毒有害物质进入产品，为后续的绿色再生奠定基础，该办法还明确指出了生产者对产品应负的责任，也是我国生产者责任延伸制度的大胆尝试。2011年生效的《废弃电器电子产品回收处理管理条例》要求对电子废弃物有处理资格的企业须经国家的许可，在一定程度上规范了我国的二手市场。此外，2016年11月，国务院颁布的《"十三五"国家战略性新兴产业发展规划》对电子废弃物的再生技术做出了要求，体现了国家在再生处理方面的决心。

2. 取得的成果

随着法律制度的完善，我国对电子废弃物的再生处理时刻在进步，北京、上海、深圳等地纷纷建立了电子废弃物再生处理系统，在实践中不断提升再生科技、完善处理系统，起到了全国范围内的带头作用。

就首都北京来说，一直以来北京在各个社区加强设立电子废弃物收集站，鼓励居民在社区内就将废弃产品上交，使得大部分的电子废弃物进入正规回收企业。北京市政府在国家法律的指引下还制订了财政方面的补贴方案，当二手市场完成了高效的回收、再生时，政府就对其进行补贴。目前，北京确定了电子废弃物再生处理的企业，建立了规范的回收网络，推进回收系统和再生处理企业的衔接。北京市政府以身作则，严格规定行政事业单位的电子废弃物无偿交给正规二手市场处理。同时，北京还建立监测平台用以辅助废弃物的回收、处置。

上海也在加快再生电子废弃物的步伐，就浦东新区为例，它成立了办公室负责组建回收网络，同时新区环保局将自己在电子废弃物生命周期内的监管责任一步步落实，不断完善回收方案、回收平台、指导建立正规回收点，有效地提升了新区内电子废弃物的高效再生。新区强调对电子废弃物进行统一收集与处理，同时准许有资质的再生企业对此经营。新区政府早在2007年出台了《浦东新区机关、事业单位电子废弃物规范回收、处理暂行管理办法》，发挥了机关单位的带头作用，逐步将电子废弃物的再生处理扩展到各企业及居民中去。

（二）存在的不足

就《中华人民共和国固体废物污染环境防治法》而言，它虽然为电子废弃物的再生开启了篇章，但它的规定不够系统、细化，不利于各方进行具体实施，也没有做出在产品的源头限制废弃物产出的规定，存在很多不足。

直至今日，我国在电子废弃物再生方面的法律法规仍不完善，生产者、消费者、二手市场及政府的具体责任划分依旧不明确，在产品的生命周期里需要这四方的共同努力。而目前我国生产者和二手市场对实现高效再生缺乏重视、消费者的再生意识与行动难以达成一致、再生技术水平低难以实现循环利用、政府对二手市场缺乏严格监管，均使得我国的再生企业无法高效处理电子废弃物。

1. 生产者在电子产品生命周期内的责任不明确

生产者责任延伸在我国法律体系中并没有被严格制定，法律只是简要提出生产者对他们的产品产生的垃圾具有回收、处理方面的义务，却没有违反义务的处罚措施，给出的是笼统的建议，法律上的强制性不足。当二手市场没有对电子废弃物进行高效再生而产生危害后，给了各方推卸责任的机会，不利于对环境、生态及资源的保护。

2. 消费者有再生意识但行动力不足

电子废弃物再生过程中，存在的一个突出问题就是，消费者大多数情况下为了方便会把废旧电子产品直接交给小商小贩而不是正规回收企业予以处理。随着国家的进步，国民都逐渐意识到资源可持续发展的重要性，大家对于电子废弃物也有再生意识，但是人们在行动上仍不够努力。一方面是由于回收渠道不畅通，正规的二手市场并未实际建成；另一方面也是因为技术水平低下的小商小贩没有被取缔，在日常生活中他们有机可乘，这些都影响着消费者的行动。

3. 二手市场不规范且再生处理技术落后

纵观德国和日本，可知国外的再生处理企业是具备相应资格且有能力进行高效再生的企业，与此同时，国家运用财政补贴辅助市场的回收再生，这就使得国外的再生企业有积极性主动联系消费者对废弃物进行回收及再生处理。国外发达国家在废弃电子产品的处理上起步早且他们的工业化信息化水平高，在规范的处理系统上运用新兴技术，使得电子废弃物得到详尽开发，同时也降低了对环境及生态的破坏，而我国的再生水平低。我国在电子废弃物的再生方面处于摸索阶段，处理水平低，没有完整且系统的专门从事废弃电子产品再利用的企业，在再生处理时通常会受到技术的限制从而产生有害物质、对电子废弃物剩余价值的开发也不能详尽。

4. 政府监管不到位

目前我国针对电子废弃物制定的法律大多属于部门规章，如《废弃电器电子产品回收处理管理条例》、《电子信息产品污染防治管理办法》等，它们的级别不高，难以得到强有力的实施，这些部门规章在与其他规定产生分歧时难以抗衡，不利于政府对电子废弃物再生市场的监管。没有统一而强有力的法律体系支撑，政府难以在电子产品生命周期内行使自己作为辅助人的作用，政府难以在消费者和二手市场之间架起桥梁，不利于对电子废弃物在生命周期内的监管。政府代表的是国家力量，没有强有力的法律作为支撑依据必然带来监管上的欠缺，最终导致二手市场难以形成规范，不利于对电子废弃物再生处理。

5. 在生命周期内难以实现循环利用

日本针对电子产业带来的环境危害提出建立循环产业目标并采取强有力的措施促进循环经济的发展。日本用系统的法律促进了电子废弃物的回收与再生，实现了电子产品生命周期下的有效管理，促进了循环产业的发展。电子废弃物蕴含的资源需要经过二手市场的拆解、重新设计、生产变成新产品回归市场，实现资源的循环利用。

2012年国务院批准《废弃电器电子产品处理基金征收使用管理办法》，规定对处理企业按照完成的拆解处理量给予定额补贴，为进一步规范拆解企业回收渠道，2016年1月1日，新版《废弃电器电子产品处理基金补贴标准》正式实施（陈昊，2016）。但在实践中，我国对再生企业的补贴不能落到实处、二手市场没有足够的资金来提高资源循环利用技术、监管部门互相推卸责任不能对二手市场进行规范和监管，电子产品在生命周期内没有得到循环利用，使得循环产业在资质、资金、技术方面的不足得不到改善，阻碍着电子废弃物的高效再生。

五、从生命周期视角对我国电子废弃物再生的建议

（一）确立生产者责任延伸制度

政府、生产者、消费者、二手市场等主体被纳入进来，在实践中要以生产者为中心，在产品生产、使用、回收管理、废弃之后的处理以及资源循环利用等各个方面承担一定的义务。根据德国和日本在生产者责任延伸制度上的探索可知，它要求生产者在产品的整个生命周期内对产品的绿色生产、高效回收、循环处置负责，在生产时做到清洁生产、建设正规的回收站进行废弃物回收、改进循环技术做到高效再生，同时由生产者承担回收和再生的费用。结合我国的国情可知，对于电子废弃物的回收再生仅凭目前的市场来处理是不可行的，符合国家规定的专门从事废弃物回收处理的企业经济能力不足，加之再生技术的欠缺，很难实现高效再生。因此，我国可以进一步加强生产者责任延伸制度的实施，用法律要求生产者建立回收处理企业，生产者作为电子产品的制作者清楚产品的每个部件，可以在拆解、再生环节节约资源及保护生态。

生产者可自己建立回收站，还可以委托有资质的回收公司代为回收，这样有利于完善二手市场，符合国家对正规渠道进行再生的要求。将回收和再生费用转移给生产者也可以迫使生产者为降低成本，在生产时注重生产高质量的产品，在再生环节注重提高技术水平。

（二）倡导消费者在电子废弃物再生上的行动与意识达成一致

电子产品经消费者使用后变为废弃物，理应流入正规二手市场，经二手市场的再生处理作为新资源回归社会生态系统，然而由于消费者在行动上的欠缺致使大量废弃物流入非正规市场。

近年来，随着法制宣传的深入，国民的素质得到极大提升，对于资源、生态、环境的保护意识日趋强烈。政府是国家系统中与居民联系最为密切的地方机关，政府不断响应国家法律法规的号召采取多种方式鼓励居民爱护生态、节约资源。在政府和法制宣传的努力下，消费者对电子废弃物的重视程度在提高，观念在提升，然而在行动上仍存在不足。

国家应继续加强宣传，倡导消费者将电子废弃物主动交给正规回收点，共同取缔小商小贩。同时消费者自身要约束自己，在消费过程中要以实际行动珍惜资源，努力延长电子产品的生命周期，避免浪费。实现电子废弃物的高效再生需要每一位消费者的切实行动。

（三）建成统一规范的二手市场

电子废弃物的特点，决定了在对其进行再生时必然会对环境产生不利影响。例如，不恰当的拆解方法会使有害物质流入生态系统，造成环境破坏，甚至会影响人们的身体健康。所以在电子废弃物的循环利用环节中，要寻找最优的处理方式，从而实现对资源的高效再生以及对生态的保护。

电子废弃物欲实现最优再生，需要统一且规范的二手市场。目前我国有资质的再生企业共有一百多家，而电子废弃物遍布我国的每个地区，在这一百多家以外存在着很多小商小贩。非正规二手市场充斥生活，它们大多再生水平低下且不了解产品的构造，难以在再生时充分开发剩余价值，往往还伴随极大的环境隐患。目前二手市场整体资质不够，国家在二手市场上的政策、资金补贴仍没有有效落实，地方政府存在推卸责任、滥用国家资金补贴等现象，加上二手市场循环利用能力不足，电子废弃物的高效循环利用一直难以实现。

现实危机要求加快建成统一且规范的二手市场的步伐。规范二手市场的建成需要国家强制力的辅助，国家应加强对地方政府的监督，用法律约束政府，让其对二手市场实施有效监管。政府应将国家的政策和资金落实，鼓励生产者建立回收处理站，用经济投入促进电子废弃物循环利用技术的提高，对于不符合标准的再生企业、小商小贩坚决取缔，利用国家权威规范二手市场。结合德国和日本的实践，我国也可以完善多渠道回收废弃物，例如，开展网络回收站，便利消费者对其持有的电子废弃物进行处理。回收渠道的完善可以便利二手市场对电子废弃物的循环利用，从而促进废弃物的高效再生。

（四）政府利用行政手段辅助再生

1. 用奖励政策鼓励生产者及消费者的积极行动

生产者责任延伸制度的实施，促进了生产者对其产品的回收、对资源进行循环利用的责任。但实践证明，生产者的生产成本提高，产品的零售价格必然提高，实际上就将电子废弃物的再生费用转移给了生产者和消费者，因此，政府可从财政上支出一部分，对积极承担责任的生产者和使用后主动将电子废弃物送至正规二手市场的消费者进行奖励。为了避免政府假补贴现象的发生，国家应当制定有效追责办法，严格规制政府的监管权，同时号召社会对政府进行监督，让财政补贴落实到生产者和消费者中，以促进生产者和消费者的回收和支持回收行为。

2. 利用行政手段对生产者和二手市场进行环境影响评估并收取环境税

有奖励措施必然要配以严格的惩罚措施。从日本实施的环境税可知，环境税法律制度通过征收环境税的方式对生产消费主体进行有效的引导，使其改变粗放的生产消费模式（李娟，2013）。我国可以要求生产者在生产时为他将对资源、环境造成的损坏担负一定的费用、消费者在提出回收再生请求时承担一部分费用、整个二手市场为其在再生环节中带来的危害承担一定费用，此时引入环境影响评估可将大大小小的责任进行细化与区分，在区分完成后收取相应的环境税则更加明确具体。环境税可以扩大政府的财政收入，有利于政府投入到环境保护及提高再生技术上。环境税可以以奖励政策回归每个居民及企业，有利于电子废弃物在生命周期内的高效处理。

我国电子废弃物循环产业刚刚起步，存在资质、资金、技术等方面的不足，对电子废弃物中的零部件实现循环利用，不仅是对我国生态的保护及资源的再生，更是为社会的可持续循环经济发展贡献力量。国家重视对电子废弃物的循环利用，并给予地方政府权利，由其监管生命周期内各方主体责任的履行。然而当政府征收环境税时，却不能将此环境税收入运用于改进二手市场再生技术上，国家的补贴措施未能有效落实。所以，在政府运用行政手段的同时，应对其加强监督，让环境税所得切实运用到促进电子废弃物循环处理之中。

电子废弃物规模日渐壮大，给环境、生态及资源带来了威胁，从生命周期视角对电子废弃物的再生进行讨论是应对目前我国电子废弃物危害环境的崭新角度，法律法规要明确生产者责任延伸制度，提倡生产者在源头实现产品的绿色生产、建立再生处理站对电子废弃物进行处理；消费者要在行动上与意识达成一致，将电子废弃物送至正规二手市场；此外政府在加强监管规范的二手市场建成的同时可采取环境税及奖励政策促进我国电子废弃物的再生。电子废弃物的循环使用是实现再生的重要环节，对资源节约、生态保护有重要意义，需要政府、生产者、社会组织、二手市场及消费者的共同努力。

第八章　快递包装废弃物低碳循环利用分析

包装废弃物种类繁多，以动静状态为标准，分为家庭生活用品包装废弃物、快递包装废弃物；从物质成分上划分，分为纸类包装、塑料包装、玻璃包装、金属包装、木质包装；按包装形态分为个包装、内包装和外包装；按包装方式分为防水防潮包装、高阻隔包装、防锈包装、抗静电包装、水溶性包装、防紫外线包装、真空包装、防虫包装、缓冲包装、保利包装、抗菌包装、防伪包装、充氮包装、除氧包装等；按包装内容物分为食品包装、机械包装、药品包装、化学包装、电子产品包装、军用品包装等；按包装软硬程度分为硬包装、半硬包装、软包装等。

包装废弃物存在的问题多种多样，如包装物成分各异，处理方法难以统一；很多包装物精美奢华，如中秋月饼盒、人参包装盒；有的包装物甚至高于内容价值，一次性使用后被丢弃显得资源过于耗费；包装物体积庞大，占据空间较大；有的包装物密度较小，稍有不慎四处飞扬；包装物成分复杂，无论填埋或焚烧，都可能产生土壤或者空气污染。

近年来，我国凸显的包装废弃物危机，主要体现为快递包装。因此，本章的包装废弃物主要以快递包装为主题。随着互联网和移动互联网交易即电子商务的快速发展，近年来我国快递业务量呈现爆发式增长的态势。与此同时，快递使用的纸箱、填充气袋、胶带、泡沫棉等包装材料数量十分惊人，如果不规范处置就可能造成巨大的资源浪费和严重的环境污染，因此推进快递包装低碳循环利用已是当前面临的紧迫任务。我国目前缺乏系统完善的快递包装循环利用法律制度，且实践中还存在诸多问题亟须解决，因此需要通过深入的研究形成可行、易于操作的制度。本书拟从快递包装低碳循环利用的内涵及价值入手，对建立快递包装低碳循环利用法律制度的正当性进行论证，进而深入剖析我国快递包装低碳循环利用法律制度现状及存在的问题，在借鉴国外实践经验的基础上提出完善我国快递包装低碳循环利用法律制度的建议，以期实现快递包装的绿色化、减量化和低碳循环利用。

第一节　快递包装低碳循环利用的内涵及价值

一、快递包装低碳循环利用的内涵

快递包装的低碳循环利用，是指快递包装材料的减量化、再利用和再循环，也即“快递包装绿化”。它的基本内涵是快递包装使用后不会对生态环境和人类健康产生明显的损害后果，能够循环再生利用，促进快递和网络交易的可持续性发展，从源头上减少资源浪费和环境污染问题（徐晓静，2007）。快递包装的低碳循环利用既要满足包装的功能需求，又要促进绿色友好型发展，即在快递包装的整个产品周期内，既能够满足包装的功能要求，又不会造成严重的环境影响，不会导致人体健康受损，能够回收和再循环利用。快递包装的低碳循环利用核心在于包装材料、方式和作业的科学合理，从源头上减少浪费。

快递包装的价值在于保护流通中商品的安全，保证商品价值不会出现减损，同时兼具产品宣传功能，从而将生产与流通环节紧密衔接。快递包装是商品流通的起点，产品经过包装进入流通环节，快递包装可以起到保护商品、提供信息并促进商品销售的作用，但同时也会产生污染环境的后果，这就警示人们必须重视快递包装的用后处理问题。快递包装低碳循环利用的主要目的就是从源头上控制快递包装数量与资源浪费，实现包装材料的可持续利用与发展。

二、快递包装低碳循环利用的价值

（一）经济价值

快递包装本身就是一种资源，包装的回收再利用是一种间接创造资源的方式，具有独特的经济价值。《2016年邮政行业发展统计公报》显示，快递企业2016年完成业务量312.8亿件，投递超过300亿件包裹，如按快递盒平均每个50g来计算，共计达150万t。而2015年快递业除使用包装箱，还使用了编织袋30多亿条、胶带169.85亿m。前述数据有力地证明了我国快递业庞大的市场规模和发展速度，但如此大量的快递包装使用后的处理情况却令人担忧。有关调查显示，快递包装实际回收率不到10%，绝大部分被直接作为垃圾填埋（诸佳焕，2017）。而发达国家，纸板类包装物平均回收利用率为45%左右（德国瓦楞废纸的回收率高达90%以上），塑料类包装物平均回收率为25%左右，每年美国回收包装废弃物的收益可达40亿美元（周丽俭和胡蓉，2016）。由此可见，快递包装回收再利用之后产生的经济效益十分可观，应给予高度重视。

（二）生态价值

随着我国城市化进程的快速推进，产生的城市废弃物也越来越惊人。其中，快递包装废弃物在城市废弃物中所占的比重不断增加，造成的环境污染和破坏也日趋严重。正因如此，推行快递包装的低碳循环利用就显得十分必要，具有重要的生态价值。实现快递包装的低碳循环利用，可以很大程度地减少包装废弃物对环境造成的压力，实现资源节约和包装利用价值的最大化，减轻环境污染。据推算，2016 年我国大中城市电商包裹等包装废弃物在生活废弃物中的占比增量约为 85%左右；随着电商包裹等包装废弃物急剧增加，城市生活废弃物中塑胶和纸类废弃物占比变化明显，其中塑胶废弃物占比由 12%升至约 20%，纸类废弃物占比由 9%升至 14%（羽佳，2016）。由于回收成本高、一些包装材料难以降解，往往直接焚烧或填埋处理，导致资源浪费，环境日益恶化。据一项统计显示，近年来我国每年因固体废弃物造成的经济损失以及可利用而未加以利用的废弃物资源价值平均高达 300 亿人民币以上（麟喆，2016）。

第二节 快递包装低碳循环利用法律制度构建的正当性论证

一、确立快递包装低碳循环利用法律制度的理论基础

快递包装低碳循环利用法律制度的构建，有其存在的理论基础。美国经济学家波尔丁提出了循环经济理论。循环经济也称物质闭环流动型经济，以“资源—产品—再生资源”的反馈式或闭环流动为突出特征，其核心是以“减量化（reducing）、再利用（reusing）、再循环（recycling）”为经济活动的基本原则（即俗称的 3R 原则）（戴宏民和戴佩燕，2014）。该理论阐述了快递包装低碳循环利用的基本精神，从源头减少快递包装废弃物的产生（减量化）、多次循环利用快递包装（再利用）与快递包装再生利用来实现资源化（再循环）。而循环经济的实质就是低碳经济，它要求提高资源使用率，最大化发挥资源的效率，从而减缓全球的气候变化进程，促进可持续发展。快递包装低碳循环利用正是循环低碳经济理论在包装废弃物处置领域的具体化，目的在于提高资源利用效率，节能减排，实现经济效益和生态效益的统一。

就快递包装的低碳循环利用，学者们设计了不同的回收利用模式。Debo 等提出了三种回收物流模式，即生产厂商负责产品回收、零售商作为产品回收点以及第三方承担回收工作（Debo et al.，2002）。姬杨（2013）则将包装废弃物回收体系分为资源回收型、维修退货型和废弃物逆向物流回收型，为强调回收的难度，他指出废弃物回收体系很难调动废弃物生产者将废弃物交至指定处理地点。这些理论和回收模式的设计，都为快递包装低碳循环利用的立法构建，奠定了理论基础。

二、快递包装低碳循环利用立法的必要性和可行性

（一）快递包装低碳循环利用立法的必要性

1. 快递包装资源浪费严重

我国快递业发展速度惊人，由此产生的包装废弃物量巨大，其中一次性包装

材料占比过高，即便是可回收的包装材料也很少进行回收利用，加之存在过度包装的包装消费理念，容易造成资源浪费，更不符合低碳循环利用的要求。根据国家邮政局的统计，2014 年 139.6 亿件的快递业务量，导致消耗了约 140 亿张快递运单、20 亿条编织袋、55.84 亿个塑料袋、21 亿个封套、67 亿个包装箱、114.5 亿米胶带以及 20.1 亿个内部缓冲物（图 8-1）（夏慧玲等，2016）。因此，量化企业日排放量的《快递服务温室气体排放测量方法》，应当鼓励快递企业主动进行节能减排，减少浪费与污染，而快递包装低碳循环利用是必由之路。

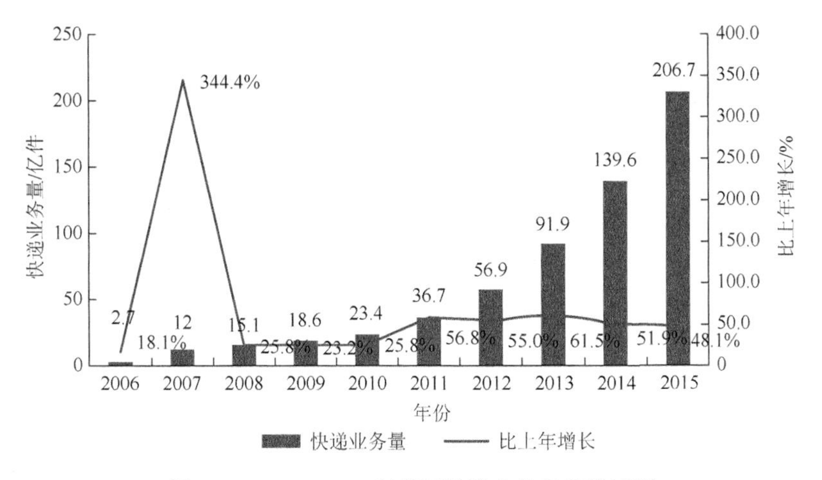

图 8-1 2006～2015 年我国快递业务量及增速图

2. 快递包装标准不统一

我国目前正在形成由国家标准、行业标准、地方标准和企业标准等构成的快递包装标准体系。但由于快递包装低碳循环利用涉及的范围很广，各标准之间缺乏协调和统一，难以有效地贯彻与执行。而制定各标准的部门（如环保部、农业部依据自身需求颁布的不同标准）之间独立运作，沟通较少，缺乏积极配合，没有进行合理统一的分类管理。没有统一的包装标准，导致快递包装参差不齐，各种材料难以分类统一，回收价值低，成本高，回收工作自然举步维艰。由此可见，我国存在快递包装标准等制度内容的缺失，导致绿色包装落实不到位，亟须通过建立健全相关立法来改变这一现状。

3. 法律监管不到位

快递包装材料不安全，没有统一的标准，缺乏监督机构，有些包装对人体有害，尤其是食品包装，亟须建立统一的包装标准，确立明确的监管机构，增强法律约束力。根据现行监管体制，电商、快递企业和包装供应商分别由国家商务部、国家邮政管理部门和中国包装联合会进行监管。三类主体由不同的主管部门进行监管，就必然存在多头监管的困境，难以统一协调，突出的问题就是三个监管主体责任定位不清晰，出现问题容易互相推诿。比如，当快递包装破损时，快递公司首先会认为是电商包装不到位或者商品本身存在质量问题，而电商则认为是快递公司业务员或操作员暴力分拣所致。为解决这一问题，过度包装以保障商品安全成为现实解决之策。某种程度上，正是责任定位不明导致“过度包装”现象加剧。这种过度浪费必须经由立法加以规制。

4. 快递包装环境污染严重

快递采用的不可降解包装袋和缠绑胶带等废弃物，只能以焚烧来作为最终解决途径，而焚烧所产生的二氧化碳每年高达 2000 万～3000 万 t。这不仅是高碳排放问题，还有燃烧产生的污染。因此，不可降解或难以回收的快递包装材料产生的废弃物，容易导致严重的环境问题，而解决这一问题的根本之道，就是推广可降解、可低碳循环的包装材料，减轻环境污染。我国目前许多产品包装材料都是一次性的，不可重复回收利用，易造成资源浪费。同时因为大部分包装材料不可降解，会造成环境污染甚至生态破坏，这不仅与可持续发展原则背道而驰，也未能实现经济价值与生态价值的有机统一。而环保包装材料成本高，企业自发状态下主动采用的动力欠缺，需要国家制定强制性法律以保证实施，并且给予优惠政策支持，才能真正实现“谁污染，谁负责”。

（二）快递包装低碳循环利用立法的可行性

1. 绿色物流大背景的政策支持

绿色物流的发展趋势、政府的重视以及不断出台的规范性文件，为快递包装低碳循环利用奠定了良好的发展基础。习近平总书记在党的十八届五中全会上提出了“创新、协调、绿色、开放、共享”五大发展理念，绿色发展已经成为我国经济社会发展的基本战略理念。绿色发展要求节约和高效利用资源，通过节能减排、降低能耗推进绿色低碳循环产业体系的形成。我国《物流业发展中长期规划（2014—2020 年）》中提出了鼓励包装重复使用和回收再利用，提高包装物的循环利用水平，构建低环境负荷的循环物流系统（穆治霖和张卉聪，2016）等实施对策。绿色发展已经成为当今社会的主旋律，而快递包装的低碳循环利用，无疑是其中重要的实现手段，建立健全快递包装低碳循环利用立法具有积极的战略意义。

2. 企业提供了宝贵的实践经验

部分企业的实践，为快递包装低碳循环之路，提供了宝贵的实践经验与内在动力。例如，上海艾尔贝包装科技发展有限公司通过自主设计研发新型环保型充气式缓冲材料，成为行业领军企业。众多快递企业也积极开展包装物低碳循环利用主题活动，如顺丰速运、当当网等使用可降解包装，天猫一号店的纸箱回收等活动，在实践中具有切实可行性，取得了较好的实际效果，这些实践为包装的循环发展，提供了可贵的实践经验。

第三节　我国快递包装低碳循环利用法律制度现状与存在的突出问题

一、我国快递包装低碳循环利用法律制度现状

2016年8月，国家邮政局出台了《推进快递业绿色包装工作实施方案》。市场监管司的负责人表示，已将“绿色邮政”列入重点工作范围，并从三个方面落实执行：首先要建立健全有关快递包装的法律法规，并形成立法体系。其次是制定或修订快递包装的国家标准和行业标准，统一快递包装标准，使之具有可执行性。最后是加强对快递业的监督与管理，对绿色包装添加环保标志，同时纳入其他环保标识，完善快递行业监管机制。同年，国家邮政局也完成了《快递绿色包装应用试点工作方案》，并广泛征求快递商家的意见与建议，力求具有较高的可操作性。此外，2016年6月环境保护部制定了《环境标志产品技术要求　塑料包装制品》的草案，公开征求意见；环境保护部科技标准司也制定了环境标志产品认证的新标准。值得一提的是，新标准采用了不可降解类塑料中生物碳含量大于20%来代替原来产品原料中回收废料的质量与产品质量的百分比必须大于60%，鼓励易降解塑料的使用。整体上，我国已经开始重视快递包装立法工作，也取得了一定的进展，但尚未形成系统的立法。

我国现有的快递包装循环利用相关立法主要有《中华人民共和国固体废物污染环境防治法》①、《中华人民共和国清洁生产促进法》②、《快递业务操作指导规范》③等。这些立法和规范性文件对快递包装低碳循环利用缺乏针对性，立法内容

①《中华人民共和国固体废物污染环境防治法》（2016）第十八条规定：产品和包装物的设计、制造，应当遵守国家有关清洁生产的规定。国务院标准化行政主管部门应当根据国家经济和技术条件、固体废物污染环境防治状况以及产品的技术要求，组织制定有关标准，防止过度包装造成环境污染。生产、销售、进口依法被列入强制回收目录的产品和包装物的企业，必须按照国家有关规定对该产品和包装物进行回收。

②《中华人民共和国清洁生产促进法》（2012）第二十条规定：产品和包装物的设计，应当考虑其在生命周期中对人类健康和环境的影响，优先选择无毒、无害、易于降解或者便于回收利用的方案。企业对产品的包装应当合理，包装的材质、结构和成本应当与内装产品的质量、规格和成本相适应，减少包装性废物的产生，不得进行过度包装。

③《快递业务操作指导规范》（2011）第十二条规定：快件封装时，应当使用符合国家标准和行业标准的快递封装用品。封装时应当充分考虑安全因素，防止快件变形、破裂、损坏、变质；防止快件伤害用户、快递业务员或其他人；防止快件污染或损毁其他快件。

过于分散，缺乏强制力，可操作性差。国家质量监督检验检疫总局和中国国家标准化管理委员会还发布了相应的标准，主要是《快递封装用品　第 3 部分：包装袋》（GB/T 16606.3—2009）来规范包装袋的种类规格、技术要求等。但它仅仅是具有指导性的推荐性标准，不能强制推行。总体上看，现有立法并不能满足目前对快递包装物的管理需求，因此需要构建体系完善、内容具体、操作有力的科学法律体系。

同时，在鼓励激励企业开展低碳循环利用活动方面，我国目前欠缺有效的制度政策，基本都靠企业自愿自觉，这必然导致许多问题。天猫一号店推出了“环保纸箱回收”活动，每回收 1 个纸箱即可获得 50 个积分，后续可以用积分兑换商品。通过奖励积分形式鼓励消费者参与快递纸箱回收循环利用，试点北京、上海、广州等 20 个城市，效果较好，纸箱回收率越来越高，市场认可度高，是比较成功的回收案例。但是也因其只局限于纸箱，虽然便于回收，但适用范围局限性较大。当当网则使用以玉米淀粉为主料的可降解包装袋，这种包装袋在土壤中 4 个月可做到大部分降解，对环境污染不大。但是此项举措因其成本高，影响力低而难以推广。而顺丰优选也开展了回收包装纸箱活动，由快递员收回顾客废弃的包装纸箱，并且在满足客户需要的基础上使用最小尺寸的包装箱，实现了资源的最优利用。但是该项活动也因人力投入大、快递保存不完整、需二次加固、重复使用率低，而被迫停止。由此可见，仅凭企业自觉性开展快递包装低碳循环利用活动是难以维持的，必须有国家强有力的支持与扶持，才能使快递包装低碳循环走上健康成长并蓬勃发展之路。

二、我国快递包装低碳循环利用法律制度存在的突出问题

（一）立法分散和空白问题突出

自 20 世纪 90 年代开始，我国不断完善环境保护立法，先后制定了《中华人民共和国清洁生产法促进法》、《中华人民共和国固体废物污染环境防治法》等与包装低碳循环利用相关的立法。但由于立法的时代、氛围和物质等原因，这些立法中包含的理念与快递包装的低碳循环利用不符，未将包装废弃物的回收利用管理等从源头到末端视为一个完整的生命周期，对包装废弃物的规范也只是针对生产—消费—回收—再生—利用的环节中的一个或几个来进行（穆治霖和张卉聪，2016）。这就导致立法较为分散，欠缺直接针对性，无法有效解决快递包装回收利用中遇到的诸多问题。

我国包装原材料资源（如木材等）有限，加之商品的过度包装现象，不仅造成资源浪费，还会损害消费者的权益，更重要的是我国对包装废弃物的循环回收

利用重视程度不够，包装回收利用率显著偏低。据相关数据统计，截至 2010 年之前，我国医药、罐头、化妆品等产品的外包装几乎全部废弃，塑料回收率不到 30%，在包装废弃物的回收、包装循环利用方面，同发达国家存在较大差距（李爱华和尚建珊，2010）。虽历经数年，状况未有改善。同时，包装标准不统一也容易导致食品安全隐患。因缺乏食品包装制品立法与标准，强制性产品认证制度缺失，执法力度不够，许多食品包装制品不符合要求，最终导致食品安全问题频发。

解决快递包装引起的环境污染和资源浪费问题，需要各类主体的积极参与和长期努力，当务之急，是制定较为完善的绿色包装立法体系。结合国外的实践经验，可以发现，实现快递包装绿化的有效手段，就是从源头上防范和治理包装循环利用中存在的问题，利用事前预防机制、事中监管机制与事后惩罚的系统机制，加强对包装废弃物循环利用的管理，同时通过引导性的制度以影响主体积极行为，实现包装的低碳循环利用。

（二）包装回收标准与配套措施缺乏

目前我国的包装立法大多数为原则性立法，例如，提到要确定统一的快递包装回收标准，却没有具体的实施细则，也没有相应的奖惩措施，导致许多法律成为“空中楼阁”，不能有效适用。当然原则性立法必不可少，在具体实施细则有冲突或者无法执行时需要原则来掌握方向，但是不可以只有原则、大概，而没有具体内容。这样容易导致规范力度不够，一些企业无法切实承担责任，本身就不愿承担回收责任与执行统一标准的企业就更会逃避责任，就会大大降低法律法规应有的效果与公信力。部分制定的快递包装标准也存在过时的现象，无法与日新月异的互联网时代接轨，在适用中存在诸多不协调的问题，这都需要新的立法调整新的法律关系。

快递包装低碳循环利用难的原因林林总总，一度遭受质疑的快递包装过度因素，近年随着消费者环保意识的增强与商家企业的包装实践，已经不是造成回收难的主要问题。主要的瓶颈在于快递包装回收利用的价值低，企业因此也缺乏回收动力。同时，消费者对于回收的意识不强，对垃圾分类的了解甚少，没有分类的生活垃圾也给包装回收造成了很大不便。快递公司原则上鼓励员工进行包装回收，但由于个人客户量小，没有回收的价格标准，需要快递员和收件市民协商。对于市民而言，把纸箱给快递员回收和自行扔掉，不存在实质的差异，这就大大地降低了消费者回收包装的积极性。2017 年全国两会上，有人大代表建议国家出台有关包装物的使用和回收标准的法律法规，同时建议快递企业要承担回收包装的责任。可见，快递包装回收标准是亟待弥补的制度空白。

（三）管理监督和奖惩制度不足

快递行业没有一一对应的组织或监管机构，没有专门机构监测商家企业的快递包装回收利用率与环保材料的适用率，且因尚未纳入法律范畴，监管力度可想而知。企业只管商品的前期销售，对于后期的包装回收处理缺乏动力机制或威慑力量，因为包装材料的破损程度不同，导致回收程度不同、价值低，但是回收成本相对高，由此导致没有企业愿意主动回收，积极性严重欠缺，必须通过完善严格的监督管理机制来引导规范。对于积极性不强的企业不仅要通过硬性的监管，还要有诱导激励制度，通过税收优惠、财政补贴、技术支持等手段鼓励相关企业进行快递包装低碳循环利用。

（四）国家扶持和激励机制缺失

我国的绿色包装尚处在起步阶段，需要引进先进技术等其他支持手段进行开发。初期开发由于受到国内传统经济环境的制约与企业生产规模与方式的限制，绿色包装的成本较高，与传统包装产品相比缺乏竞争力，更加糟糕的是，我国缺乏绿色包装产业扶持政策，企业实践动力明显严重不足。即便有企业进行过快递包装的低碳循环利用活动，但仅靠自身的积极实践往往难以为继①。2016 年 7 月，北京邮政同城快件推出可低碳循环利用的产品包装容器，回收纸箱可以兑换积分。但整个活动操作过程繁杂，大部分快递员都不主动向消费者介绍回收活动，且企业回收成本高，缺乏国家政策支持，利润低，效果不理想。北京邮政网站运部负责人表示，启动回收业务后，同城快件采用降解复用的包装箱，成本投入增加了 40%，但销售价格不变，导致利润显著下降，虽然企业愿意负担这部分成本，但显然该种做法具有临时性，不可持续。事实上，这样的企业也仅是少数。企业本身就是为利润而产生，带有公益性的支出不应该全由企业承担，国家的支持是必不可少的。没有激励机制的鼓励，许多商家推行的活动都无法开展。

新型智能化快递包装的研发、推广与使用，需要企业在前期承担更多的成本。但从长远来分析，使用高科技的环保材料，会减少资源的浪费与运输途中的损耗，降低成本。而且新型环保材料具有潜在的开发空间，将来非常有可能使成本低于非环保材料。但是在此之前，新型包装材料的研发与推广仍然面临诸多现实障碍，积极推行环保包装材料的企业推广行为，往往因各种客观原因而被迫中止②，这就要求加大政策法律支持力度，对企业的包装低碳回收利用活动给予积极的扶持。

---

① 京东集团已经自主开发测试采用特殊 PBAT 和 PLA 材质的全降解材料，这种材料可堆肥分解为二氧化碳和水，不会对环境产生明显的影响。阿里巴巴集团推出可重复利用的安全塑料材质环保箱，通过链路流程将箱子收回发货仓库从而代替快递纸箱。该集团还提出，争取到 2020 年替换 50%的包装材料，填充物为 100%可降解绿色包装材料。参见方敏的《快递包装离绿色化还有多远》。

② 2013 年，一撕得物流技术有限公司设计了一款无胶带纸箱，撕开顶部“拉链”便可取出商品，但是这种创新包装成本高昂。2014 年部分淘宝零售商启用这种创新包装箱后，一年快递包装耗材采购额几乎增加了 1 倍，支出多出近 500 万元。此后“一撕得”把纸箱成本从 3 元降到了 0.9 元至 1.1 元一个，但依然推广困难。参见樊一婧的《快递包装回收两头不落好》。

推行快递包装绿色环保方案需要政府的大力支持，并且建立相关激励机制，同时也需要消费者、快递从业人员的积极配合，共同推行。

第四节　快递包装低碳循环利用法律制度的域外经验借鉴

一、德国的生产者责任组织借鉴

德国最值得借鉴的便是生产者责任组织——DSD，该组织被称为“绿点公司”，对于生产销售经营中的包装废弃物，采用双轨制回收制度。在产品包装上采用统一的绿点标识，以便识别。德国法律规定，允许企业委托第三方代为履行产品责任。作为提供包装废弃物回收利用服务的公司，DSD 的基本宗旨是代为履行 EPR，与生产者、销售者、废物管理产业和地方政府等进行公平合作。因为 DSD 是由生产者建立和治理的、处理与 EPR 有关的执行目标的个别责任共同体，性质上是基于自愿或基于立法组建的、非营利的第三方组织，因而当生产者个别履行回收利用和押金-返还义务不经济、不可行时，DSD 可以提供替代履行的协助（李宏岳，2007）。此外，德国政府也通过制定完善相关立法和统一循环回收利用标准，并监督执行来确保回收的效率与水平。政府还承担信息服务职责，及时更新发布回收信息，提供咨询服务，为企业与消费者解决回收中遇到的各种问题，同时借助“经济杠杆”来进行宏观调控与引导。政府也鼓励企业开发新的包装替代材料，鼓励企业自主研发，指导公众进行科学的包装物分类回收。

生产者可以付费获得在包装材料上使用绿点标志的权利，从而将自身的包装回收义务转移给 DSD，由 DSD 完成包装废弃物的回收和循环利用。但是，DSD 并非直接进行包装分类与回收，而是通过与废弃物回收和循环利用企业签订合同加以实现。

消费者的责任是协助包装回收义务人收集和循环利用废弃物，这就要求消费者要做到不随意丢弃、处置包装废弃物，进行科学的垃圾分类。随着垃圾分类知识的普及和分类意识的增强，消费者不再随意处理包装废弃物。这样强制性推行垃圾分类的结果就是，极大地改变了消费者的行为习惯，从心底接纳并践行低碳生活方式。同时，法律规定消费者必须承担包含在价格中的回收利用成本，鼓励消费者选择环保的包装产品，并给予一定的奖励来间接影响生产者的行为选择。

二、日本的完整回收利用体系

在亚洲，日本是公认的包装回收效率极高的国家。除注重法律的制定与完善，日本还建立了值得称道的完整回收体系。消费者在家中完成垃圾的初次分类，经回收站收集并在中转站再次分类，对不同种类的废弃物采取不同方式统一处理。20 世纪 90 年代中期以后，日本效仿欧洲国家，形成了权责明晰的消费者负责将包装废弃物分类、市政府负责收集、私有企业获政府批准后对包装废弃物进行再处理（王瑾，2011）的包装废弃物回收利用体系。这种清晰的责任归属与角色定位有效地避免了责任推诿并提高了执行效率，产生了“1＋1＞2”的效果，具有相当的借鉴意义。日本的《能源保护和促进回收法》实施之后，原来进行焚烧处理的包装废弃物中有 72%都得到了回收利用，97%的玻璃瓶得到回收利用。

三、美国的税收政策与协调机构管理组织

20 世纪 90 年代，美国开始关注快递包装的低碳循环利用，并授权各州政府可以根据企业包装回收率的高低来实施税收减免，从而促进企业朝着绿色化方向发展，同时，美国也以法律形式规定了包装材料的回收利用责任。利乐公司、艾罗派克公司等国际著名的纸箱生产商发起建立了纸箱理事会，目的在于推进纸箱的低碳循环利用。值得关注的是，美国还设立了专门机构——商务委员会，其管辖范围并不仅限于包装回收，还涵盖物流运输等领域。设立这一机构的优势是使各种政策法律能够得到贯彻与执行，同时也有助于加强监管，随时解决执行过程中遇到的问题，方便灵活。目前，美国已经形成了产业化的包装废弃物回收利用体系，实现了经济效益和环境效益的统一。

第五节　完善我国快递包装低碳循环利用法律制度的可行建议

一、健全快递包装相关立法

首先，应尽快修改完善快递包装循环利用的相关立法，包括《中华人民共和国循环经济促进法》、《中华人民共和国节约能源法》等环境单行法。其中，《中华人民共和国循环经济促进法》修改草案的起草工作正在积极进行，有望针对包装物的绿色设计、回收再利用及相应法律责任做出较为具体的规定。其次，尽快填补立法空白，抓紧制定针对快递包装的专门立法。快递包装规制的法律现状缺失阻碍了我国物流的发展，必须抓紧制定和完善专门立法，并最终形成绿色快递包装法律体系。最后，还需对相关立法进行有效整合，消除立法之间的矛盾之处，加强协调与配合，共同促进绿色包装。

二、确定包装及回收标准与实施细则

对于快递包装，快递企业首先应进行科学的评估，在保证产品完好的情况下使用最少的包装材料，实现资源利用的最大化。这种实现资源最优利用的标准，也应该被确定下来，并采用常用的绿色包装标志同时进行环境管理体系认证。作者认为，可以采用 ISO14001 环境管理体系认证，规定包括设计、加工、包装、贮藏、运输、销售、消费乃至废弃后的回收再利用等在内的包装产业链的所有环节都必须符合环境标准。我国已经开展了 ISO14001 环境管理体系认证，但企业缺乏自愿认证的动力。为此，应尽快与国际接轨，为包装生产者创造条件，制定激励政策，引导包装生产和流通采用 ISO14001 环境管理体系认证，用国际标准进行规范，从源头上加强控制，形成对包装产品从设计到回收的全程化监管。

三、加强法律政策监管与评估

随着经济全球化的飞速发展和互联网大数据等信息技术在各方面的应用，“互联网+”的产业越来越普及，似乎与互联网挂钩才能迈入新时代的大门。我国快递包装业正处于转型升级和快速发展的过程中，活动也日趋专业化、复杂化，所以需要确定一个市场准入门槛，让有资质、有能力、便于管理的企业进入市场。当然，可以优先给予那些新兴企业机会。应提倡这些企业使用电子签单，向数据化、智能化、自动化学习靠拢，从源头上打造一批新型智能化快递包装企业。

无论是阿里巴巴集团还是京东集团，他们的新型环保材料的研发和推广，都需要企业、快递公司和电商平台等多方平摊成本，以减轻企业压力。比如，可以借鉴德国的生产者责任组织经验，给绿色包装外表做特殊的标记，让企业先行使用，培养消费者使用可回收包装的习惯。针对在这些新兴企业发展中遇到的问题，一方面，政府要根据实际情况，对现有的法律法规政策进行评估与调整；另一方面，也要针对绿色包装回收利用中出现的新问题，不断地修正和完善相关立法。然而，我国缺乏对绿色包装政策与立法及其实施效果的评价机制，没有建立起动态的快递包装低碳循环利用监督考核机制，导致法律实施效果不明显，没有起到应有的效果。

2017 年，天津出台包装印刷行业挥发性有机化合物（VOCs）的执法监测新规定，该规定允许包装印刷试点行业征收 VOCs 排污费的可以委托有 VOCs 检测资质的环境监测机构或者社会环境监测机构进行执法监测，对需要委托第三方检测机构开展 VOCs 排污费执法监测工作的，应当严格审查其资质和检测能力。此外，还明确了受委托监测机构应具备的条件。这样的新机制试行有很好的经验借鉴作用，能够帮助检测机制不断完善。

四、建立税收奖惩激励制度

我国不仅需要建立健全快递包装立法，提高立法的实施效果，还应根据实际制定相应的激励机制与惩罚措施。对积极开展快递包装低碳循环利用的企业，给予相应的财政奖励或税收优惠，对违反法定义务、拒不配合的企业则给予处罚。比如，可要求违反绿色包装规定、循环利用率不达标的企业缴纳相关税费和环保赔偿费，对积极推进低碳循环利用的企业给予一定的税费减免和环保补贴，从而引导企业向绿色低碳转型。这是规范与管理的直接手段。同时，还应采取以引导为主的间接手段，此类手段是在包装管理中通过经济杠杆原理，促进消费者主动使用可回收的快递包装，这类手段可同时对企业与消费者采用。

针对经营企业，应该完善绿色环保税收激励制度。我国目前的绿色环保税收规定鼓励废弃物回收利用，具有环境保护的作用，但是面对日益严峻的环境状况，与经济效益和环保效益结合的目标，相距甚远。对于绿色环保包装税收优惠制度，应该从细节着手，细化对包装重复利用、再生利用的规定，尤其是对污染源的控制，提倡生物可降解包装，从源头对包装实施绿化。根据包装材料的特性差异和回收程度，实行不同的税收优惠政策。比如，如果包装完全使用可降解的生物材料，就可以免收税费；对于部分使用可循环材料的企业，征收较低的税费；若拒不使用可降解易回收的材料，则征收较高的税费，从而引导企业主动使用可回收再利用的包装材料。除此之外，对于依旧不愿意采用可循环利用包装材料的企业商家，不仅要提高税费还要提高不可降解包装材料的成本，从而使其趋利避害，自愿选择可降解的包装材料，有效开展快递包装的回收利用活动，提高回收利用率。

针对消费者，则可借鉴德国经验，鼓励消费者选择可循环利用的包装产品，建立绿色积分系统，积攒良好信誉，这些信誉有助于消费者其他生活方面的便利，如贷款购车购房、准入快递包装市场等。对于配合商家企业进行回收利用的消费者，可以给予表彰，在社区之间形成有益的评比机制，提升公众的积极性。当然这些诱导措施需要直接措施的主导，也需要实行提高商家企业、消费者环保意识的教育活动来支撑，内外联动，实现快递包装的低碳循环利用。

五、加强绿色公益联盟协调与组织

正如前面所介绍的德国绿点双轨回收系统的成功范例，我国的生产、销售以及运输行业也开始了试验性的回收快递包装业的改革。以期实现快递包装的减量化和绿色化。典型的主要有以京东集团为首倡导的“青流计划”，物流企业联合的“绿色行动计划”，苏宁云商集团股份有限公司的“漂流箱计划”。

（1）青流计划。该计划发起于 2017 年 6 月 5 日，世界第 46 个环境日，我国电商巨人京东商城旗下的物流子集团，即京东物流联合了国内国际等财团和企业诸如伊利、农夫山泉、宝洁、联合利华、雀巢、惠氏、乐高、屈臣氏和金佰利等九大企业等，计划 3 年内少用纸箱 100 亿个，100 亿个纸箱相当于 2015 年我国全部的快递纸箱使用量。而这个减用目标的实现，则需要循环利用链的顺利建立与运行。

（2）绿色行动计划。该行动发起于 2016 年的全球智慧物流峰会，由中国邮政、苏宁、当当、菜鸟、圆通、申通、汇通、中通、韵达等 32 家物流企业共同启动，旨在减少快递的污染和碳排放，促进快递的包装、配送和回收。具体操作层面，主要采用绿色包装，包含可降解包装，可回收多次利用包装物，简易包装等，对于已使用的快递包装物，设立定点回收。

（3）漂流箱计划。又称为“最后一公里投递计划”。2017 年 4 月，苏宁物流推出该计划，即在北京、上海、广州、深圳等八个城市，投放一万只可循环利用的塑料箱来替代原本使用的普通纸箱。该计划主要针对 3C、母婴及快消的易碎品，快递员用塑料箱运送客户快递物品，送完物品后快递员带回塑料箱，投入下一轮使用，或者在货物自提点，由客户自提装在塑料箱内的货物。该运送方式下，几乎不产生快递包装废弃物，每个漂流箱大概寿命为 2000 次，大约可节约 1 棵 10 年树龄的树木，苏宁物流一年节省下来的快递盒可绕地球一圈。

总体说来，以上三大计划，针对的主要是快递包装中的纸箱循环回收利用或替代利用。青流计划确立了宏伟的减量计划，但是能否实现需要拭目以待。而绿色行动计划在发展中也经历了一定起伏，漂流箱计划则刚刚起步，取得了较好效果，重在持续，时间将是最好的考验标准。三大计划在施行中均需要投入大量的人力、物力和财力，因此建立严密完善的管理制度，如组织制度、核算制度、运行制度等，对于绿色公益联盟的健康发展显得至关重要。如果上述三计划惨遭滑铁卢，则引起投入巨资和物质的极大浪费，与绿色低碳适得其反，背道而驰。

除上述五个方面，改进管理体制也是应有之举。发展绿色包装是涉及多元利益主体的系统工程，应该明确管理主体的职能分工，加强部门间的配合与协调。此外，针对我国快递包装低碳循环利用政策措施缺乏统筹与协调的问题，必须做到统一顶层设计，在执行层面保持灵活性，尽快推动此类政策的法律化。

第九章　餐厨废弃物治理对策及减排分析

第一节　餐厨废弃物特点及危害

一、餐厨废弃物的基本定义

餐厨废弃物，是指从事餐饮经营活动的企业、单位食堂、食品加工厂、家庭等在饮食服务、单位供餐、食品加工、日常生活等活动中产生的废弃物。餐厨废弃物主要成分包括米和面粉类食物残余、蔬菜、动植物油、肉骨等，从化学组成上，有淀粉、纤维素、蛋白质、脂类和无机盐。餐厨废弃物包括废弃食用油脂和厨余废弃物。废弃食用油脂是指不可再食用的动植物油脂和各类油水混合物，而厨余废弃物是指食物残余和食品加工废料，主要为餐厨废弃物中的固体残留物，是城市生活废弃物的重要组成部分。厨余废弃物的主要特点是有机物含量丰富、水分含量高、极易腐烂变质，散发恶臭，容易滋长病原微生物、霉菌毒素等有害物质，其性状和气味都会对环境卫生造成恶劣影响。

二、餐厨废弃物的分类及特点

根据餐厨废弃物定义，餐厨废弃物主要来自居民家庭的厨余废弃物和非居民家庭的餐饮废弃物两种。厨余废弃物是指居民日常烹调中废弃的下脚料和剩饭剩菜，具有数量巨大，但相对分散的特点；餐饮废弃物是指食品加工、饮食服务和单位供餐的残羹剩饭，具有产生量大、数量相对集中、分布广的特点。

受我国传统饮食习惯的影响，我国的餐厨废弃物与其他国家相比，有着自己的特点，具体表现为：一是含水率高，水分占到废弃物总重量的 80%～90%，这给废弃物的收集和运输都带来了难题，如果与普通的生活废弃物混在一起，也提高了普通废弃物的含水率，降低了热值，对于废弃物焚烧技术的应用就产生了一定的困难，但是对于堆肥技术的应用创造了很好的条件。二是有机物含量高，在高温条件下，很容易腐烂变质，产生臭味，对收集地点附近居住的居民健康来说是一个威胁（王向会等，2005）。

三、餐厨废弃物的危害

餐厨废弃物对环境和人群的危害已十分严重，是城市环境的一个重要污染源，对人们的正常生活与身体健康构成了威胁，具体有以下三个方面的危害。

第一，食品安全隐患。餐厨废弃物中含有的有害物质，借助各种非法渠道重新进入食物链回到人体，危害人们的身体健康。例如，以餐厨废弃物作为动物饲料，喂养猪牛羊等家畜时，容易使饲养动物感染人畜共患的病症，如口蹄疫等；餐厨废弃物中提取的油脂即通常所称的地沟油，只可以作为工业能源使用，若混入食品市场，由于内含黄曲霉素、苯等有毒物质，长期食用会造成肿瘤等慢性疾病的发生，直接危害人们健康。

第二，环境污染。因餐厨废弃物含有较高的有机质和水分，容易受微生物作用而发生腐烂变质现象；且废弃放置时间越久，腐败变质现象就越发严重。特别是到了夏季，温度越高，腐烂变质也越快，这时候容易产生大量的渗滤水及恶臭气体，滋生蚊虫，对环境卫生造成恶劣影响。此外，餐厨废弃物容易滋生蚊蝇，招来鼠虫，因此，不可避免地成了传播疾病的媒介。且餐厨废弃物的堆置，污染土壤，产生的恶臭具有一定毒害性，污染空气的同时，隐含污染共同堆放的其他废弃物的风险。

第三，影响市容市貌。由于没有统一的管理和收集，餐厨收集运输使用的车辆及容器都肮脏不堪；此外，由于餐厨废弃物中还含有其他废弃物，所以在废弃物的初步分拣过程中，往往存在乱扔乱弃的现象，严重影响城市环境卫生与面貌。同时，餐厨废弃物堆放时产生的下渗液进入到污水处理系统，会造成有机物含量的增加，从而加重污水处理厂的负担，增加运行成本。

四、我国餐厨废弃物的现状

（一）我国餐厨废弃物的成分现状

我国餐厨废弃物存在高有机物含量、高油、高含水率、高盐分等特性。按照废弃物绝对干物质重量百分比计算，有机物含量为80%左右，而有机物中的水分含量占74%左右，粗脂肪含量26%左右。餐厨废弃物数量占总体废弃物数量的一半甚至以上，干物质中含粗脂肪12%左右，含蛋白质20%以上，我国一年产出的餐厨废弃物如果被充分利用，相当于3000万亩玉米的产出能量（玉米可以提炼乙醇）和600万t生物柴油，资源化特征明显。

（二）我国餐厨废弃物的产生量现状

1. 占据比例高

随着餐饮业的高速发展，餐厨废弃物产量也迅速增长，统计显示，我国餐厨废弃物占城市生活废弃物比重大致范围为37%～62%（宋建国，2012），占据比重极高。根据《2017—2022 年中国餐厨垃圾处理行业发展前景预测与投资战略规划分析报告》，2014 年，全国餐厨废弃物产生量达 8000 多万吨，日均产量达 23 万 t；2015 年，全国餐厨废弃物产生量约为 9110 万 t，日均餐厨废弃物产生量为 25 万 t。中国人民大学宋国君教授在《我国城市生活垃圾管理状况评估报告》中指出，我国的餐厨废弃物均值比例为 59.33%，2015 年，我国垃圾清运量为 19141 万 t，如按此比例测算，2015 年，我国餐厨废弃物产生量约为 11356 万 t。

2. 产生数量大

我国大中城市废弃物产生量惊人，以北京为例，2014 年，北京餐厨废弃物产生量达到每日 2600 多吨，较 2008 年日产生量 1200t 增长了 1 倍，7 年复合增长率达到了 14%。据中国城市环境卫生协会资料显示，全国共有 657 个设市城市，餐厨废弃物日均产量超过 50t 的城市有 512 个，而上海、北京、深圳、广州等餐饮业发达城市问题尤为严重，餐厨废弃物产量更是惊人，餐厨废弃物日产生量达到 2000t 以上。根据《2017—2022 年中国餐厨垃圾处理行业发展前景预测与投资战略规划分析报告》，广州市人均日产餐厨废弃物最多，每人每天产生餐厨废弃物 0.296kg，其次为深圳市，人均日产量为 0.158kg，北京为 0.122kg。

第二节　餐厨废弃物处理技术及现状

一、国内外常用餐厨废弃物处理技术

目前国内外餐厨废弃物处理技术，按照处理媒介可以分为非生物处理和生物处理技术两大类（胡新军等，2012）。非生物处理技术主要是指传统废弃物处理方式，如焚烧、填埋，此外还有新兴的脱水饲料化、真空油炸饲料化、机械破碎等；而生物处理技术主要包括厌氧消化及好氧堆肥等。

（一）焚烧法

焚烧法是将废弃物放在特制焚烧炉中以 1000℃以上高温，将废弃物有机成分彻底氧化分解，可将固体减量 50%～80%，焚烧产生的能量可以用来发电、供暖等，剩下的灰分含有大量重金属及有毒物质，一般在高温下加入 S10Z 等辅料作烧结或玻璃化处理，或生产水泥、瓷砖等建筑材料。除了传统的燃料辅助燃烧法，日本、美国和加拿大正在应用的高温等离子电弧汽化发电技术是一种高效、高产值、无污染的新型技术。焚烧法的优点是焚烧处理量大，减容性好；热量用来发电可以实现废弃物的能源化。焚烧法的缺点是对废弃物低位热值有一定要求，由于城市固体废弃物含水量高、成分复杂，传统焚烧将产生大量有害气体及粉尘，

破坏生态环境，危害人类健康；同时焚烧场建设维护成本大，资源浪费严重。另外，由于生活习惯不同及餐厨废弃物收集分类程度不同，我国餐厨废弃物与国外餐厨废弃物差异较大，其特点是热值低、含水量高，很难进行焚烧处理，另外焚烧处理投资过高，国内外利用餐厨废弃物焚烧的应用经验极少，不是餐厨废弃物处理的主流技术。

（二）填埋法

填埋法是指将废弃物埋入地下，利用各类微生物将生物大分子充分降解为小分子的生化过程。为了防止填埋过程中产生的渗滤液污染土壤和地下水，填埋场需要建设相应的收集和处理系统。卫生填埋处理的优点是处理量大、成本低、技术简单，适合各种废弃物，发展中国家应用较多。其缺点是占用大量土地，耗用大量征地等费用；填埋场占地面积大，处理能力有限，服务期满后仍需新建填埋场，进一步占用土地资源；餐厨废弃物的渗沥液会污染地下水及土壤，废弃物堆放产生的臭气严重影响空气质量，形成不可逆的对周围大范围的大气及水土的二次污染；同时资源回收利用率基本为零，占用大量土地，不适合用地紧张的地区，例如，韩国 1994 年卫生填埋率为 81%，而到 2008 年则降低到了 20%。在当前土地资源紧缺、人们对环境影响的关注度越来越高的大前提下，填埋处理技术明显不适合我国餐厨废弃物的实际情况。但作为餐厨废弃物分选处理后不适宜生化处理的物料的一种最终处理手段，是餐厨废弃物处理的一个必要环节。

（三）机械破碎法

机械破碎法，是指利用废弃物处理器的机械破碎力将家庭废弃物打碎后排入下水道。实质是利用污水处理系统来降解有机质，对城市污水处理系统要求较高。事实上，为了保护污水处理系统，日本很多地方政府已禁止使用废弃物粉碎机。破碎直排处理是在餐厨废弃物产生地对其进行粉碎处理，借助水力冲刷排入城市市政下水管网，与污水一起进入污水处理厂进行处理的方法，欧美国家主要用此方法来处理少量分散的餐厨废弃物。直排破碎法对于少量分散餐厨废弃物的处理具有价格便宜、技术简便等优点，但其用水量大，增加了城市污水的产生量，增大了污水处理厂的处理负荷，餐厨废弃物易在市政下水管网中沉积，腐烂发臭，增加病菌的滋生，此方法不利于大规模餐厨废弃物的处理处置。

（四）生化处理法

生化处理法，是指选取自然界生命活力和增殖能力强的高温复合微生物菌种，在相应的生化处理设备中，对过期食品、餐厨废弃物等有机废弃物进行高温高速发酵，使各种有机物得到降解和转化。在日本，从餐厨废弃物加工得到的饲料称为生态饲料，国内相关企业主要利用餐厨废弃物来生产菌体蛋白，如 2000 年奥运村餐厨废弃物处理服务商北京嘉博文生物科技有限公司。生化处理法的优点是占地面积小，处理时间短，无须繁杂分拣，资源利用率高，产品市场销路较好，产品质量较高，产品附加值较高。缺点是一次性投资略高，设备处理能力较低，更重要的是设备耗能大，而且该技术减量化效果差。另外，餐厨废弃物中大量掺杂其他有机物，若作为肥料，就其含有的油、盐等成分而言，极易形成土壤污染，而该肥料应用于农作物的生长，含有的有害成分会在后续产业链中将危害延续，可能涉及以农作物为原料的食品及其他消费产品。

（五）堆肥法

堆肥法是指有机固体废弃物在人工控制的条件下进行生物稳定化作用的过程。爱尔兰、美国等国家将有机废弃物统一收集后，根据不同的特性，再进行分类堆肥或其他的资源再利用。堆肥法技术，是经过预处理后，首先进行脱水，得到液体和固体两部分，液体是高油脂废水，宜先进行油水分离获得高附加值的油脂，然后对污水进行处理，其固体部分可以采用高温堆肥的方式制成肥料，也可以烘干制成饲料。堆肥法的优点是工艺简单，资源化程度较高、产品有农用价值，占地面积小。其缺点是对有害有机物及重金属等的污染无法很好解决、无害化不彻底，不能从根本上解决餐厨废弃物同源性的问题，对其用作饲料存在一定的顾虑；处理过程不封闭，容易造成二次污染；有机肥料质量受餐厨废弃物成分制约很大，销路往往不畅；堆肥处理品周期较长，占地面积大，卫生条件相对较差。

（六）厌氧发酵法

厌氧发酵法是指在无氧环境下有机质的自然降解过程。在此过程中微生物分解有机物，最后产生甲烷和二氧化碳。影响反应的环境因素主要有温度、pH 值、厌氧条件、C/N、微量元素及有毒物质的允许浓度等。由于餐厨废弃物直排、饲料化、填埋、堆肥等处理方法的技术缺陷，餐厨废弃物处理转向了厌氧消化技术。厌氧消化能处理大批量有机废弃物，在处理有机物的同时可获得氢气、甲烷等气体能源，实现有机废弃物的资源化，从餐厨废弃物本身的特性出发，厌氧发酵技术更具有优势。餐厨废弃物含水率高，成分较复杂，易酸化，高盐分含量易对厌氧微生物，尤其是甲烷菌的活性产生抑制作用，因而，国内外在发酵原料的预处理、生物相的分离（单相、两相）、高效反应器（如升流式厌氧反应器（UASB）、厌氧序批式反应器（ASBR）等）等方面通常采用厌氧发酵处理。保持餐厨废弃物的原基质状态或进行适当的调理，再进行厌氧发酵处理，相比其他的处理方法，更符合其处理产业化的要求。

二、国内外餐厨废弃物处理现状

（一）美国

美国餐厨废弃物的产生量为2598万t/年，占城市固体废弃物总量的11.2%，仅次于纸张的37.4%和庭院废弃物的12.0%，而回收率仅为2.6%，远低于城市废弃物回收利用率的平均值30.1%，而且近几年没有升高的趋势（吴修文等，2011）。美国对餐厨废弃物产生量较大的单位设置餐厨废弃物粉碎机和油脂分离装置，分离出来的废弃物排入下水道，油脂则送往相关加工厂（如制皂厂）加以利用。对于餐厨废弃物产生量较小的单位如居民厨房，则将餐厨废弃物混入有机废弃物中统一处理或通过安装餐厨废弃物处理机，将废弃物粉碎后排入下水道。未来的处理趋势是采用堆肥工艺制成肥料或加工成动物饲料进行资源化回收利用。美国各个州关于餐厨废弃物的处理政策和方式都略有不同，很多州针对当地的具体情况，建立了自己的餐厨废弃物处理回收体系。

（二）欧洲

欧洲每年的餐厨废弃物产生量在5000万t左右，相对来说，欧洲各国特别是像德国、法国、英国还有北欧地区的较发达国家等，对餐厨废弃物的管理和处理都有相对较为完善的系统和体制。例如，德国是一个非常重视生态平衡的国家，目前绝大多数废弃物填埋厂已被关闭，很多大企业正在实现餐厨废弃物变废为宝的目标；丹麦政府从1987年开始进行填埋税的征收，费率逐年提升，其目的就是鼓励废弃物回收，特别是对餐厨废弃物这些可利用的有机废弃物；荷兰在1996年就禁止了有机生物废弃物的填埋处理，其餐厨废弃物主要是通过好氧处理为主。

（三）韩国

韩国餐厨废弃物占城市废弃物的比例在30%左右。由于近年来废弃物回收利用率的提高，特别是实施分类收集之后，餐厨废弃物的产生量和所占城市废弃物的比重都有所下降。韩国实施废弃物专用袋制度，一般家庭都将一般废弃物和餐厨废弃物分开包装放在门外，由废弃物车和餐厨废弃物车分别收取。目前韩国把餐厨废弃物列为可燃废弃物，焚烧的废弃物中餐厨废弃物占30%～50%。但由于餐厨废弃物的燃烧导致二噁英增加、能源浪费等一系列问题，韩国政府将限制餐厨废弃物焚烧处理。同时由于餐厨废弃物填埋而引起的渗滤液和气味等问题，韩国于2005年起全国所有填埋场不再接受餐厨废弃物。目前韩国餐厨废弃物的主要处理方式以堆肥为主，但堆肥也存在很多问题。首先，餐厨废弃物中的杂质太多，无法经堆肥进行分解，又影响堆肥的品质。其次，韩国的餐厨废弃物含盐达到1%～3%，过高的盐分也影响堆肥效果。最后，气味问题也难解决。韩国目前堆肥所采取的主要技术有生化沼气厌氧消化和两步厌氧消化。

（四）日本

据统计，日本每年排出有机废弃物2000万t，相当于两年的稻米产量，其中餐厨加工业排出340万t，饮食业排出600万t，家庭排出1000万t。由于日本餐厨废弃物的倾倒运输费用很高，约为250～600美元/t，所以正在推广餐厨废弃物处理机的应用。一些著名的电器公司如松下、三洋、日立、东芝等公司都把餐厨废弃物处理机作为一项很有潜力的产品，投入一定的人力和资金进行研制和推广。据统计，目前日本制造家庭餐厨废弃物处理机的企业已达250家。为了减少餐厨废弃物对环境的污染，充分利用其中资源，日本于2000年颁布了《餐厨废物再生法》。该法律规定，餐厨加工业、饮食业和流通企业等有义务减少餐厨废弃物的排出量和把其中的一部分转换成饲料或肥料，并且就再生利用对象的饲料和肥料制定质量标准。

（五）我国

从我国餐厨废弃物处理技术来看，目前我国餐厨废弃物处理技术主要有厌氧消化、好氧处理和饲料化等。其中厌氧消化是主流技术，因技术成熟而推崇者众多，但其对预处理技术和调试要求较高。好氧发酵最大的劣势是存在投资成本过高和产品销售渠道不畅等问题。饲料化技术目前因同源性等安全问题而发展受阻。对我国餐厨废弃物处理试点城市示范项目所采用的技术进行分析，厌氧消化技术在现有餐厨废弃物处理市场中占主导地位。根据魏小凤等的《我国餐厨垃圾处理市场现状分析》中的数据，对我国前三批餐厨废弃物处理试点城市示范项目所采用的技术进行分析，饲料化、肥料化和厌氧消化技术在处理技术中的占比分别为12.2%、13.5%和74.3%（魏小凤等，2016），（图9-1）以厌氧消化作为餐厨废弃物的主要处理方式。

从我国餐厨废弃物处理管理来看，近年来，相关部委出台了一系列针对餐厨废弃物的政策、文件，以建立适合我国城市特点的餐厨废弃物资源化利用和无害化处理的法律法规、标准体系、工艺路线及相关产业链，推动了餐厨废弃物处理行业的快速发展。2010年5月，国家发展和改革委员会、住房和城乡建设部、环境保护部、农业部四部委联合发布《关于组织开展城市餐厨废弃物资源化利用和无害化处理试点工作的通知》（发改办环资［2010］1020号），正式拉开了餐厨废弃物资源化利用和无害化处理城市试点工作大幕。目前，国家发展和改革委员会

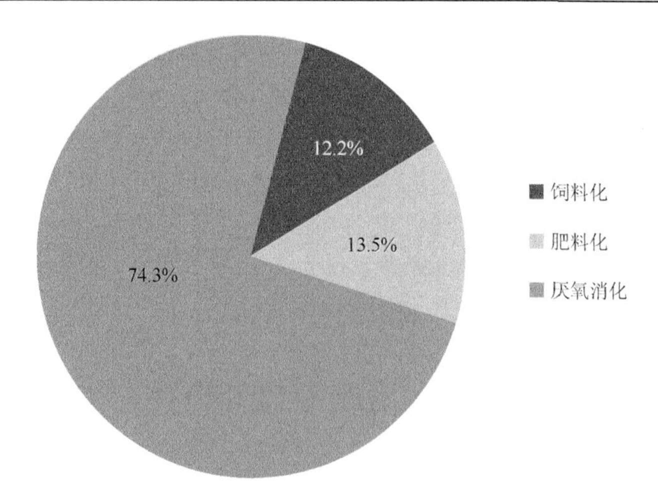

图 9-1　我国餐厨废弃物处理试点城市工艺采用情况

已经陆续批复共计 100 个试点城市，多个城市的餐厨废弃物处理项目均已建成投产。根据国务院办公厅《关于加强地沟油整治和餐厨废弃物管理的意见》（国办发〔2010〕36 号），各地纷纷制定管理办法，规范餐厨废弃物处理。近年来，北京、上海、杭州、深圳、南京、乌鲁木齐、宁波、苏州等城市根据各自实际相继颁布了餐厨废弃物的管理办法或法律法规，并已开始着手制定“地沟油”等餐厨废弃物技术标准。地方性餐厨废弃物管理办法虽然出台，但也存在诸多问题：出台城市为数不多，相应法律及政府规章实施年限短，未积累充分的管理经验；绝大多数城市的餐厨废弃物管理办法中，虽然明文规定对不法处理餐厨废弃物将处以罚款，但配套的监管细则如罚款执行、罚款去向/用途却没有出台，难以实施；同时，对餐厨废弃物资源化处理缺乏统一的技术标准。可以说，国内绝大多数城市的餐厨废弃物仍处在“无法可依”的状态，大量餐厨废弃物流向不明，出现了正规餐厨废弃物处理企业收集不到餐厨废弃物，生产运营无以为继的局面。2017 年 9 月 18 日，住房和城乡建设部颁发了《餐厨垃圾处理厂运行维护技术规程（征求意见稿）》，新规程的标准拟适用于新建、扩建或改建的餐厨废弃物处理厂的运行、维护、安全管理，这标志着餐厨废弃物的处理标准走向规范化，细致化和统一化。

从我国餐厨废弃物处理现状来看，实际效果与规划预期存在较大的差距。根据《“十二五”全国城镇生活垃圾无害化处理设施建设规划》要求，“十二五”期间将建设餐厨废弃物处理设施 242 座，力争达到 3 万 t/日的处理能力，专项工程投资 109 亿元，最终实现 50%的设区城市初步实现餐厨废弃物分类收运处理。为此，国家发展和改革委员会、住房和城乡建设部共开展了 5 批共 100 个餐厨废弃物处理试点城市，其中发展和改革委员会资金支持达 20 多亿元，试点城市覆盖了全国 32 个省级行政区，一二线城市基本都有，餐饮也各有特色，总体布局基本完成。然而，尽管国家和地方政府出台了一系列政策扶持行业发展，但餐厨废弃物处理项目实施进度仍然很缓慢，低于市场预期阶段。数据显示，截至 2015 年末，全国已投运、在建、筹建（已立项）的餐厨废弃物处理项目（处理能力 50t/日以上）约有 118 座，总计处理能力约 2.15 万 t/日，并且筹建中的 40 座处理设施（处理能力 0.66 万 t/日），大部分仅处于完成立项阶段，剔除这部分，我国餐厨废弃物实际处理能力不超过 1.4 万 t/日，日处理率仅为 5.5%，与“十二五”规划的 3 万 t/日相差较远，不足原规划的 50%。

第三节　我国餐厨废弃物处理存在的问题

目前，我国餐厨废弃物的处理仍旧采用一些传统的方法，未能取得飞跃性的突破。在全国 100 个试点城市中，已经建成餐厨废弃物处理厂并正常运行的不超过 10 个，在建和建成的处理厂 90%采用的都是厌氧发酵技术，技术路线相对比较单一，这主要是因为我国的餐厨废弃物处理正处于瓶颈期，即技术上的瓶颈和管理上的瓶颈。

一、法律法规不健全下的分类收集机制欠缺

对餐厨废弃物进行科学有效的处理，必须首先实现废弃物分类收集和预处理。目前，我国虽然有少数城市开展了餐厨废弃物分类收集试点的相关工作，但实际执行情况不容乐观。也仅有北京、上海、广州等少数城市出台了专门规定，规范废弃物分类收集和管理工作，从整体情况看我国尚未建立起有效的废弃物分类收集机制。广州市出台了《广州市城市生活垃圾分类管理暂行规定》，明文要求将生活废弃物分为四类：可回收废弃物、餐厨废弃物、有害废弃物和其他废弃物，但大多数家庭餐厨废弃物仍与其他生活废弃物混合堆放或者直接排入下水道，缺乏合理的分类收集措施。广州市越秀区南山街生活废弃物分类试点一年后，分类废弃物桶因无人维护而破损严重，仅有少数市民坚持废弃物分类，而更令人寒心的是环卫系统把居民分类投放的生活废弃物混合运输。

二、技术经济价值欠缺下的处理不足

我国少数大中城市积极开展了餐厨废弃物资源化处理工作，政府也重点扶持了一批相关企业。目前，我国餐厨废弃物处理形成了“四大模式”：“北京模式”多以厌氧消化（如北京董村生活废弃物综合处理厂的 Biomax 湿式厌氧消化工艺）技术为中心，“西宁模式”以饲料化技术为主，“上海模式”则采用动态好氧消化——此技术多用于污水处理，而“宁波模式”则生产菌体蛋白、饲料添加剂和

工业油脂（胡新军等，2012）。但综合全国的情况看，我国目前餐厨废弃物处理技术路线未完全成熟，多采用厌氧消化等技术手段，总体技术水平较低，产品附加值低，所体现的经济价值并不高，资源效率化亟待大幅提高。

三、政府管理意识淡薄下的有效合力不足

餐厨废弃物治理是一项涉及社会各个方面的管理工作，随着各地相关管理法规的出台以及各职能部门管理力度的加大，非法收运处置现象的针对性和隐蔽性也越来越强，管理的难度也随之加大。虽然各地已经出台餐厨废弃物管理办法，但各职能部门管理还未形成有效合力，各项管理措施的叠加效应难以显现。另外，涉及个体养猪场、地下食用油加工点等非法处置的管理和执法资源不足，难以在末端对餐厨废弃物加以控制。

综合上述分析，我国餐厨废弃物处理在管理瓶颈上主要包括以下几方面：①餐厨废弃物危害及资源化意识普及程度不够，大多数人仍未意识到餐厨废弃物危害性的一面，多以传统方式直接饲喂畜禽；②餐厨废弃物法律法规不健全，监管力度和执行力度有待提高；③尚未建立行之有效的餐厨废弃物分类收集机制及规范的收运方式，非法收运和不当收运现象普遍存在；④餐厨废弃物处理基础设施建设薄弱，仅有少数大中城市存在少量专门从事餐厨废弃物处理的企业，缺乏专门的餐厨废弃物收集容器和运输车辆，政府扶植的餐厨废弃物示范性处理工厂少。我国餐厨废弃物处理在技术瓶颈上主要包括以下几方面：①已有餐厨废弃物处理技术资源化水平低、处理难彻底。多数企业存在流程长，处理效率低，技术水平普遍不高，作业环境较差及处理不彻底等缺点。②现有餐厨废弃物产品经济效益低。产品附加值低，产品销售困难；多数餐厨废弃物处理企业经济效益低下，无法做到对餐厨废弃物付费收集，要靠政府从餐厨废弃物产生单位征收处理费转而补贴企业，这一落差使得餐厨废弃物产生单位在利益驱使下，把餐厨废弃物卖给非法商贩而获利。

第四节　我国餐厨废弃物处理对策

餐厨废弃物具有明显的污染物特性和资源特性，通过建立完善管理制度和激励机制，对餐厨废弃物进行资源化利用，生产工业油脂、生物柴油、沼气、肥料等，可从源头上治理用“地沟油”加工食用油的非法行为，避免将餐厨废弃物直接作为饲料进入食物链，可以有效解决餐厨废弃物直接排入下水道，或通过城市生活废弃物收运处理系统进行填埋或焚烧造成资源浪费和环境污染问题。为此，各大城市必须采取一些有效措施和对策，推动餐厨废弃物资源化利用，变废为宝，化害为利，真正解决餐厨废弃物引发的食品安全问题。

一、确立资源化回收利用目标

目前，我国餐厨废弃物处理工艺的主流发展方向是厌氧产沼和微生物高温发酵。以餐饮业废弃物为主、废弃物成分较为纯净的，一般采用厌氧产沼工艺；以家庭厨余废弃物为主、废弃物成分较为复杂的，一般采用微生物高温发酵工艺。未来餐厨废弃物处理处置应采用生物转化技术，利用餐厨废弃物生产有机肥和生物肥料；采用源头减量化的微生物处理技术，把餐厨废弃物分解成二氧化碳、水和极少量的有机残余物；采用生化技术，利用废油脂生产工业原料油脂及深加工产品；采用高温杀菌干燥深加工，制成饲料和有机肥料等，采取不同的先进有效的处理处置技术，实现餐厨废弃物的资源化回收利用。

二、实行规范化管理

为防止非法收运处置造成的环境污染和对社会的危害，餐厨废弃物必须按照政府制定的相关法规，如《国务院办公厅关于加强地沟油整治和餐厨废弃物管理的意见》、《餐厨废弃物资源化利用和无害化处理试点城市中期评估及终期验收管理办法》等，实行规范化管理，收运企业必须取得管理部门发放的收运资质许可证，建立专业主体资格准入制，管理部门建立收运联单和台账档案制度，便于定期审核，对餐厨废弃物管理必须实行产、收联单制度。对相关主体如酒店、餐饮、饭店等进行常规监控和不定期检查，对餐饮废弃物的流入流出联合监管，建立以法律为后盾，经济为手段的有效规范运营机制。

三、建立政府激励机制

餐厨废弃物治理是城市公益性项目，在收运和处理方面政府应给予一定的政策、资金方面的支持。地方政府应该切实承担起公共服务责任，建立餐厨废弃物处理激励机制，可通过返还废弃物处置费等方式，调动收运单位的积极性，并采取生活废弃物处理费转移支付方式、鼓励产生单位减量化等。

四、健全长效机制

政府相关部门要健全长效监督和管理制度，建立餐饮废弃物从产生到运输、加工、处置的全程监管机制，真正建立食用油生产加工、经营和使用单位供应链条的快速追查溯源机制，杜绝“地沟油”的供应渠道。在完善餐厨废弃物管理规范性文件的基础上，出台和规范相关政策措施，积极支持相关企业发展，引导社会力量参与餐厨废弃物资源化利用，推动我国餐厨废弃物资源化利用和无害化处理项目建设。

五、推广市场化运作机制

我国大中城市应大力鼓励社会参与、积极推广餐厨废弃物收运的市场化运作模式，做好餐厨废弃物收运单位资格许可或备案工作，可参照城市生活废弃物收运行政许可的办法，通过招标等公平竞争方式，来取得城市餐厨废弃物收运的运营资格。同时建立和完善餐厨废弃物收运企业的准入和退出机制，加强监管，推进餐厨废弃物处理的规范化、制度化建设。

我国餐厨废弃物治理是废弃物治理诸多环节中较为困难的一环，更是关键一环。我国特定饮食结构决定了餐厨废弃物的数量大，占比高，成分杂。同时，从目标领域分析，我国餐厨废弃物未来的处理方向，应该是更多地走向能源化市场，用来制作生物质燃料，这样的低碳循环既清洁，又环保，更低碳。

第五节　我国餐厨废弃物资源化利用前景

一、我国餐厨废弃物资源化利用减排分析

餐厨废弃物治理就是将餐厨废弃物全部转化为清洁电力、生物柴油、有机肥等能源资源产品，从而杜绝食品卫生安全事故发生，推进餐厨废弃物再生利用产业发展，彻底解决环境污染和资源浪费问题。随着我国各地对餐厨废弃物资源化技术路线的不断探索，我国餐厨废弃物资源化利用路线已日渐清晰，主要方法就是将餐厨废油生产生物柴油、化工制品，餐厨废弃物厌氧发酵生产沼气及高效有机肥，对餐厨废弃物进行资源化利用和无害化处理。《餐厨垃圾能源化研究进展》论文中所提到的“城市餐厨废弃物资源化利用和无害化处理”项目，2012 年完成后每年可处理餐厨废弃物超过 15 万 t，生产生物柴油 2000t，减少温室气体排放超过 10 万 t（张强等，2013）。根据该论文的碳减排标准，1t 餐厨废弃物经过资源化处理可减排 0.67t 二氧化碳。杭州市和广州市在餐厨废弃物资源化方面走在全国前列，并取得较好的成效。《杭州市餐厨垃圾资源化利用实践与思考》论文中所提到的“杭州市餐厨垃圾三化处理中试”项目，每天可处理 20t 餐厨废弃物，产生沼气 1300m^3、日发电量 2600kW·h，并提取 0.3～0.6t 的油脂用于生物柴油的制造（曹宏和胡利华，2015）。根据上述数据可计算得到，该项目产生的沼气可节约 928kg 标煤、发电可节约 1040kg 标煤、油脂可节约 428～857kg 标煤，20t 餐厨垃圾总共可节约 2396～2825kg 标煤，相当于减排二氧化碳 6480～7620kg，从而推算得到，

该项目 1t 餐厨废弃物可减排二氧化碳 0.32～0.38t。《广州餐厨垃圾的资源化利用研究》论文中所提到的餐厨废弃物综合处理方式，按广州日处理量为 500t 计算，广州市餐厨废弃物综合处理后每天约可产生生物柴油 27.8t，同时产生 29000m^3 沼气，可用来发电 141500kW·h。按照此标准计算，广州每天产生的 500t 餐厨废弃物可节约标煤 61.1t，相当于减排二氧化碳 165t，广州平均每吨餐厨废弃物经过资源化处理可减排 0.33t 二氧化碳。通过上述分析，目前我国餐厨废弃物资源化利用效果为每吨餐厨废弃物可减排二氧化碳 0.32～0.67t。

参照上述数据，按照本书对废弃物清运总量的预测，结合宋国君《中国城市生活垃圾管理状况评估报告》中我国餐厨废弃物 59.33%的垃圾总量占比，到 2020 年，我国餐厨废弃物总量大约为 13185 万 t，经过资源化处理后可减排二氧化碳总量大致为 4219 万～8834 万 t。具体各年份相关预测数据核算结果，见表 9-1。图 9-2 的直观显示表明，高效的餐厨废弃物治理，具有明显的二氧化碳减排效果，只要持续努力付诸行动，未来发展趋势将值得期待。

表 9-1　我国餐厨废弃物资源化处理减排二氧化碳总量预测表　（单位：万 t）

年份	餐厨废弃物总量	二氧化碳减排量	
		低方案	高方案
2015	11357	3634	7609
2016	11501	3680	7706
2017	11907	3810	7978
2018	12370	3958	8288
2019	12777	4089	8561
2020	13185	4219	8834

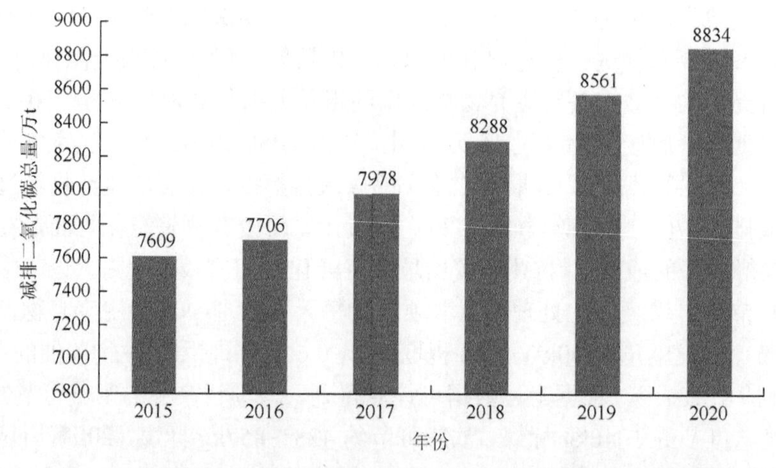

图 9-2　我国餐厨废弃物资源化处理减排二氧化碳总量高方案预测

二、我国餐厨废弃物资源化利用效益分析

餐厨废弃物资源化处理项目有利于国家实施科技自主创新、发展循环经济、实施节能减排，建设环境友好型、资源节约型社会。同时，在实现良好效益的基础上，也对发展绿色有机农业、绿色养殖业创造较好的基础，呈现出广阔的产业发展前景。据国家住房与城乡建设部的相关统计，目前我国城市每年产生的餐厨废弃物全部转化为能源资源，将创造惊人的“财富”：每年可发电 130 亿 kW·h，可以供应约 6300 万人（约占我国总人口近 5%）一年的生活用电；餐厨废弃物中的废油脂每年可生产 200 万 t 生物柴油；每年可生产有机肥料 3600 万 t，可供 2400 万亩农田施用，每年可直接或间接减少施用化肥 1500 万 t，以此促进有机农业，可增加农业产值近 1000 亿元；年减排二氧化碳按 8 欧元每吨价格计算，每年仅清洁发展机制（CDM）交易就可获得 40 亿元的收入。同时，餐厨废弃物综合利用将是未来我国一个大产业。据测算，全国大中城市餐厨废弃物处理厂建设总投资规模可达 600 亿元，由此还能带动上下游产业，如钢铁、装备制造、建筑、建材、电力、农业、食品加工等行业的发展。另据不完全测算，仅装备制造业一项的规模就有 380 亿元人民币。由此看出，我国餐厨废弃物资源化利用产业领域效益显著，蕴含巨大的商机。

第十章　废旧纺织品治理与减排思考

第一节　废旧纺织品及其治理

一、我国纺织历史简介

虽常言民以食为天，但是，日常生活中的基本需求排序通常是衣、食、住、行。尊严地生活最起码的要求是食能果腹、衣可蔽体。食物吃进了体内维持着人的生存与健康，衣服穿在了身上既是“面子工程”又能调节冷暖，食物充足带来的是物质快乐，而服装体现着内在的精神之美。因此，生产服装为先导的纺织业是我国经济发展的重要支柱产业。在国民经济当中，纺织业具有举足轻重的地位，是国民产业中不可或缺的重要基石。正因为人类基本需求的首要为“衣”，纺织业的产生奠定了衣服生产加工基础，也是纺织业蓬勃发展的重要原因。我国是世界人口数量最多的国家，是纺织业发展较早的大国，同时在纺织业历史的不同时期，书写过不同时代的纺织辉煌史。

世界的纺织业发展史大致经历了四个阶段：原始手工纺织时期，手工机械纺织时期，大工业纺织时期，以及当今的智能纺织时期。我国纺织业的发展也大致经历了这四个阶段。

（一）我国纺织业的时代发展线索

（1）第一阶段：原始手工纺织时期，即从远古到公元前 22 世纪。早在原始社会，人们采集野生的葛、麻、蚕丝等，并且利用猎获的鸟兽毛羽，搓、绩、编、织成为粗陋的衣服，以取代蔽体的草叶和兽皮。原始社会后期，随着农、牧业的发展，逐步学会了种麻索缕、养羊取毛和育蚕抽丝等人工生产纺织原料的方法，并且利用了较多的工具。纺织品从美观角度，具备了花纹和色彩。该阶段特征表现为，所有的工具由人工直接操作，原料由人工采集。

（2）第二阶段：手工机械纺织时期，从公元前 21 世纪到公元 1870 年。该阶段的纺织品从质量和数量上有了较大飞跃。原料方面不断增多品种并换代革新，从汉到唐，葛逐步为麻所取代；宋至明，麻又为棉所取代。在纺织工具方面，缫车、纺车、织机等发明纷纷应用于纺织业，纺车从手摇式单锭发展到脚踏式多锭。我国在大约公元前 500 年，已基本完成手工纺织机器从原料到纺纱再到完成织布的配套纺织。技术方面，纺织专业化程度较高。在马王堆一号汉墓出土的物品中，就有一件素纱禅衣达到了飘逸轻盈、薄如蝉翼的做工境界。另外，在纺织品的组织路径上，平纹、斜纹、缎纹等编织方法和印染工艺逐步健全。纺织品不仅用于日常必需的穿着，而且在美学领域广泛作为点缀或观赏的工艺品。在丝绸领域，我国发展独具优势，从商朝的丝绸业起步到唐朝的鼎盛时期，丝绸之路成为我国贸易发展的重要途径。

（3）第三阶段：大工业纺织时期，即 1870 年至 20 世纪末。随着英国工业革命的到来，洋纱洋布进入我国，给我国的纺织业造成了极大冲击，甚至几近摧毁我国纺织业。19 世纪 70 年代，在洋务运动中，我国的大机器纺织工业从军事纺织业开始，例如，左宗棠办的兰州织呢总局，于 1880 年投产，这是我国除缫丝以外第一家采用全套动力机器的纺织工厂。1873 年，南洋华侨陈启沅在广东创办民营缫丝厂——继昌隆缫丝厂，后来改用蒸汽动力拖动。1890 年，官督商办的上海机器织布局正式开工。1890 年，张之洞在武昌兴办湖北织布局和湖北纺纱官局。1891 年成立官商合办的华新纺织新局。1894 年设湖北缫丝局和湖北制麻局。甲午战争后，为民族权利和命运兴办的民营纺织工厂增多，1899 年陈光颖创办萧山通惠公纱厂、张謇在南通开办大生纱厂，1905 年无锡荣宗敬、荣德生创办振新纱厂，并在 10 年后创办申新纺织公司，拓展至 9 个纱厂，享有“棉纱大王”的美誉。但终因民族危机和经济危机，我国该阶段的纺织业难以蓬勃发展。一波三折，起起伏伏中艰难前行是该阶段的特征。到了四五十年代，我国开始了化学纤维的发展，奠定了纺织业崛起的重要基础。中国石化仪征化纤股份有限公司是我国最大的现代化化纤和化纤原料生产基地。从 20 世纪 80 年代，我国纺织业真正崛起。1981 年，我国棉织物产量 143 亿 m，比 1949 年的 19 亿 m 增长 6.5 倍，尽管人口较中华人民共和国成立初增长了 80%，但人均布匹消费量从建国初期的 12 尺[①]增加到 30 尺以上，还有相当数量的纺织品出口进行对外贸易。

（4）第四阶段：智能纺织时期，即 21 世纪初以来。化学纤维的诞生，成为纺织史上的重大里程碑。在人类高科技引领下，纺织业即将跨向新的时代和领域。高度自动化、程序化和电子化将迎来纺织业的智能化。原料不仅有传统的天然纤维和化学纤维，纳米、活性炭、光敏、温敏等新型合成材料应用到生产中，用相变材料制作能调温的空调型汽车顶棚、衣服，已经成为奇迹般的现实。记忆型、自动收缩开放型、光响应型的纺织产品已经问世并成功应用。智能激光雕刻裁剪一体机能在 18s 内裁剪好一条牛仔裤，3min 可完成洗水效果。在交通、天文、军事、航空等各个领域，健康的、多功能的纺织品将大显身手。材料智能化、工艺技术智能化、应用领域智能化的时代正在到来。

① 1 尺≈0.33m。

不同阶段的进化升级，不仅体现在原材料从原始阶段的单一天然纤维迈向多品种纤维，还体现为生产方式和工具的不断演进，和功能的不断拓展，应用领域的日渐扩大。纺织品不必一定用来制作衣物，衣物也未必都由纺织品制作。从原料到工艺技术再到功能和应用的飞跃，展现的是纺织业的发展史。

（二）典型人物

纺织业史上做出卓越贡献的名垂千史者不计其数，这里简要介绍两位。纺织业史上第一位典型人物，嫘祖。据说是我国远古时期人物，为西陵氏之女，轩辕黄帝娶其为正妻。嫘祖发明了养蚕，史称嫘祖始蚕，历史上也称之为“蚕神”。另一典型的家喻户晓的人物，则是黄道婆，早年因不堪被虐待，逃至海南，与黎族人共处中学会纺织技术。元代元贞年间（1295～1296 年）重返故乡，在松江府以东的乌泥泾镇，传授和推广纺纱织布技艺，包括：捍（搅车，即轧棉机）、弹（弹棉弓）、纺（纺车）、织（织机）之具和“错纱配色，综线挈花”等织造技术。由于技术精湛，其所织的衣物床品，图文字样，粲然若写。于是乌泥泾和松江一带的织造技术闻名遐迩，名声大噪，一时“乌泥泾被不胫而走，广传于大江南北”。当时处于周边的太仓、上海等地区竞相效仿，使得棉纺织品种类纷呈，花样繁多，呈现出空前的盛况。黄道婆去世的一段时间内，松江府曾成为全国最大的棉纺织中心，松江布有“衣被天下”的美称。黄道婆发明的多锭技术，从国际视野看，比英国詹姆斯·哈格里夫斯 1764 年发明的“珍妮”纺纱机（同样以多锭提高效率为特征）早了近 500 年。

二、废旧纺织品概述

从我国纺织业发展历史可见，我国作为世界纺织业大国，创造了人类古代的灿烂文明。曾经的辉煌已然过去，作为人口世界之最的发展中大国，机遇与挑战并存。无论在原料领域，还是技术层面抑或产品应用范围，我国纺织业的发展任重道远。开发新原料，研发新技术，弥补多领域的空白，促进更广阔的应用，是纺织业发展的未来之路。在这条发展之路上，我国对于废旧纺织品的治理有着深远而重要的意义。

（一）废旧纺织品含义

废旧纺织品，包含以下几个层面，废而不旧的纺织品，旧而不废的纺织品，既废且旧的纺织品。

废而不旧的纺织品主要来源于生产领域，是指不符合产品质量要求，或者生产中的边角碎料。此类纺织品治理相对直接，有生产厂家直接回收，无须任何第三方的介入。

数量较多，且治理任务较为严峻的则为第二类，即旧而不废类。该类纺织品经过原消费者的使用，但是由于自身生活水平提高或者对于产品有着更高的要求，将曾经使用依然有使用价值的纺织品废弃。我国的废旧纺织品大多属于第二类，随着人口增多，城市化进程加快，生活质量提高，与日俱增的累积，将带来城市废弃物治理的不堪重负。

第三类为既废且旧的纺织品，属于生活必然废弃物。该类废旧纺织品已经完成生命周期，在原形式下使用价值丧失，但作为布料组织物品的使用价值依然存在，因此，该类废旧纺织品可以转化再利用。

（二）废旧纺织品特征

作为纺织品生产大国，我国的纺织品应用领域广，除了衣着领域，还有地毯、毛巾、床上用品，甚至箱包、玩具、户外用品、汽车用品等领域。因此，人口众多下的消耗，产生数量巨大的废旧纺织品。总体说来，我国的废旧纺织品具有如下特征。

1. 数量大

无论是穿的、盖的还是背的纺织品，都是人类的消费。我国拥有近 14 亿人口，有数据记载，在 2010 年，我国人均消费纺织纤维量达到 18kg，以纺织品使用两年的周期计算，废弃量以 70%估算，我国每年产生近千万吨的废弃纺织品（陈颖和钟江，2014）。随着经济发展的繁荣，人均拥有的纺织品数量增多，据估计，2015 年人均消耗纤维量达到 21kg，46.5%的家庭存放 30 件以上的大件废旧服装，女性服装为男性的 5 倍之多（齐春艳，2014）。人口众多，人均消费纺织纤维数量大，有学者测算，截至“十二五”即 2015 年，我国的废旧纺织品存量达到 1 亿多吨，其中，废旧化学纤维 7000 多万吨，天然纤维 3000 多万吨。虽然受多种因素制约，无法进行精确统计，但是，数量庞大，是客观不争的事实，也是我国废旧纺织品的一大特征。

2. 分散广

废旧纺织品来自于不同领域不同家庭，因此其分散广。具体体现在废旧纺织品产生领域分散，产生主体也较为广泛，每个家庭面对废旧纺织品的处理方式各有千秋。比如，有的会分类放置，甚至在分类方面分类标准各有不同。有的按照上装下装分类整理，有的按照质地分类安置，有的按照内衣外衣管理废旧纺织品，这也注定了收集废旧纺织品的标准和规范难以统一化。同时，废旧纺织品来自不同领域，有的以独立形态出现，有的以混合方式存在，比如，床单被子等废旧纺织品是完整纺织纤维状态，但是玩具娃娃却是混合形态，身体为塑料，而头面部为橡胶，身体衣物则是纺织纤维。因此，来源广泛是废旧纺织品的第二大特征。

3. 品类繁

原料广泛，面料复杂，功能多用，这就决定了纺织品废弃后的品种名目繁多。从传统的天然纤维棉麻毛丝，到现代的多种化学合成纤维涤纶、锦纶、黏纤、聚酯纤维等，再到当今智能时代下的记忆纤维材料、光敏纤维材料、温敏材料、活性炭材料以及各种纳米材料等。日常生活中的废旧纺织品种类已经难以统计，如衣服、手套、口罩、围裙、空调罩、钢琴罩、桌椅罩、床单、窗帘、地毯、靠垫等数不胜数。再加上各种专业领域的合成纤维纺织产品，以及在高空、深海、南极或者宇宙空间等专业空间和领域使用的各种功能性纺织品，废旧纺织品的种类可谓纷繁复杂，不胜枚举。

4. 柔韧性

纺织品无论取自何种原料，均通过一定的工艺加工，实现由零到整的完美转型。"零"是其原料的细化纯净处理，无论是天然纤维还是化学纤维，由最初原料成分化处理，通过成丝或纺纱等方法再形成纤维布匹，这是第一步由零到整。再将整块布匹零碎化裁剪，通过不同工艺形成各个领域的完整产品，实现第二步的由零到整。化"零"是其柔性的深化，完整化则是其韧性的加强。刚柔相济的性能既利于纺织品的塑形，又利于其变形，当然也意味着纺织品废旧之后可以改性。

5. 家庭处置性

以 2016 年为例，我国纺织行业的全部纤维加工总量为 5380 万 t。其中，衣着类的纺织纤维消费应用量达 2480 万 t，占纺织行业纤维消费应用总量的 46.1%，家用纺织品纺织纤维消费应用量达 1510 万 t，占纺织行业纤维消费应用总量的 28.1%[①]，剩余的 1390 万 t 纺织纤维则应用于产业类，即工业生产使用。衣着和家用纺织纤维的消耗量达到了 74.2%，产业类应用则发生在家庭之外。由此可见，纺织纤维的应用大都发生在家庭之中。即便是单位统一定制的工作类服饰，只要不是特定的防毒防辐射行业，最终这些纺织纤维都在家庭中运转，这类废旧纺织品的储存和处置都以家庭为单位进行。

6. 再利用性

纺织纤维所具有的组织和柔韧性，决定了其生命周期长度与生活中的大多数

① 数据来源于《中国再生资源回收行业发展报告 2017》。

物品相比，有着较明显的优势。绝大多数纺织纤维有着不腐不朽的态势，用一种拟人化说法，可称为"老当益壮"。因此，在日常生活中，穿过几年的衣服被抛却，并非因为衣服本身破损或毁坏，而是因为款式陈旧。大部分消费者都经历过下列场景：穿着旧衣服在穿衣镜前左右为难，昔日心爱的衣物依然完好无缺，只因过时而找不到再次穿上的合适时机，经过几次或者几年的反复压箱底之后，衣物成了被处置的废弃物。其实，这些都是前述的旧而不废的纺织品。该类旧衣服既可以流通至贫困地区直接为他人遮风避寒，也可以由原服装生产厂商回收进行物理或化学处理实现相应资源利用，甚至成为建筑框架中的一部分，价值最低的回收则是将纺织品作为燃料使用，提供一定热能。总之，废旧纺织品的再利用性是确凿无疑的，并且可回收利用率可达95%以上。

（三）废旧纺织品种类

废旧纺织品的分类方法有多种，可以根据其质地进行划分，可以根据来源进行划分，可以根据使用空间进行划分，可以根据具体形态进行划分，可以根据编织方法进行划分，也可以根据印染工艺进行划分。

从质地角度，废旧纺织品可以划分为废旧天然纺织品和废旧化学纺织品。我国目前纺织品行业的统计数据就是依据该种分类方法，本章的讨论也以该种分类方法为基准。从具体的质地原料来划分，还可以分为废旧棉纺织品、废旧麻纺织品、废旧毛纺织品、废旧丝纺织品、废旧涤纶纺织品、废旧氨纶纺织品、废旧聚酯纤维纺织品及废旧混纺纺织品等。

从来源上，废旧纺织品分为来源于生产领域的废旧纺织品和来源于消费领域的废旧纺织品，当然更多的是来源于后者。后者既包括家庭日常生活产生的废旧纺织品，也包括特定行业废旧服装和产业使用中的废旧纺织品。

从空间上划分，废旧纺织品包含家庭类废旧纺织品和产业类废旧纺织品。

在具体形态上，废旧纺织品可以分为废旧服装、废旧床上用品、废旧防护纺织品（如口罩、手套等）、废旧配件纺织品（如衣服拉链，建筑中的尼龙丝绳等）。

从编织方法上，废旧纺织品有机织（即经纬线交错编织）废旧纺织物、无纺类废旧纺织品和编结类废旧纺织品。

从印染工艺方面进行划分，废旧纺织品可以分为原色废旧纺织品、染色废旧纺织品和印花废旧纺织品等。

三、我国废旧纺织品发展现状

我国纺织品的历史较长，但是废旧纺织品的大量产生历史并不长。这取决于科技发展，但更取决于经济发展水平。废旧纺织品早期较少，主要源于特定时代下，生产能力和消费能力都有一定的局限性。在物质稀缺时代，一件衣服的历史是“新老大旧老二缝缝补补给老三”。即便破旧不堪的衣裤，洗干净后能裁剪的，可以由心灵手巧的裁缝甚至是家中女性改做尺码更小的衣服，用至最后，可以裱糊多层纳鞋底、做鞋面，布的条条边边则用来制作拖把或者运动工具——毽子。从世界范围看，境况有一定的相通性，比如，在著名大片《乱世佳人》中，女主角郝思嘉用家中的旧窗帘为自己缝制礼服。类似的是，我国古代也不乏母亲将箱底的丝绸嫁衣改制成女儿出嫁红妆的案例，女红的盛行从某种程度上促进了废旧纺织品被充分利用，因而产生量较少。如今，“新三年、旧三年，缝缝补补又三年”已成为历史，随着经济的发展，物质水平的提高，纺织品生产数量与消费数量同步增多，而女红却日渐衰落，废旧纺织品于是日渐增多。

我国对于废旧纺织品的回收问题关注较晚。在商务部每年的《中国再生资源回收行业发展报告》中，我国的废旧物资从八大类，即废钢铁、废有色金属、废塑料、废轮胎、废纸、废弃电器电子产品、报废汽车、废旧船舶演化发展到十大类，即废钢铁、废有色金属、废塑料、废轮胎、废纸、废弃电器电子产品、报废汽车、废旧船舶、废玻璃、废电池十大类别，直到《中国再生资源回收行业发展报告 2016》中，对于十大再生资源有了重新归类，即废钢铁、废有色金属、废塑料、废轮胎、废纸、废弃电器电子产品、报废汽车、废旧纺织品、废玻璃、废电池，这是首次将废旧纺织品纳入废旧十大物资行列。但是该报告显示，2015 年回收废旧纺织品 260 万 t，实现经济价值 7.54 亿元，2016 年回收废旧纺织品 270 万 t，实现经济价值 8 亿元。无论从总体数量层面还是经济价值层面，在十大再生资源中，废旧纺织品的数据极其渺小。而据前述有关数据推测，我国废旧纺织品累计存量近亿吨。中国资源综合利用协会的数据也显示，每年大约有 2600 万 t 旧衣服被扔进垃圾桶。每年废旧纺织品存量约 2600 万 t，我国纺织行业正面临原材料短缺危机。

2012 年国家统计部门的一项数据显示：我国每年产生的废旧纺织品总量约为 2400 多万吨，得以回收利用的还不到万分之三。

无论从生产角度，还是从销售角度，我国每年生产并销售出大量纺织品，国内消费的占据比例极高，人均消费的纺织品超出了 20kg，这些纺织品有增无减。但令人大为疑惑的是，使用在增多，更新在持续，用过的那些纺织品，最终都去哪儿了？

在未明确探寻清楚国内废旧纺织品的走向时，另一反向的事实却客观出现，并日趋加重，难以清除。那就是国外废旧纺织品，也被称为洋垃圾，源源不断流向国内市场，并且被不法利用。对此需要深思的问题是这些国外废旧纺织品带来了什么？是否真的需要？应该如何面对？

我国在废旧纺织品方面，较为著名的回收市场之一是浙江苍南，该地区拥有全国首家废旧纺织品综合利用试点基地，形成了以宜山、钱库为中心的国内最大的废旧纺织品回收利用基地。在大力提倡废旧纺织品回收利用的进程中，国外废旧纺织品即洋垃圾乘虚而入，充斥市场近乎泛滥。这类市场中最为典型的是广东陆丰市的碣石镇废旧服装市场。有人说，在碣石镇，最不值钱的就是服装，衣比纸贱的场景随处可见。图 10-1 为治理前的碣石镇服装市场真实写照，服装堆积如山，摆放地点、摆放方式、存在环境与场景令人担忧。

图 10-1　治理前的碣石镇服装市场真实写照

引申阅读

防止污染，共迎挑战：一个小镇的洋垃圾阻击战（潘俊强等，2017）

数千家过去卖旧服装和旧装扮的档口已关闭，一些销售、加工和存放洋垃圾的临时棚寮被拆除，镇上村里处处可见“整治非法加工经营旧服装”的标语……日前，记者来到以往靠洋垃圾生财且“闻名”的广东陆丰碣石镇，发现这里的洋垃圾旧服装产业已风光不再。

碣石镇地处沿海，毗邻港澳，据当地老人介绍，上世纪 80 年代初，少数渔民利用出海往返港澳地区之便，带回一些旧服装，当地有人将走私来的旧衣服“翻新”，以名牌“外贸尾单”的名义在网上翻倍售卖，并逐步形成洋垃圾走私、运输、翻新、销售完整产业链。据估算，人口近 30 万的碣石镇，直接从事洋垃圾服装经营的一度有万余人，卖出旧服装上亿件。

一位该行业从业人员透露，这些来历不明的旧衣服，在很多作坊只是用洗衣机简单洗洗，熨烫后就在网上销售或发往外地服装市场，很多根本就没消毒。而记者从卫生防疫部门了解到，不少洋垃圾含大量致病病原体，无法通过一般洗涤方法杀灭，极易造成人体肠道、呼吸道等方面疾病，严重危害公共卫生安全。2016 年 6 月以来，广东开始对碣石镇非法加工经营洋垃圾旧服装问题进行全面打击整治。2017 年 7 月，国务院办公厅印发《关于禁止洋垃圾入境推进固体废物进口管理制度改革实施方案》，要求全面禁止洋垃圾入境。碣石镇的洋垃圾治理，有了彻底好转。

目前，陆丰市组织公安、交通、海防打私、环保、市场监管等执法力量，分成陆上、海上两个行动小组，对碣石湾海域和周边路段实行 24 小时不间断巡查监控，严防洋垃圾非法流入；公安、邮政、商务等部门，严查运输、贮藏、邮寄、托运等环节的违法违规行为，严防洋垃圾旧服装通过物流或快递非法流入、流出。截至 2017 年 11 月，碣石地区共清理洋垃圾门店 3279 间次，拆除储存、加工、经营棚寮 3017 间，累计收缴旧服装 6018.5 吨，专项整治行动取得明显效果。

由上可见，碣石镇的洋垃圾服装问题呈现出的危机令人担忧。对于这些洋垃圾服装，没有检验，没有消毒，没有规范标准，带来极少数不法商家的非法利润，给不明就里的消费者带来健康风险，而未来形成的环境负担和身体危害更是不言自明。而对于国内日渐增多的废旧纺织品，规范、集中、高效地治理与利用，也是迫在眉睫。2017 年的专项整治取得了明显成效，有力打击了碣石镇废旧服装市场，这对于我国的废旧纺织品循环利用治理，具有重要的示范效应。

四、废旧纺织品的治理价值

从废旧纺织品的发展现实状况可知，加强国内废旧纺织品的治理，具有切实的现实价值。废旧纺织品的治理，最主要的方式是回收再利用。由于纺织材料的主要来源为植物及石油制品，回收处理废旧衣物可以节约耕地和石油资源，有助于减少二氧化碳及污染物排放。据国际回收局（BIR）机构 2008 年在丹麦哥本哈根大学进行研究所得出的结论可知：每使用 1kg 废旧纺织品，就可降低 3.6kg 二氧化碳排放量，节约水 6000L，减少使用 0.3kg 化肥和 0.2kg 农药。

废旧纺织品回收再利用是符合生态、绿色、低碳、环境友好要求的必经之路。无论是从缓解纺织纤维原材料角度，还是从经济节约层面，抑或是对环境的有效净化和对整体社会和谐稳定的推进，都彰显着独特的价值与意义。

（一）资源价值

比如，废旧衣物用途颇多，可以完美实现“3R”。可以再利用（reusing），即通过捐赠、交换，实现二次穿着或动手改作他用；能再循环（recycling），即将其纤维原料用于其他纺织产品的生产；还可以能源化利用（recovering），即通过物理、化学等方法，回收废旧纺织品一部分化学成分和热值。比如，混纺类废旧纺织品粉碎后生产阻燃剂，进入模具压制成汽车用板材、空调隔音材料；或切碎、功能化整理为墙体保温材料等产业用纺织品。将旧衣重新合成纤维，废旧涤纶衣物还原为单体，重新加工生产涤纶纤维；或醇解再生功能型纤维，制成高保暖、记忆性填充材料，用于家居行业。

纺织生产行业是资源依赖性很高的产业，对于每年超过 5000 万 t、占全球纤维产量 60%的我国纺织行业来说，对不可再生资源的消耗很大。我国纺织原材料的进口量高达 65%以上，纺织生产企业守着原料“吃不饱”，却要从海外进口“洋垃圾”，更突显出我国废旧纺织品回收再利用的迫切性。

（二）经济价值

由于废旧纺织品的家庭储存特征，一般存在时间相对较长。前述内容已经提及，我国的废旧纺织品的存量可能达到上亿吨。如果能将我国家庭中储存的废旧服装集中收集再使用，无论是直接使用，还是转化使用，都将节约大量的纺织原料，即节约大量生产原料的成本付出。据业内人士估计，由于纤维加工总量增长趋势短期内不会改变，废旧纺织品再利用产业发展潜力大，产值甚至能达到千亿元级别。这一经济价值不是针对个人而言，而是针对整个纺织产业而言的，纺织产业的经济大规模节约，意味着潜在的经济增长，即产业的实力增强，这将增强我国纺织业的国际竞争力，有助于我国纺织业在经济全球化发展中保持强劲优势。

（三）环境价值

废旧纺织品的合理回收使用，其环境价值主要体现为两个方面：一是对原生产品的加工过程污染的合理规避。即纺织行业是环境高敏感性产业，在生产过程中的纺纱和印染加工工艺，会产生纤维灰尘，印染则排出大量的废水废气，对环境产生较大的危害。因此，大量生产原生原料和产品，则产生大量的污染。使用再生废旧纺织品则省却了原生处理过程的污染。

另一方面，在成品使用中，大部分纺织品在一两年之内就会变成废旧的纺织品被处理掉。该类废旧纺织品除了可能含有大量灰尘颗粒，还可能带有病菌，甚至在使用中掺杂一定的有毒有害物质，在回收使用中，如果处理不注重环境后果，不加分类，不进行灭菌和相应消毒处理，不合理回收使用，则可能带来巨大的环境压力。

（四）社会价值

废弃纺织品的有效治理，将带来整体社会资源的有效节约，促进纺织资源的开源节流和整体纺织业的可持续长久健康发展。形成系统有效的废旧纺织品治理循环系统，实现废旧纺织品的再生价值，也会带来经济的恒久发展动力，减少纺织生产中的污染排放。而且废旧纺织品实现有效治理，是每个个体对自身物品的态度和行为，其社会价值既表现为意识升华，更体现在行为的正面示范效应上。行为方式伴随着每个主体的生活历程，在日常生活中也会产生感染和扩散效应。对于生产者而言，体现的是生产者责任意识，对于消费者而言，体现的是环保和资源节约及公益精神。因此，废旧纺织品的治理有利于建立良好社会秩序，形成和谐社会氛围。

五、废旧纺织品治理欠缺下的危害现象表征

（一）混合收集下的污染

废旧纺织品治理欠缺，会造成一定的污染，包含对空气的污染和对土壤的污染等。例如，有些建筑工地完工后会留下大量工作服，这些工作服有很大的部分是化纤类纺织品，在穿着使用过程中沾上了水泥、油漆等毒害成分，由于化纤可燃烧，而且价格便宜，不少小工厂或者锅炉房会低价买来当燃料使用。这类废旧纺织品由于未经处理，经不规范焚烧，会产生有害气体，味道刺鼻，污染环境。即便此类纺织品不进行燃烧，有人会对无人需要的有毒或污染纺织品掩埋处理，这种掩埋在地下的方式，同样会对土壤造成毒害。而且，无论有毒与否，废旧纺织品的掩埋都难以被土壤吸收，进而对土壤的营养和成分造成一定的破坏。

（二）大量生产和消费下的浪费

我国目前人均年消耗纺织品 20kg，每隔两年会产生 70%的废弃纺织品，而由于当前治理中的规范措施欠缺，这些废旧纺织品难以集中收集处理。对于消费者而言，因为找不到合适处理途径，对于处理方式无所选择，也无所意识。由于找不到废旧纺织品的适当归宿，随意抛弃甚至混同在家庭废弃物中一并扔进垃圾桶，这对于消费者而言是极大的浪费。对于生产者而言，生产产品消耗大量的原料、人力、资金和物力，一旦面向市场后即切断所有关联，在未来的生产中投入新的原料重新开启新的生产过程，所有的生产都有始无终，产品的整个生命周期力量无法充分展现。废旧纺织品的生命周期得不到充分应用，纺织部门的原料来源依靠原生来源，大量化学纤维依靠进口途径。因此，在生产和消费中都形成极度浪费。

（三）非法再用中的潜在风险

除了纺织品原料市场对废旧纺织品的再生有着巨量需求，目前废旧纺织品行

业具有不规范性，市场混乱形成了不法二手纺织品滥用，对于市场规模的形成，还存在着一定的健康风险和火灾隐患。

1. 健康风险

首先，堆积如山的旧衣服、破被褥甚至医院废弃的手术服，未经规范消毒和处理，直接流入二手销售市场。废旧衣物或床上用品带有大量的原生病菌或者细菌甚至是病毒，在不法的二次使用中肆意传播，直接危害使用者的身体健康。

其次，大量废旧纺织品被低价收购或者无代价收回后，由地下工厂制成棉絮，再“变身”棉被走进商场，即通常所说的黑心棉。这些黑心棉同样未经消毒处理，被加工成貌似全新的纺织品，甚至在贴上一定的标签后，无视行业规范和要求地对消费者实施公然欺骗，购买者在全然不知的情形下，接触着、呼吸着这些病菌病毒物品。这些违法违规的途径，并不是真正的资源循环利用。有专家强调，未经严格处理的衣物可能携带细菌等有害物质，直接或间接使用都会危害人体健康。

2. 火灾隐患

在废旧纺织品的处理中，有些知名地区由于本身纺织业较为发达，成为二手纺织品买卖的集散地。如浙江的苍南，江苏无锡的江阴等地就是知名的废旧棉毛纺织品交易中心。贸易中心的各个商家为了贮存、运输和交易的方便，随意搭棚，贮藏紧凑，货品集中，无防火通道和相应设备，一旦有明火或者烟头类的易燃物，如此多的衣物均是易燃可燃物，造成的火灾必定势不可挡，造成的不仅是财产的损失，更是生命的代价。

以苍南为例，在苍南的废旧纺织品交易集散中心，黑心棉事件已经屡次发生。缺乏防尘防火等设备和措施，废旧纺织品以及交易中心的货架搭棚，都是火灾的隐患因素，这也成为当地政府的市场管理之痛，屡次拆除旧衣服回收棚，却是屡拆屡建。这类市场的繁荣伴随的是火灾风险的隐患加深，纺织品密集堆放，木货架拥挤排列，一旦发生火灾，后果不堪设想。

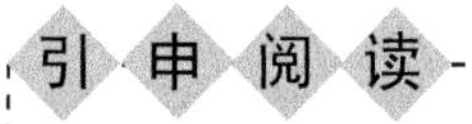

废旧衣物再利用，“小东西”“大事情”（节选）（李艳，2015）

浙江温州的苍南，一个听起来非常普通的南方县城，却因为自改革开放以来，成为再加工纤维纺纱业为主导的再生纺织产业的中心而闻名。圈里人称它为我国边角料的集散地。

苍南目前全县相关从业人员达20多万，各类机器近2万台，上下游再生纤维企业近4000家。据统计，去年工业产值达180亿元，占全县工业总产值24.46%；全年实现边角料吞吐量300多万吨，在全国占比达到80%以上。

这样的数据背后，一方面是大量再生纤维从这里生产，另一方面它也是全国最大的黑心棉、黑心纱产地。作坊式加工点中，大多是擅自搭建的简易棚屋，多为“三无”企业，生产设施简陋，毫无防尘集尘环保措施。大部分作坊业主用编织袋或布袋子进行简单收尘，有些则直接利用排风扇将棉尘粉末排出厂外，致使邻近的山坡、田野、河流、道路铺满了棉絮。

产业的混乱、环境的污染是苍南之痛。现在，这一现象正在逐步改善。在我国废旧纺织品综合利用产业技术创新战略联盟的推动下，苍南开始用现代废纺综合利用技术实现产业改造和升级。以废旧纺织品为资源，生产再生纤维。根据官方的数据：建设目标任务为到2018年，年回收利用废旧纺织品370万吨，再生纤维原料制成率达到80%，实现资源综合利用产值260亿元。

废纺联盟秘书长赵凯在接受科技日报记者采访时表示，在苍南，整个行业推动的是废旧纺织品产学研结合发展，这个过程中存在的问题及对产业政策、技术研发等联盟一直在有针对性地发挥作用。

六、废旧纺织品治理现状

废旧纺织品既是废弃物，又是纺织品。对于废旧纺织品的治理，我国在发展过程中经历了由一般走向特殊的治理阶段。即从混合收集下的填埋和焚烧走向单独收集和处理的回收利用历程。

（一）废旧纺织品治理方式

1. 混合收集下的填埋与焚烧

在未设置衣物回收箱之前，我国的废旧纺织品与普通废弃物混合收集处理，此阶段的废旧纺织品大都被填埋和焚烧。目前，在未设置回收衣物回收箱的小区或地区，很多废旧纺织品依然混合投放。但是，废旧衣服从垃圾箱走进填埋场，部分衣服里的合成化学成分需要10年以上的时间分解。焚烧方式虽然能彻底处理废弃物并带来热能，但是废旧纺织品自身能实现比热能更高的价值。

2. 单独回收

我国每年纤维加工总量约达5000万t，每年产生超过2000万t废旧纺织品，废旧纺织品综合利用量约不足 300 万 t，综合利用率不足 15%。在再生资源报告中，无论是在数量还是在价值上，目前废旧纺织品的回收利用都是微不足道的，与现实需求相背离。加强废旧纺织品的管理，提高废旧纺织品的循环利用，大力发展该领域的再生体系与机制，已成为经济发展的迫切需要。

2011 年 12 月 10 日，国家发展与改革委员会发布了《“十二五”资源综合利用指导意见》，该文件对废旧纺织品的回收再利用提出了要求：即在废旧纺织品的综合利用技术方面要有所突破，同时拓展再生纺织品市场，建立回收、分类、加工、利用的产业链。2012 年 1 月 19 日，工业和信息化部发布的《纺织工业“十二五”发展规划》提出“支持废旧纺织品循环利用”，2015 年建立纺织纤维循环再利用体系；2013 年 1 月，国务院印发《循环经济发展战略及近期行动计划》，提出应推进旧衣物回收；2014 年，由民政部指导，我国纺织工业联合会、我国生态文明研究与促进会主办的“旧衣零抛弃——中国品牌服装企业旧衣回收活动”正式启动下，波司登、鲁泰纺织、溢达纺织集团等 8 家企业集团开展了第一批废旧纺织物回收活动，回收中，将符合安全卫生标准的衣物用于“西部温暖计划”等慈善项目，达不到相关标准的衣物将作为研究再生加工技术的原料。2017 年 8 月 2 日，国家六部委联合发布《关于联合开展电子废物、废轮胎、废塑料、废旧衣服、废家电拆解等再生利用行业清理整顿的通知》。正是在上述背景下，我国对废旧纺织品开始了分类独立回收。

（二）回收主体及业绩

回收主体方面，在当今互联网时代下，废旧纺织物的回收主体分为线上主体和线下主体。

（1）线上主体：线上主体分为综合回收网和专业回收网。综合回收网除了回收废旧纺织品，对于其他种类的废弃物也进行回收。而专业回收网目前有全国性的和地区性的，“我国旧衣服网”是目前规模较大的全国性回收纺织品网站。各地区也建立有部分网站，在回收对象方面，以回收旧衣服为主。

（2）线下主体：分为企业、政府和慈善组织。企业包含纺织品制造企业和专业回收环保企业。上海是我国最早从行动上落实旧衣服回收的城市，上海缘源实业有限公司就是专业的废旧纺织品回收企业。而上述的八家企业集团的“旧衣零抛弃”则是既有政府组织参与，又联合了纺织品制造企业共同回收。而慈善组织的回收在我国的贫困地区或灾难事件中较为常见。

回收对象与方式。我国当前消费领域的回收对象较为单一，即旧衣服、床上用品或者其他装饰防护类的回收，市场显得较为欠缺。回收方式主要有两种，无偿捐献、有价二手市场贸易。从沟通有无的角度，可以分为无人回收箱回收和专业机构或人员回收。

回收业绩方面，由于我国对于废旧纺织品的单独回收和利用起步较晚，所以回收利用业绩不够理想。表 10-1 仅仅是化学纤维的年生产量，天然纤维即棉麻毛丝的产量未计算在内，仅化学纤维的产量每年都在两千多万吨并逐年递增，现达到近五千万吨的年产量，而从废旧纺织品的回收量数据来看，显得极为不足。但是，在数据上，我国废旧纺织品的准确数量，也存在一定的不精确性，有大量的废旧纺织品未进入小区固定的衣物回收箱，而是经由其他渠道实现了二次使用。比如，由特定组织进行的公益募捐，也有个人发起的在一定范围内，针对贫困地区或贫困者的衣物捐助，民间大量的“蚂蚁公益”类机构，每年收集的旧衣服捐赠缺失准确统计，当然也无法进行全面统计。实际上，我国的废旧纺织品的回收利用数据应该比官方数据要高出不少。表 10-1 和表 10-2 分别显示了我国化纤生产量和废旧纺织品回收量的官方统计数据，两表均显示，我国的废旧纺织品回收无论从数量，还是从实现方面，均处于增长态势。但是对比我国现阶段纺织品产量，从数据可以发现，生产量与回收量的数据间存在巨大鸿沟。以表 10-1 为例，2013 年化纤纤维产量为 4013.7 万 t，大概占总纺织品产量的 85%，以此计算，2013 年的纺织品总产量为 4722 万 t。一般纺织品有两年使用期，即 2015 年成为 2013 年纺织品的回收年，该年的回收量为 260 万 t，回收率为 5.5%。尽管数据存在粗疏，但是海量的废旧纺织品未得到回收是客观现实。这表明，目前大量的废旧纺织品未能有效回收，需要寻求积极治理途径，同时也说明，我国的废旧纺织品回收业有着巨大的发展空间和潜力。

表 10-1　我国历年化学纤维产量

年份	2006	2007	2008	2009	2010	2011	2012	2013	2014	2015	2016
产量/万 t	2073.2	2413.8	2453.3	2747.3	3089.7	3362.8	3876.2	4013.7	4389.8	4831.7	4943.7

表 10-2　2015 年和 2016 年我国废旧纺织品回收量和实现价值

年份	回收量/万 t	实现价值/亿元
2015	260	7.54
2016	270	8.60

第二节　废旧纺织品治理分析与思考

从目前世界的回收水平分析，我国的废旧纺织品回收率较低，每年产出巨额数量的废旧纺织品，未能得到理想回收。据统计，每年全球产生 4000 多万吨废旧纺织品（薛红燕等，2013）。我国年产废旧纺织品在世界总产量中占据绝对比重，达一半以上。作为纺织业大国，我国的纺织品生产技术得到举世公认，但回收利用却远远落后，这与我国的纺织大国地位是极不相称的。更何况我国是经济不发达国家，发展中面临着资金、原料短缺等诸多问题，我国有着俭朴节约的优良传统，加强回收治理是应当完成的历史使命。因此，汲取世界回收率较好国家的经验，以引导我国废旧纺织品回收，最终建立有效的废旧纺织品回收模式、体系和制度，是我国废旧纺织品治理的必由之路。

一、国外相关国家的治理现状

（一）瑞士

瑞士再生资源行业发展起步较早，因此，其废旧纺织品领域的再生资源回收率处于世界先进水平。早在1978年，瑞士6家人道主义救助机构联合成立了Texaid股份有限公司，专门回收和利用瑞士人的旧衣物。其具体流程是邮局定期送来塑料袋，瑞士人只需将淘汰的旧衣服放入其中，放在家门外，每个住宅区的专业服务人员就会将这些塑料袋取走。另外，人们也可以直接将旧衣物送到公司设立的旧衣物回收箱中。目前，瑞士各地共有2500多个这样的旧衣物回收箱。这家公司每年收集和处理3.5万t旧衣服，相当于1.5亿多件衣服。员工们会根据布料和质量等60余条标准，对衣服进行评定再进行分类。瑞士人几乎所有旧衣物都这样被利用，而未被扔进垃圾堆中。虽然公司的主要宗旨是发展慈善事业，大部分收入也都用于支持援助组织和非营利组织的人道主义工作。但其仍为每吨回收来的旧衣物以“加工费”的名义付给政府50瑞士法郎的税金。

瑞士的废旧衣服回收具有早期占领市场的优势，其特点有以下几点。首先，专业回收机构回收。其次，回收渠道多样亲民。上门塑料袋和定点回收箱结合，较为方便。再次，无偿回收，属于公民自愿型。最后，回收后处理规范。其标准细化，有60余条标准，对于直接利用的，杀菌和消毒程序严格，资源化利用充分。

（二）瑞典

瑞典的纺织品回收堪称典范。1947年诞生于瑞典的快时尚品牌H&M，从2009年开始，制定了“七个承诺”的可持续发展战略，开创了可持续的旧衣回收项目先河。这一项目从2011年起在瑞典总部率先实施。他们认为，95%的废旧纺织品均可以被回收。2011年到2012年间，H&M在瑞典17家店中开展了旧衣回收，进展非常顺利，H&M首席执行官佩尔森决定将这个项目扩展到全球。从2013年2月开始，全球48个地区的H&M门店开始回收旧衣（张东亚，2013）。此项目的日益扩展已形成世界规模，H&M在上海、武汉等城市陆续推出“旧衣回收”

项目，顾客可将家里闲置的任何品牌的旧衣服打包送到店里，并换取优惠券或者打折卡，用于购买新衣服。收到旧衣服后，H&M 经过简单的分拣工作之后，统一运回瑞典，交给当地一家回收公司做后期的循环利用。该公司官网显示，回收的旧衣将根据 400 多项不同的标准得到分类和评估，然后进行循环处理、重新利用。如制成抹布等物品、生产成纺织纤维或用于汽车行业、制造阻尼和绝缘材料等。

总结瑞典的废旧纺织品回收特点有如下几点：第一，采用行业回收。采用品牌服装销售门店进行回收，而非政府或其他公益组织回收，也非专门废弃物回收机构或环保回收机构。第二，回收对象广泛。回收衣物不限品牌，不限衣服品种，内衣、袜子等只要是衣物，均予以回收。第三，有偿回收。所有回收的衣物均采用有偿方式，但采用的是发放本店铺优惠券方式，回收与销售相联系。第四，回收与公益相连。每回收一公斤旧衣，向联合国基金会捐赠 0.2 元，同时对于回收的废旧衣物如果不能直接二次销售但还可以利用，则进行公益捐赠。

（三）美国

美国已形成一条完整的废旧纺织品回收产业链：废旧物资经回收商回收以后，直接进入二手店筛选，二手店不要的物资再卖回给回收商，这些物品经过分拣商分类后，进入二级市场。进入二级市场的纺织品，45%作为二手服装出口到非洲等国家；30%被切割成抹布以及工业用擦拭布；20%返回纤维状态重新利用，最后 5%不可用的湿、霉等废旧纺织品作为垃圾处理。美国实行联邦制，没有全国性的循环经济立法，各州自行立法，其半数以上的州已制定了不同形式的再生循环法规，并且固体废弃物的循环处理率已超过了 30%。在废旧纺织品领域，美国对废旧地毯的处理相当成功，美国常青公司在全美各地建立了回收网点，集中收集废旧地毯后再进行分类，最后根据分类体系直接加工废旧地毯（李静和李晓清，2016）。即美国既有完整的综合废旧纺织品回收系统，同时又有特色类废旧地毯回收专业链条。

（四）英国

英国每年约有 110 万 t 纺织品和服装被丢弃，其中约 27%（近 30 万 t）废旧纺织品和服装被收集并循环利用，其中一半以上二手服装出口至撒哈拉非洲、东欧，还有一部分在英国本土销售，其余的则循环再生，最后剩余废旧纺织品用于焚烧或掩埋。从法律层面，英国制定了一系列法律促进废弃物品循环利用，主要有《环境保护法》、《废弃物减量法》和《污染控制法》等。英国制定了包括减少、循环、回收目标在内的废弃物管理国家战略，并在全国普遍建立了废弃物分类回收设施。英国负责回收的政府部门是环境、食品和农村事务部（DE-FRA），其负责发展可持续服装的项目。

英国的回收方式特点如下。

第一，对废旧衣物给予明确界定，英国对生活垃圾的界定依据主要为欧盟《废弃物框架指令》，其中对织物垃圾有明确定义；英国 2005 年生效的《废弃物分类条例》中，也对废旧衣物中的子类别进行了明确细分。

第二，广泛的回收渠道。英国具有慈善商店、衣物回收银行、社区衣物回收箱、上门回收、再利用中心等多条废旧衣物回收渠道，既方便了居民回收废旧衣物，也能确保得到更高的回收率。

第三，多元的再利用方式。民众可通过电子商务平台 eBay 交换旧衣物，也可在慈善商店以较为便宜的价格购买二手衣物。间接再利用方式包括公益组织捐赠、回收用作工业原材料等。

（五）德国

德国每年被丢弃的废旧纺织服装有 190 万 t，其中 42%的废旧纺织服装被回收再利用。其中最主要的再利用方式为慈善机构回收二手服装，回收来的服装有专人负责消毒、清洁，整理好的衣服将送给贫困家庭，此方式占整个德国纺织服装再利用方式的 40%，其余方法有非制造布（造纸、车用）、抹布、焚烧、掩埋等。

德国是废旧纺织品回收率较高的欧盟国家，其特点主要有回收服装主要用于慈善事业、有专门的回收机构、有健全的回收系统和规范体系。最后，从传统和习惯上，由于对于废弃物整个系统的立法较早，早在 1972 年，德国就颁布了《废弃物管理法》，资源闭路循环的“零废弃”循环经济理念已经推广到所有生产部门，强调生产者对产品的全部生命周期负责，规定处理废弃物的优先顺序是“避免产生—循环使用—最终处置”，比欧盟 2008 年提出垃圾管理的“五层倒金字塔”原则早了 12 年，因此，无论是行为还是意识领域，分类、回收、再利用已经成为德国国家、社会、企业和个人处理废弃物品的基本习惯。

（六）日本

作为全球快时尚品牌前三甲企业，日本大型服装生产零售企业优衣库，成为服装企业主动承担废旧服装回收及循环再利用的成功典范。优衣库主要通过开展“全部商品循环再利用活动”，将顾客手上不再需要的服装回收后，捐赠给世界各地的难民营，其余不能再使用的废旧服装，用作燃料和纤维进行循环再利用，消除浪费，避免废旧服装成为垃圾，以减轻对环境的压力。优衣库回收后的服装，有 80%～90%将经过分拣、消毒处理后，通过联合国难民署和非营利组织日本救援服装中心捐赠给难民，因此旧衣服以二次循环使用为主。有 2%～6%将加工成绝热材料等，还有 10%～20%的旧服装将用于发电（杨华，2016）。在法律规定方面，日本 2000 年颁布了《促进循环型社会推进基本法》，大力推进 3R（减量化、再利用、再循环）原则，标志着从大量消费、大量废弃的社会向循环型社会的全面转型。此外，日本还制定了一系列配套的法律法规，如《废弃物处理法》、《再生资源利用促进法》、《绿色购买法》。

与瑞典的快时尚品牌 H&M 类似，优衣库采用销售环节门店回收模式。但是，优衣库对衣物的要求较为严格，即完整度要求较高，甚至限制只回收优衣库自己的废旧衣服，这主要源于其二次直接捐助的目的。另外，在收购中，不如 H&M 的福利度高，回收基本采用无偿方式，而 H&M 给予优惠券折扣予以激励。

（七）我国治理现状总结

虽然与国外相比，我国起步晚，需要完善的方面较多，但是，在废旧纺织品的回收中，仍取得了一定成效。

我国的废旧纺织品回收亮点一：2014 年，我国棉纺织行业“节能减排创新型棉纺织企业”——福建省长乐市长源纺织有限公司、魏桥纺织股份有限公司在废旧纤维、落棉、边纱加工回收方面已实现产业化，并初具规模，经济、社会效益较为明显（韩大伟，2015）。

我国的废旧纺织品回收亮点二：2017 年 5 月中旬，沈阳联勤保障中心某仓库回收废旧军服后，和某废旧军服循环利用单位进行合作，从仓库整理打包运走首批废旧军服 500t。不足半个月，合作单位用废旧军服制成 1200m 绿色再生布料发回沈阳联勤保障中心某仓库。仓库被服修理所工作人员立即设计生产出遮阳帽、修理工具包、坐垫等 10 种服务部队官兵的产品样品，经过检测全部达到环保标准。该中心仓库将继续以废旧军服循环生产绿色再生布料，用来加工成背包、台布、伪装网等产品下发部队（常大为，2017）。

废旧纺织品回收企业蓬勃发展。上海先后出现一些从事废旧衣物回收的公司，形成气候且比较知名的有四家，分别是上海缘源实业有限公司、上海荣灏纺织品有限公司、上海万容再生资源开发有限公司和上海绿圣纺织品科技有限公司。

回收模式多元高效。北京在废旧纺织品的回收中，形成了三管齐下的多主体共同回收（郝淑丽，2016）。即企业回收、行政部门回收和社会相关慈善组织的回收，同时结合互联网，形成新的智能回收模式，并取得了较好的成果。

浙江苍南成为我国废旧棉纺织品回收处理中心，江苏江阴成为我国废旧毛纺织品回收中心，废旧纺织品贸易中心的形成，标志着我国在该领域已经跨上了新的台阶。

二、我国废旧纺织品治理的困境

虽然我国的废旧纺织品回收取得了一定成效，在特定区域形成稳定畅通的回收通道。但是，从生产和消费比例分析，我国的废旧纺织品回收在数量上还远远未达到理想状态。与纺织业弱于我国的国外纺织品回收业相比，我国的废旧纺织品并未得到充分回收与利用，废旧纺织业的发展依然存在诸多困境。

（1）困境一：回收箱铺设问题

首先，谁的衣物回收箱？在很多小区，都摆放着“旧衣物回收箱”，但衣物回收箱的主人，小区业主可能一无所知，这就意味着将衣物投进箱内，接收的主人不明，行为的性质不明，在不明就里的情形下，小区业主对于投放衣物的积极性和认可度会被抑制。有时，一家小区可能出现两家或以上的废旧衣物回收箱，是政府收集？公益组织采集？还是再生资源专业企业回收？

其次，衣物回收箱铺设在哪儿？在实际操作中，不少物业公司会推诿，甚至会收费，无论从美观角度，还是从权益角度，总能找到相应的理由。有些物业公司想把旧衣物回收箱与分类垃圾箱放在一起，但往往被旧衣物回收箱的投放者否决。

因此，在旧衣物回收箱投放中，存在的困境，不是位置问题就是归属问题。

（2）困境二：分类问题

目前，依然有很多小区或地区没有旧衣物回收箱。这就面临一个问题，废旧衣物与普通废弃物都将会同时进入普通废弃物处理系统，并进入废弃垃圾的运输中转环节，最终被填埋或者焚烧。而设置废旧衣物回收箱的居民区，废旧衣物的投放是打包投放，不分质地，不分品种，全部一锅烩。对于污染的、产生霉菌或者异味的废旧衣物，投入回收箱后可能产生污染扩散，致使整个回收箱的衣物不能再使用。即便小商小贩按斤买卖回收，也是混杂一包，类别不清。

当前的废旧衣物回收要么个体经营，规模小、布局分散，且不具备基本的清洁处理能力，加工水平低；要么是政府或者公益回收，无专门验收处理经费或者技术，这样混合收集的废旧衣物，量大类多，无论用什么方式处理，都会带来高昂的成本，甚至会产生极大的资金耗费和资源浪费。

（3）困境三：服装以外的其他废旧纺织品的安放问题

纺织品经年发展，已经远远超出了服装领域。豪华地毯、精美桌布、舒适靠垫，还有窗帘、布艺玩具、床上用品等，既能御寒保暖，也有防护美观功效。衣服会废旧需要回收，上述物品同样会走向废旧。回收衣物箱以及公益组织的焦点，经常只关注衣物。很多其他种类的非衣物废旧纺织品捐赠无门，买卖无路。因此，废旧纺织品回收利用的对象单一，只有旧衣服，形成了同为纺织纤维的其他废旧纺织品被大量抛弃造成浪费。

（4）困境四：出现回收或相关问题时的解决路径与主体问题

对“衣物回收箱使用问题”调研的过程中，小区居民反映了使用中存在的典型问题：衣物回收箱放满后无人问津，缺乏及时清运，后期居民投放容积受限；居民一旦投放失误，例如，遭逢记忆错误，夹带贵重物品投入箱内，由于无法找到衣物回收箱的所有人或管理者，难以补救失误。图 10-2 是目前小区常见的衣物回收箱。箱体印着字样，说明废旧纺织品不同种类的用途和流向，带有一定鼓励循环利用作用，但是，回收箱归属主体和联系方式欠缺。此类现象反映了衣物回收箱使用过程中的管理瑕疵。其实在衣物回收箱上留下回收单位联系方式，或在投放区采用专人负责制，或者哪怕是网址、电子邮箱甚至微信公众号等，都可以使问题及时被反馈，并完善相应处理途径。

图 10-2　小区常见衣物回收箱

（5）困境五：回收箱的衣服都去哪儿了

尽管多数衣物回收箱的箱体上，写明各种废弃旧衣物的用途。但是，从新闻报道中得知，有投放者曾发现无偿捐献或投放进衣物回收箱的衣服，流向了二手衣服贸易市场。这就导致公民有时甚至怀疑，公益捐赠是否可能成为他人的黑暗买卖，消费者普遍担心的“黑心棉”趁乱牟利问题，也显得不无道理。回收旧衣物的流向成了一个不明了的问题，可能的讽刺后果是善良热心的捐献者成为不法黑心棉消费过程中的受害者。这种令人后怕的结果直接会降低捐献衣物的积极性和延续性。

（6）困境六：衣物无偿回收能否持续发展

目前的衣物回收，采用的是自愿投入衣物回收箱形式，或者交给公益组织，以及其他政府组织。这种回收的显著特点是无价条件下的自愿，正因为无价，公民欠缺清理的利益动机，因为自愿，所以公民经常选择自愿性不作为，所以，衣物回收箱常常空置，或回收衣物数量寥寥无几。况且，衣物回收箱有详细说明，如图 10-2 所示，写明废旧衣服可以用于制作劳保用品、再生材料、土工布、保温棉等。这充分说明，废旧衣物回收中不能捐赠的都进入生产领域，成为获得利润的产业行为。既无沟通，也无说明，甚至连一句感谢话语都无法传递给衣物回收箱的无偿投递者，长期期望公民的道德性捐赠，则失去了存在的正当性基础。因此，以物换物或者折旧收购，以及积分奖励的其他诸如废弃纸类或者废弃塑料的回收方式，成了公民的合理期待。

三、我国废旧纺织品治理困境原因探析

与再生资源回收报告中列举的十大可回收废弃物品中的其他九类可回收性废弃物相比较，废旧纺织品的理论可回收利用率占有绝对优势，即可回收利用率达到 90%，与理想的“零废弃”目标最为接近。但在数据上，以 2016 年为例，在回收重量方面，废旧纺织物回收 270 万 t，在十大类别的废旧物品中，回收状况位列倒数第二位，回收重量最低的是废电池，仅为 12 万 t。但是，在回收价值上，废电池价值为 24.8 亿元，而废旧纺织品仅为 8.6 亿元，稳稳地走在了第十名，即末位。在回收利用率上，不足 14%，离理想目标最为遥远，正应了一句“理想丰满，现实骨感”。

走出困境是当下重要的使命。而走出困境的关键在于，找到困境的存在根源。废旧纺织品回收的困境，可归结为四个欠缺：专业化欠缺，市场化欠缺，系统化欠缺，激励机制欠缺。

（一）专业化欠缺

废旧纺织品的回收专业化欠缺变现为三个方面：第一，专业主体的欠缺。参考国际，不管是瑞典和日本的快时尚品牌回收，还是德国的生产者责任延伸下双元系统回收，纺织品的生产和销售企业都是回收的真正参与主体。生产或销售方的回收更有利于保证产品的回收专业性，包含类别上的划分，回收产品的性能，产品的运输储藏等要求和损害防范。第二，专业标准的欠缺。这主要是指废旧纺织品的等次标准、清洁标准、处理方法标准和消毒标准等方面目前相对空白。专业企业制定专业标准是其承担废旧纺织品安全义务的基础，企业的社会责任是企业长久诚信生存的重要保证，在专业领域的优势，包含慈善捐助的衣物安全。第三，专业设施和技术的欠缺。对于废旧衣服成分的鉴别，以及除垢除尘或者消毒，都需要相应的专业检验设施、处理设施和专业技术应用。在回收中，无论是社会组织或者再生资源回收专业企业，均缺乏这类专业软件技术和硬件设施。

（二）市场化欠缺

对于消费者而言只有衣物付出，没有利益回报，这是市场化欠缺的表现之一；对于公益组织，从收集、运输、处理到送达捐助对象的手中，只有投入的人力物力，而无利益产出，即成为只花费无收益的公益，这是市场化欠缺的表现之二；而对于得到废旧纺织品来制作劳保产品、再生纤维的纺织企业来说，回收箱中的衣物使得再生纤维得之无价，产出有利，这是市场化欠缺的表现之三。因此，市场化的失衡很容易导致整体运作的不平稳，甚至出现供给不力、需求不得的状况。

（三）系统化欠缺

系统化欠缺表现为三个方面：第一，产业链不健全。即生产企业只管产出，不管使用过程，更无须旧物回收，即责任延伸不够。作为生产者，也是原料的消耗者，更是产品的生命周期负责者，若只负责产品投入市场，而不服务使用过程，也不对使用寿命终结产品负责，必然导致只重视前端。第二，制造体系链缺失。如同人体系统，完整的运行包含动脉系统和静脉系统，而我国目前的生产只有动脉体系，缺乏静脉体系，这必然导致制造系统的不平衡，甚至不生态，最终导致健康风险，人体健康需要双系统平衡运行，制造体系要稳定必然也要依靠两个系统的相互转化；否则，废弃物危机中的只管使用，不顾消解，只有消耗，没有回收的缺乏自净系统和自我供给的能力状况，会渗透消费的各个领域，积重难返。第三，软硬件配置倾斜。表象上，物质充沛，硬件齐全。但华而不实，硬件的完整需要软件的支撑。回收衣物箱收集了大量的旧衣物，但是衣物的收集管理，使用制度，处理标准，流向路径公示，衣物安全意识以及所有流程监管等要素，将影响旧衣收集的行为性质，也会成为回收行为是否可持续的影响因素。而当前的状况是只有善始，缺乏善终。即旧衣服收集了，是好的开端，是善始。衣物的收集管理，使用制度，处理标准，流向路径公示，衣物安全意识以及所有流程监管极为匮乏，导致不能善终。

（四）激励机制欠缺

生产或销售企业回收废旧纺织品，是循环经济和低碳行为的开始，应当予以提倡和激励。当前对生产或者销售渠道的回收行为缺乏奖惩机制。对于普通公民，在投递旧衣物或捐献旧衣物时，依赖的也是道德自觉和行为自愿，单次或短期具有可能性，但是废旧纺织品的产生和利用需要持久，激励机制不可缺失。

四、我国废旧纺织品治理的体系建构

2016 年 11 月 25 日，在苏州召开的 PTA 期货论坛上，我国化纤工业协会副会长王玉萍分析了当前化纤工业发展现状，明确了今后发展的四大任务：加快结构调整，实现转型升级；推进科技进步和提升创新能力；发展绿色制造和推进循环再利用；创新比较模式和提升行业的软实力。发展绿色制造和推进循环再利用，则是将废旧纺织品的回收利用提上了重要日程。加强废旧纺织品的治理，应做到如下要求。

（一）促进专业性

我国广泛铺设在各大居民生活区的衣物回收箱，已经奠定了废旧衣物的回收基础。加强废旧纺织品的专业性，是未来发展的大方向。首先，建立专业主体回收制度。从主体上，扩展废旧纺织品的回收专业主体，即纺织品的制造企业和相应的销售门店，同时限制其他的非专业回收主体，可以考虑行业准入制度。对于公益组织用于捐赠的回收，在清洁和消毒领域制定专业的主体、标准和验收规定。其次，收集过程专业化。在废旧纺织品收集中，采用专业的分类方法、投递设施等。专业回收下，回收范围应该有所扩大，包含可以回收利用的所有废旧纺织品，如床上用品、地毯、窗帘等。专业回收也是生产者责任延伸的体现，这样同时吸收了德国的生产者责任延伸制以及美国的回收产品多样化，甚至地毯的回收也能颇有声色。

（二）加强市场化

除与公益有关的回收，常态的废旧纺织品回收应采用市场化有偿回收方式。比如，瑞典的 H&M 和日本的优衣库回收方式，采用以物易物，或给予消费者购物优惠券、折扣券等方式。这样有利于消费者积极地提供长期搁置不用的废旧纺织品。在经济价值方面，企业循环利用废旧纺织品可以节约大量的原生材料购买成本和处理加工成本，企业在有偿使用废旧纺织品的情形下，也会从收支平衡角度，合理并最大化提高废旧纺织品的回收利用率，同时也是市场经济下公平和效率的真正体现。另外，市场化下可以拓展废旧纺织品的二次直接利用方式，即废旧衣物规范性二手市场的建立，规定法定废旧纺织品二次直接上市的认证体系、处理方式、专卖主体，使得当前的黑市在规范管理下走向阳光。

（三）完善系统性

目前系统性存在的问题，主要体现为静脉系统的不健全。纺织生产部门的动脉系统已经科学而有序，必须加强废旧纺织品回收系统，即静脉系统的建立。回收分为收集、分拣、运输和仓储、再利用和无害化处理五部曲，对于废旧纺织品，无法再回收利用的才考虑无害化处理，即焚烧的只是非常小的比例，因此加强静脉产业的建构显得至关重要。该体系建构中，关键点在于再利用技术的研发与完善。动静脉系统的双轨形成，有利于纺织部门产业链的闭合与完整性，进而使纺织制造的低碳化切实有效地实现并持续，打造健康绿色生态制造体系。在循环利用方面加强监管和数据跟踪，以保证真实有效。图 10-3 表示的是当前的纺织品生产和后续循环产业链，而消费者与生产者之间的链条处于缺失状态。图 10-4 则是相对理想的健康循环产业链，在生产者、销售者和消费者之间建立起了完整且畅通的动静脉循环模式。

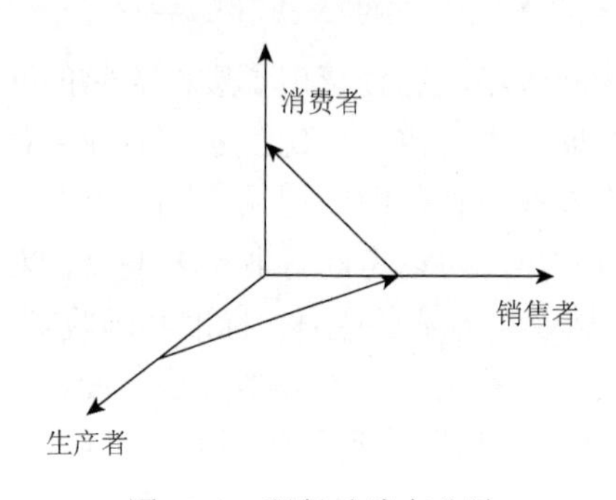

图 10-3　现行动脉产业链

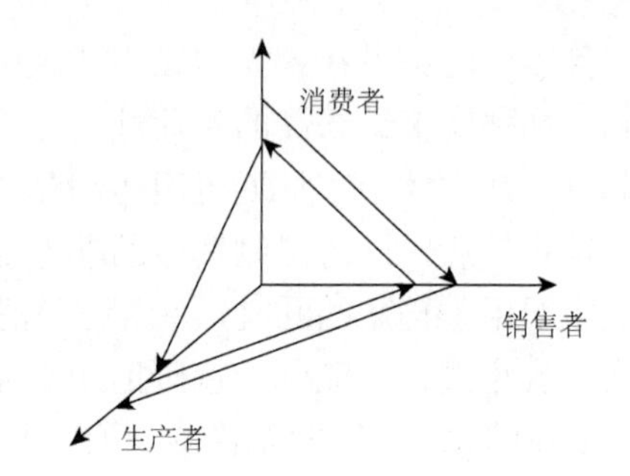

图 10-4　双脉产业链（循环经济产业链）

除了产业部门的制造链双脉系统化，还应该在公益回收方面加强体系的系统完整化。比如，在废旧纺织品收集中，采用电子记录模式，或者条码等电子管理模式，回收采用无人投递的，公开收集主体、联系方式等相关信息，对投递捐赠废旧纺织品予以编号，加强回收产品的数据库管理，密切跟踪捐助衣物的流向，并在回收箱或者捐赠地点公示衣物的流向。

（四）奖惩明晰化

奖惩包含两类主体对象：对于回收利用主体的奖惩，和对于提供二次使用废旧纺织品的公民的奖惩。对于信息公开，市场化程度较高，并在废旧纺织品回收方面，技术发展先进，二次利用率取得成效的企业，国家应在循环经济的国家储备金中给予一定的补贴。而对于落后的，循环利用无明显成效或无循环利用的，在税收方面可增加碳税的征收。对于积极无偿捐献废旧纺织品的公民，在个人信用领域应加强奖励，可以采用积分累加，获得一定分数者可兑换相应产品，或者购物时，实施一定的优惠等方式。而对于不分类的混杂投放或抛掷行为，也应加强管理，采用罚款制或者废弃物计量收费制等方式，提高公民投放时的分类自觉性和捐献的积极性。

五、我国废旧纺织品治理的未来愿景

我国废旧纺织品的未来治理之路，必然是绿色循环回收利用之路。废旧纺织品的回收利用途径有多条，除现行较多的捐给贫困地区或贫困人员的二次直接再使用，在处理使用中，一般涉及以下几种方法：第一，物理处理法，即不破坏原组织前提下，采用机械辅助分解或者粉碎纺织品，通过一定的干燥灭菌等方法重新生产织物。第二，化学处理法，即分解聚合物为单体，后再加入一定的助剂重新化合，该工艺复杂，成本较高，但可以多次使用。第三，机械法，即纺织品无任何分离的重新加工（戴千惠和陈志军，2015）。以上三种方法均无法采用时，则最后选择热能利用，即焚烧，焚烧只能作为最后的循环途径而非优先处理方式。

研究表明，相对于焚烧处理而言，合理分类循环利用 1t 废旧纺织品，可减少 10t 二氧化碳排放（张帆等，2015）。在气候变化日益受到关注的未来贸易关系中，以碳关税为代表的低碳贸易将会成为未来我国纺织品出口的重大壁垒障碍，因为我国原生原料的纺织品，在制作过程中的碳消耗远远达不到国际的低碳标准，而废旧纺织品的再生利用，可以从源头减少纺织品的碳排放，从而在生态角度提高产品国际贸易竞争力。

根据每利用 1t 废旧纺织品，减排 10t 二氧化碳，表 10-3 对 2016～2021 年废旧纺织品的循环利用进行大致碳减排测算。以 2016 年大约产生 2600 万 t 为基数，根据官方数据，回收量为 270 万 t，该年的回收率达到 10.4%，每年废旧纺织品产生量大概增长 5%，回收利用率年递增 5%。从测算结果可以发现，如果每年稳定递增回收利用率达到 5%，2021 年即可实现二氧化碳减排 1 亿多吨。

表 10-3　废旧纺织品回收利用逐步提高下的碳减排测算

项目	年份					
	2016	2017	2018	2019	2020	2021
产生量/万 t	2600	2730	2866	3009	3159	3317
回收利用率/%	10.4	15.4	20.4	25.4	30.4	35.4
回收量/万 t	270	420	585	764	960	1174
减排量/万 t	2700	4200	5850	7640	9600	11740

另外，据测算，如果我国废旧纺织品综合利用率达到 60%，年可产出化学纤维 940 万 t、天然纤维约 470 万 t，相当于节约原油 1520 万 t，节约耕地 1360 万亩（林世东等，2017），而废旧纺织品 90%的废料都能得到回收利用，基本能做到零废弃无浪费；废旧纺织品如果能得到充分的回收利用，则提供的天然纤维和化学纤维可以节约原油 2400 万 t。而旧纺织品量大且缺少专门职业化回收，大多数存在消费者家中，不仅造成了资源浪费，也形成了居民居室的空间浪费和收纳负担。

第十一章　废弃塑料的治理与减排

第一节　塑料的发展现状与废弃塑料

塑料的诞生是重化工业史的重大里程碑，人类也由此进入了“随型所欲”的时代。塑料，就是可以由人类按照意志进行塑造的一种特殊材料。由于塑料的可溶可塑性能，以及其特殊的耐磨耐热耐腐蚀等特殊性能，塑料被广泛应用于生产生活的诸多领域。随着其应用的基础性作用，塑料已经与水泥、钢铁、木材共同构成当今社会四大基础材料。从日常容器到家电产品，从儿童玩具到交通工具，从手机到计算机，衣食住行中的任何方面，均与塑料紧密联系，脸盆、水笔、凳子、衣服架等不一而足，生活中已经显得“无塑不能”。正如伦敦科学博物馆馆长所言：“塑料的故事是过去百年材料世界核心线索之一，有了塑料，才有了消费革命，收音机、电视、计算机、合成纤维、一次性用具才得以大量生产”（潘振华，2008）。大量生产必然大量耗费，大量耗费最终导致大量丢弃。在废弃物治理中，废塑料是无可躲避的关键领域和环节。

首先，废塑料是废弃物治理的重要内容。塑料历经百年的发展，已经形成60多个大种类，300 多种型号，因此可谓名副其实的条目繁多、种类纷呈。在其产生之初，均有各自的成分标识、价格条码，且能分门别类地排列于各种货架上，等待消费者按需购买。但任何一种有机生命体，或者无生命特征的普通物品，均具有一定的寿命期限。塑料成为废塑料时，标识区别、分类排列等有序管理均不存在，每一种塑料及其产品都成了无身份、无品类、无序列的混同废物。这种混合带来治理的重大障碍。如视觉中的白色污染，物质混同中的细菌污染，塑料成分混合下的人体伤害，回收使用的不能区别等。

其次，废塑料治理也是实现减排的直接途径。塑料的主要成分是树脂，树脂是指一种高分子材料，来源于煤炭、石油、天然气等产品，目前主要是石油。石油馏分经过热裂解可得到大量的烯烃（乙烯、丙烯、丁烯、丁二烯等）和芳烃（苯、甲苯、二甲苯等）等单体，这些都是制取塑料、合成纤维及合成橡胶的主要原料，这些单体经过加聚或缩聚的聚合后形成各种塑料原料，用于不同用途的塑料产品。因此，塑料一次性消耗数量决定了对石油的消耗程度。而塑料由产品成为废弃物，即废塑料是否可以回收、回收程度、回收应用领域则直接影响石化能源的数量和碳排放的结果。废塑料的资源化、能源化的变废为宝处理方法，在治理中已成为有效控制白色污染的佳途，但是，在当前的废弃物收集运输等过程中存在着亟待解决的诸多问题。

一、塑料的内涵及种类

（一）塑料的内涵

什么是塑料？顾名思义，可塑性的材料，塑料的主要成分是树脂（天然的或者人工合成的高分子），树脂约占塑料总质量的 40%～100%。塑料的基本性能主要决定于树脂的本性，但添加剂也起着重要作用。有些塑料基本上是由合成树脂所组成，不含或少含添加剂，如有机玻璃、聚苯乙烯等。

塑料是以单体为原料，通过加聚或缩聚反应聚合而成的高分子化合物，可以自由改变成分及形体样式，由合成树脂及填料、增塑剂、稳定剂、润滑剂、色料等添加剂组成。在一定的温度和压力条件下，该材料可制成一定形状，当外力解除后，在常温下仍能保持其形状不变。

塑料最典型的特征是其独特的弹性。塑料的弹性模量介于橡胶和纤维之间，软塑料的弹性模量接近于橡胶，硬塑料的弹性模量接近于纤维，可谓在生活中竭尽所能，"软硬兼施"，软硬皆得其所。

（二）塑料的种类

1. 根据各种塑料不同的理化特性，塑料可以分为热塑性塑料和热固性塑料

在所有塑料中，绝大部分属于热塑性塑料。热塑性塑料在特定温度范围内能反复加热软化和冷却硬化。受热后软化或融化，在此基础上根据需要塑成一定的形状成为产品，冷却后变硬，并且可以逆向回转，多次重复使用。塑料树脂为线型或支链型大分子链的结构。如通常使用的聚乙烯（PE）、聚丙烯（PP）、聚苯乙烯（PS）、聚氯乙烯（PVC）、聚甲醛（POM）、聚酰胺（俗称尼龙）（PA）、聚碳酸酯（PC）、丙烯腈-丁二烯-苯乙烯共聚物（ABS）、聚甲基丙烯酸甲酯（俗称有机玻璃）（PMMA）、丙烯腈-苯乙烯共聚物（AS）、聚酯（聚对苯二甲酸丁二醇酯（PETP），聚对苯二甲酸乙二醇酯（PBTP））均属于热塑性塑料。

热固性塑料是指在受热或其他条件下能固化或具有不溶（熔）特性的塑料，如酚醛树脂（PF）、环氧树脂（EP）、氨基树脂、醇酸树脂、烯丙基树脂、脲甲醛树脂（UF）、三聚氰胺树脂、不饱和聚酯（UP）、硅树脂、聚氨酯（PUR）。其最大的特征是不可逆性，是典型的"专一"型产品，只有在第一次加热时可以软化流动，加热到一定温度，产生化学反应——交联固化而变硬，此后，再次加热时，已不能再变软流动了。正是借助这种特性进行成型加工，利用第一次加热时的塑

化流动，在压力下充满型腔，进而固化成为确定形状和尺寸的制品。热固性塑料不仅不能再熔触，在溶剂中也不能溶解，该类产品主要用于隔热、耐磨、绝缘、耐高压电等，具有典型的“倔强”特性。在恶劣环境中使用的塑料，大部分是热固性塑料，最常用的应该是炒锅锅把手和高低压电器。

2. 按照使用特性分类，塑料可以分为通用塑料、工程塑料和功能塑料

通用塑料一般是指产量大、用途广、成型性好、价格便宜的，力学性能较低不能作为结构材料的塑料。五大通用塑料：聚乙烯（PE）、聚丙烯（PP）、聚苯乙烯（PS）、聚氯乙烯（PVC）、丙烯腈-丁二烯-苯乙烯共聚物（ABS）。

工程塑料，具有某些金属性能，能承受一定的外力作用，并有良好的机械性能、电性能和尺寸稳定性，在高、低温下仍能保持其优良性能的塑料，并成为一定结构的塑料。工程塑料可在较苛刻的化学、物理环境中长期使用，可替代金属作为工程结构材料使用，主要品种有聚酰亚胺、聚苯硫醚、聚砜类、芳香族聚酰胺、聚芳酯、聚苯酯、聚芳醚酮、液晶聚合物和氟树脂等。

功能塑料，是一种具有可塑性的人造高分子有机化合物树脂，具有耐辐射、超导电、导磁和感光等特殊功能。目前，对于功能塑料没有严格的定义，通常指具有某些特殊机能的塑料材料，如导电塑料、磁性塑料、抗菌塑料、缓释塑料、吸水性树脂等。

3. 按照分子结构的排列是否规则，塑料可以分为结晶性塑料和非结晶性塑料

结晶性塑料，分子间的引力易相互作用，而成为强韧的塑料。为了要结晶化及规则的正确排列，故体积变小，成形收缩率及热膨胀率变大。因此，若结晶性越高，则透明性越差，但强度越大。结晶性塑料有明显熔点（T_m），固体时分子呈规则排列，强度较强，拉力也较强。熔解时比容积变化大，固化后较易收缩，内应力不易释放出来，成品不透明，成形中散热慢，冷模生产后收缩较大，热模生产后收缩较小。相对于结晶性塑料，另有一种为非结晶性塑料，其无明显熔点，固体时分子呈现不规则排列，熔解时比容积变化不大，固化后不易收缩，成品透明性佳，料温越高色泽越黄，成形中散热快。①结晶塑料表面是滑性，不能涂刷，不能镀铬，难以装饰表面，目前装涂的颜色不能持久，容易脱落。如包装袋喷涂、印刷、着色，一般采取通过电子大电流锥毛，才能印刷颜色，但是也不能持久，且黏合剂比较难找。②非结晶塑料表面能吸收其他分子，如油墨、镀铬、喷涂之类，所以一般产品外壳、表壳、电视机壳等都采用非结晶塑料，容易装饰，不易脱落等。

需要特别注意的是，以上两类塑料绝对不能混合一起，混合在一起的结局就是必然报废，并伴随表面产生起泡、起水银纹、严重的起皮等现象，导致材料的极大浪费。

二、塑料的产生及发展历史

（一）塑料的产生

塑料的历史并不遥远，但是塑料产业的发展速度超乎人类想象。无论是种类，抑或性能，以及应用领域，远远超越了最初发明者的预期。塑料最早的历史可以追溯到19世纪的赛璐珞，又可称为云石膜，或者硝化纤维塑料。该材料于1846年由瑞士巴塞尔大学的舍恩拜发现，并作为天然树脂虫胶的替代品。1869年，由海厄特等研究，第一个以樟脑为增塑剂的制成材料赛璐珞问世，该材料容易加工，性能柔韧，因此开辟了塑料之路的先河。1872年在美国纽瓦克建赛璐珞工厂，1877年英国根据海厄特技术建的赛璐珞制造公司开始用赛璐珞（云石膜）生产假象牙和台球等塑料制品。后来，曾用做片基，但由于易燃的缺陷，很快被醋酸纤维素和聚酯取代，赛璐珞主要用做乒乓球和眼镜架。第一种完全合成的塑料出自美籍比利时人列奥·亨德里克·贝克兰之手。100多年前的1907年7月14日，他注册了酚醛塑料的专利，被誉为“塑料之父”，由此于1924年被选为美国化学学会会长，不过此时的塑料停留在热固性塑料领域。直至第一次世界大战后的工业化发展，热塑性塑料开始登上历史舞台，杜邦公司以基础研究为目标，以意外的成就产品——聚酰胺（PA），即尼龙的出现，标志各类塑料从此开始全方位统治人类生活。

（二）塑料的飞速发展

在20世纪50年代，塑料的产量已经超过了铝，到了60年代，齐格勒·纳塔研制出高结晶性塑料PE、PP，并因此而获得诺贝尔奖，塑料的种类和应用延伸更是一日千里。在70年代，塑料产量首次接近木材和水泥，发展到80年代初，塑料的体积已经超出了钢铁产量。而到了90年代初，即1991年，塑料的产量已突破1亿t。到2003年，塑料产量再次实现重大飞跃，突破2亿t。在四大基础材料领域，塑料的发展后来者居上，不断突破传统领域，品种、型号、性能可谓日新月异。

三、塑料的应用

塑料的应用领域较为广泛，在生活中可谓无孔不入。最为常见的是应用于包装、建筑、电器、医疗四大领域。常见的具体塑料品种主要有：聚乙烯，产量极大，用途极广；聚氯乙烯，产量仅次于聚乙烯；聚对苯二甲酸乙二酯是（PET）聚酯热塑性线性饱和树脂中产量最大的；尼龙，学名聚酰胺，最早问世的塑料材料，应用极广，从早期的袜子衣物到现在的工业涡轮、齿轮、轴承、叶轮、曲柄、仪表板高压垫圈、螺丝、螺母、密封圈等。目前的五大通用塑料是聚乙烯、聚丙烯、聚氯乙烯、聚苯乙烯和丙烯腈-丁二烯-苯乙烯三元共聚物。

（一）包装材料

方便、卫生、抗撕拉、减震、防破碎、防潮湿、密封不泄露等，在产品的传播或运输过程中，上述性能要求是基本的，而能够达到上述性能要求的，只有一种材料，那就是塑料。几乎在所有的包装领域，塑料逐步取代了传统包装。以食品为例，包装的作用展露淋漓，香甜辣咸，独立包装，大小兼有，扁圆长方，甚至没有形状的形状，都有符合“体形”的塑料包装与之匹配。塑料进入包装领域的时间几乎与塑料的历史长度相同，塑料包装的产值占世界包装业总产值的31%左右，塑料似乎为包装而生，在塑料的整体应用中，世界各国平均有35%的塑料用于包装行业。在发达国家，塑料用于包装领域的比例更高，占据总体塑料的40%甚至以上（陈根，2010）。用于包装的塑料有三种形式，盛放类塑料制品、膜类塑料制品、超轻抗震隔热防碰伤类塑料制品。盛放类塑料制品是指容器类，其消耗量占据塑料包装材料的30%左右，形式多样，盘状、碟形、罐盒甚至不规则类皆有。膜类塑料制品通常用来保鲜，隔菌或者分类，从数量上而言，消耗量第一。而超轻抗震隔热防碰伤类塑料制品则属于后起之秀，水果间的隔袋网，酒瓶间的真空减震囊，饼干曲奇薯片间的泡沫层，不一而足，塑料的包装，使得所有物品经过长途颠簸，完好无损。在塑料保护之下，可被运输产品日益增多，地域的分隔感及对各地地方特产的新鲜好奇感日渐消失。

（二）建筑材料

塑料在建筑领域的使用已达到300多种，占据塑料消费总额的20%以上（陈根，2010），我国塑料建材业以年均增速超过15%的速度成为塑料行业中仅次于包装行业的第二大支柱产业。而塑料在建筑行业中之所以蓬勃发展，有着多方面的独特优势。其一，性能优势。塑料具有一定的绝缘性，该属性优于金属导电性带来的风险；塑料具有良好的弹性和密封性，在门窗制造领域，该功能优于木材、水泥或钢材；在色彩视觉上，塑料的亮丽性也是独具优势，在触觉上，塑料的平滑性、物理无伤害等性能使其应用更为广泛和现实。而且，特定功能塑料具有耐腐蚀、防火、隔热等效果，在建筑领域的应用方面，是不二选择。其二，能耗优势。在管材生产方面，塑料制品管材生产能耗仅为钢管和铸铁管材的30%～50%，塑料给水管的输水可以比金属水管降低能耗50%左右（薛茂权和黄之德，2006）。另外，具有一定保温性能的建材可以大幅降低房屋在严寒酷暑天气下的能耗，属于绿色节能建筑材料的首选。2012年5月6日，财政部、住房和城乡建设部二部门联合发布的《关于加快推动我国绿色建筑发展的实施意见》中明确提出，到2020年，绿色建筑占新建建筑的比重超过30%。

当前建筑方面的塑料材料广泛用于市政工程、村镇建设、工矿厂房建设和工业建设中。塑料建筑材料主要表现为三种形式：管材、板材和各类型材。如PVC管道、PVC扣板、木塑板材、塑钢门窗、防火泡沫墙。作为塑料大国，目前塑料在建筑的六大领域广泛应用，这六大领域分别是塑料管道、塑料门窗、采光材料、装饰材料、保温材料和防火材料。其中，采光材料和保温材料的节能减排作用尤为突出，而防水材料虽然在建筑材料中使用比例不高，但是对于解决建筑材料的渗漏顽症具有显著效果，在发达国家被认为是防水的最佳选择材料之一，在一些发达国家市场份额已经达到50%以上。

（三）电器配件

塑料在电气领域的应用有着较为悠久的历史。由于优良的绝缘性能，在早期的电气产品如感应器、继电器等应用中较为广泛，电线、插座、绕线轴、电器开关等。而塑料在家用电器领域的应用无所不及，从不起眼的遥控器，到硕大的冰箱，日常电器离不开塑料的应用。洗衣机、电冰箱、空调、电风扇等，从外形到结构，从视觉到触觉，从把手到主体功能区间，处处可见塑料发挥着不同功能。在电器的组成构件中，塑料的易于清洁，表面光滑，材料耐氧化，色彩清新等特点显示出应用中的强大优势。

具体说来，各类塑料在家用电器中各显神通。比如，电风扇中用的塑料件有风扇叶、风扇壳体、按钮和旋钮，涉及的主要品种有ABS、高抗冲聚苯乙烯（HIPS）、改性PP等。饮水机中的壳体用ABS、HIPS、改性PP。热水器中的旋钮用ABS，排烟管用PVC波纹管。吸尘器中的壳体用ABS、HIPS、改性PP，把手和软管用软质 PVC。现代办公与家庭常用的计算机以及它的配件用足了塑料，它的键盘常用的塑料有ABS、HIPS、聚对苯二甲酸丁二醇酯（PBT）；连接线和接插件用PVC作为绝缘材料；显示器用ABS、HIPS、改性PP、PVC/ABS合金；手提计算机的壳体则是用PC/ABS合金。打印机是计算机的主要输出设备，它的主要部件中的壳体用ABS、HIPS、PC/HIPS合金、改性PP，打印头用30%GF增强PA66，色带卡盒用ABS。电冰箱的塑料件有内胆、门内衬、门框格、顶框、密封条、把手和隔热条等，用量已占电冰箱重量的40%～45%，涉及的主要塑料品种有ABS、HIPS、PP、PE、PVC和聚氨酯材料（PU）等。冬暖夏凉的空调器中除了动力部件、室外机壳和固定板，几乎全身通体采用塑料制成，塑料的使用量占20%～30%，涉及的主要品种有PS、PP、丙烯腈-苯乙烯共聚物（AS）、ABS。塑料在小型电器、大型电器以及一些诸如空气清净机、加湿器等健康类家电等领域普遍应用。

（四）医疗器械

塑料因其形状的灵活多样，并且是高分子聚合物，在医疗领域广泛应用。因柔软、透明、连续畅通且不会破碎又可以防止细菌传染而被普遍使用的一次性塑料输液管，可以戴在眼球角膜上，用以矫正视力或保护眼睛的隐形眼镜、医疗容器、医疗刀具和各种医疗器皿，塑料也成为医学中各种人工器脏、关节、骨骼的替代品。比如，聚氯乙烯可以制作人体体外循环管路、人工肺、人工心脏等。高密度聚乙烯（HDPE）可以用作人工骨、人工喉、人工肾、矫形外科修补材料以及一次性医疗用品。医用聚丙烯可以用作腹壁修补膜或者手术缝线等。聚四氟乙烯则因其具有抗酸抗碱，抗各种有机溶剂，且几乎不溶于所有溶剂的独有特点，可以用作制作人工血管及人工脏器，并长期植入人体内无不良反应。医疗塑料的应用领域主要有六个方面：第一，与呼吸机相关的塑料制品和塑料医疗管道；第二，人体消化系统中的齿科产品，如义齿、牙托粉、全口托牙、托牙组织衬垫、补齿树脂等；第三，人体循环系统中的塑料制品；第四，运动系统中的塑料制品；第五，人体感官系统中的塑料制品；第六，其他氧合效果好，对血液伤害小的人工塑料制品（曾伟立，2009）。

目前医疗器械已经突破千亿美元，其中医疗塑料占据市场的十分之一，并以7%～12%的年平均增长率持续增长（蒋项军和周小梅，2013）。与普通塑料制品相比，医疗塑料的要求更高，对单体和低聚物的残留有相当严格的限制，对树脂的纯度要求相当高，在整个医疗塑料制品的生产中，使用的助剂无毒，并在长期使用中无助剂析出且能够抗菌，抗凝血，具有一定的亲水性。根据 2016 年 4 月 25～28 日，在上海召开的 CHINAPLAS 国际橡塑展“医用塑料论坛”所提出的未来主题，3D 打印的创新运用，医疗器械包装的无菌屏障系统等将成为医用塑料发展的新型主题。

四、塑料制品的产量与废弃现状

（一）塑料制品产量

作为经济稳定发展的人口大国，因消费需求，我国必然地成了塑料生产大国。近十多年来，我国的塑料生产量年年攀升，如表 11-1 所示，从 2004 年的塑料生产量 1847.0 万 t，发展到 2010 年的塑料生产量 5830.4 万 t，到了 2015 年，塑料生产量达到了 7560.8 万 t。12 年间，增长了 4 倍之多。

表 11-1　2004～2015 年我国塑料年产量表

年份	2004	2005	2006	2007	2008	2009	2010	2011	2012	2013	2014	2015
产量/万 t	1847.0	2199.2	2801.9	3302.3	3713.8	4479.3	5830.4	5474.3	5781.9	6188.7	7387.8	7650.8

（二）塑料制品废弃现状

大量需求则会大量消耗进而产生大量废弃，我国也就成了废弃塑料的形成重地，特别是近年来随着快递业的迅猛发展，废塑料产生量急剧增多，危机渐显。据相关统计，塑料产生量和废弃塑料量之间存在一定的比例关系，学者赵娟和崔怡（2007）等统计的数据为塑料废弃物占总产量的 40%～50%，而学者申恒霞（2016）则认为，年废弃塑料量是塑料生产量的 6 成左右。无论是 4 成还是 6 成，我国年产废塑料的数量都堪称庞大。

在世界范围内也是如此。正是由于使用的广泛性，大量塑料制品在包装或者医疗领域的使用寿命较短。据统计，80%的包装在一次使用后被废弃（张进峰和聂永丰，2006）。世界目前共产出 83 亿 t 塑料，其中 63 亿 t 彻底成为废弃物（刘海英，2017）。也有统计数据称，自 20 世纪 50 年代以来，人类生产使用的塑料总量已逾 91 亿 t。相当于 10 亿头大象，或 2.5 万幢纽约帝国大厦。美国科学促进会期刊的一份“全球大量生产塑料的全球分析”报告警告，以现有使用塑料的情况来看，到了 2050 年，丢弃在垃圾填埋地和环境中的废弃塑料将超过 130 亿 t。

第二节　废弃塑料的危害及处理

一、废弃塑料的危害

半个世纪以前，人们广泛用玻璃制品做容器。20 世纪 60 年代后，工业的进步使塑料制品被青睐且应用到各大领域。但是，作为现代化标志几十年之后，这个工业化的产物经过时间的沉淀和实践的检验，又摇身成为恶魔的化身。欧洲环保组织将塑料袋的发明称为“20 世纪人类最糟糕的发明”。从新鲜事物到广受欢迎再到今日的恶魔化身，均根源于两个字——性质。高分子聚合物，高分子的大分子结构，必然难以分解，多种添加剂的聚合，必然成分复杂。一个塑料瓶大约需要 700 年的时间才能降解。此外，80%的塑料瓶是无法回收的，且很多塑料含有污染性的化学物质。瓶装水 90%的成本来自塑料容器。塑料从煤炭、石油、天然气等原生矿物中提取，本身没有污染。但是在制作过程中使用的增塑剂、添加剂等具有一定的毒性，游离到大气环境中形成污染。另外，基于塑料的不可降解性，塑料容易与其他物质相混合，造成塑料因不可降解的混合污染。于是，生活中的废弃塑料大多呈白色，“白色污染”四个字成了人类无法逃避的痛，不能没有塑料又千方百计想要逃离塑料，成了生活中的切肤之痛。塑料造成的危害较为多样，上百种的塑料由于成分不同，危害各不相同，但总体都会对人类生存造成严重威胁，具体说来，有如下方面的危害。

（一）环境污染

塑料废弃物大多是作为容器使用，袋子瓶子都用来盛放特定物品。特定物品与塑料的长期接触必然形成近渗透与污染的效应，同时，塑料被广泛丢弃于人类方便的任何地点，被不同物品污染的概率较高。另外，塑料中的各种增塑剂、添加剂等经过一定的时间，会失去其稳定性，产生一定的离析现象。离析出来的物质有铅类、氨类、硫类、苯类等多种化合物或气体，形成多种白色污染。废弃塑料的堆放容易产生一定的温度，高温下释放出有毒气体，诸如双酚 A，一种低毒性化学物。动物实验发现双酚 A 有模拟雌激素的效果，即使很低的剂量也能使动物产生雌性早熟、精子数下降、前列腺增长等作用。当燃烧废塑料时，产生的危害更大，在聚丙烯酰胺、聚氨基甲酸酯、脲-甲醛树脂等材料燃烧气体中检测到一定剂量的氰化氢，这是一种剧毒物质。燃烧中产生气体的数量从多到少依次是二氧化碳、一氧化碳，另外还有氮氧化物、二氧化硫、氨等，聚氯乙烯塑料制品燃烧后可产生氯化氢气体。

废弃塑料容易造成土壤污染、大气污染、水污染。当废弃塑料任意堆放于空间时，或填埋于土壤层中，塑料的添加剂中有害成分的游离会造成土壤污染；当在空间燃烧废塑料，或废弃塑料自身产生一定高温时，释放的有毒有害气体会形成大气污染，而随意抛弃在小河小沟中的塑料制品，河面上的生活船类抛掷的塑料废弃物，无疑会造成废旧塑料对于水体的污染。

（二）视觉污染

视觉污染是指塑料袋、盒、杯、碗等散落在生活环境中，散落在城市中，或者人们随手丢弃的塑料废弃物对市容、景观的破坏。例如，散落在铁道两旁、江河湖泊中的大量聚苯乙烯发泡塑料餐具和漫天飞舞或挂在枝头上的超薄塑料袋，给人们的视觉带来不良刺激，影响环境的美感。行驶在一望无垠的高速公路上，迎面而来的废弃塑料袋，伴随两侧绿色植物的生机盎然，会带来视觉障碍，形成错误判断。秀美的长江边上空气清新，浩浩江面船只来来往往，过渡区的柳林郁郁葱葱，偶尔翻过的江豚显示了长江之美，但地面，树干不时闪过白色或彩色的包装物，江边美景顿时黯然失色。无处不在的塑料，随意散落甚至随风飘浮，常给和谐洁净的自然，带来凌乱与污浊。

（三）细菌传播

塑料盛装物品多样，废弃的一次性使用塑料器具随处可见。菜场的垃圾袋，外卖中使用的一次性沾满油污的碗具，医疗中使用的一次性手套、针管等，传播病菌和不洁净形成的细菌等。当前对于医疗一次性塑料废弃物已经单独处理。但是，一次性塑料杯、塑料碗、剥虾蟹的一次性手套等，甚至鱼腥虾臭菜湿果烂都统统以塑料袋包裹，细菌的肆意传播在所难免，在烈日炎炎的夏日，传播速度加快，造成的危害更令人担忧。

（四）物种损害

有研究表明，仅在2010年就有800万t塑料进入海洋，美国国家海洋暨大气总署的海洋残骸计划总监华莱士指出，丢弃在水中的塑料垃圾已危害到逾600种海洋生物，造成鲸鱼、海龟、海豚、鱼和海鸟伤害或死亡（袁一雪，2017）。塑料致海洋生物死亡的原因有多方面，比如，当塑料的细微颗粒粘连水草，或者与海洋水中的可食物品混合，被海洋生物吞食，这些塑料在生物脾胃中不可消化，并形成一定的伤害，对于物种的损害显而易见。另外，塑料中的有毒成分浸透到水中，形成有毒水体，毒害海洋生物。在土壤中，对土地植物的影响原理基本相同。

（五）人类伤害

燃烧聚氯乙烯产生的氯化氢，人接触后会引起咳嗽、打喷嚏、气急、胸闷以及流鼻涕和流眼泪等症状。吸入高浓度的聚氯乙烯可发生肺水肿，长期接触可诱发慢性支气管炎。有资料显示双酚A具有一定的胚胎毒性和致畸性，可明显增加动物卵巢癌、前列腺癌、白血病等癌症的发生。同济大学基础医学院厉曙光教授的课题组，曾经分别采集市场上不同品牌和不同出厂日期的塑料桶装大豆色拉油、调和油、花生油，以及市场上销售的散装豆油。测定后发现，几乎所有品牌的塑料桶装食用油中，都含有增塑剂“邻苯二甲酸二丁酯”，对男性生殖系统具有一定的伤害。而海洋物种因塑料损伤后进入人类食物链，成为人类的食品，如同人类食用细微塑料颗粒，这些塑料将在人体内长期产生负面作用。

于是，坚持与白色污染做斗争的英勇斗士应运而生。在此介绍较为典型的一位代表人物，这就是全国人大代表，以送竹篮替代塑料买菜袋而闻名的浙江农民——陈飞。

引申阅读

十年“挈篮儿”——永嘉农民陈飞的“草根低碳”之路（沙默，2010）

“不浪费！”这是提篮上京的永嘉农民陈飞对“低碳”的个人解读，虽然不是很确切，但简单通俗，透出一股属于农民的“草根智慧”。

陈飞本是一个老家在永嘉县渠口乡朱岸村的普通农民。他人生的拐点源自2000年他提着竹篮在温州的菜市场宣传“菜篮子回归”的环保主张，之后他“契篮儿”到处走，到市里、到省里、到北京，一直到2009年，他的篮子还出现在全球政要云集的哥本哈根全球气候大会的现场。

刚开始，陈飞都是自费和妻子一起外出提篮宣传，他曾花40天走遍整个浙江省，10年间他到过全国21个省、直辖市、自治区。作为一个农民他并没有多少资金，所以那时候夫妻俩住的是一晚20多元的招待所，早餐只花一二元买两个面包啃，虽然采取了最经济的方式，但十年来他也花了30多万元用于宣传、赠送竹篮方面。陈飞如此不竭余力地每到一地宣传环保，其实最终的目的很朴质：“我希望有朝一日全国人民买菜都用菜篮子。”

十年间，陈飞送出了2万多个竹篮，但他自己始终提着一个用旧了的竹篮，篮子的握把已经被他的手拿得油光发亮，篮子边有些竹条已经磨损、变色。陈飞说，自己很喜欢这个竹篮，圆形稍高的篮内用竹片隔成两半，这样一边放肉，一边放鱼不会串味，而他外出宣传时，也喜欢提着这个竹篮，并把各种资料放在竹篮里。

2009年是全球气候大会的召开之年，也让“低碳”成为大众关注的热点，而陈飞觉得，自己这多年来的环保宣传也和现在提倡的“低碳生活”不谋而合。“在我看来，‘低碳’就是不浪费，少用一次性的塑料袋、筷子等，选择使用一些能反复使用的工具。”陈飞说，为此，他还想办法托人把自己赠送的竹篮带到丹麦哥本哈根全球气候大会的现场。而2010年全国“两会”期间，他一手提着竹篮，一手拿着《低碳生活宣言》来到北京的各个社区宣传环保和低碳。

思考：陈飞送出2万多个菜篮子，花了30多万元用于宣传，其目的是希望竹篮子替代塑料，能够反复使用，从而降低污染，减少碳排放。这种执着的理念和持之以恒的践行，为的就是地球环境更加美好，人类真正在惜物爱物中获得真知和幸福。

二、国外废塑料的处理状况剖析

塑料的应用起源于国外，因此，国外对于废塑料的处理，在实践中的起步也比较早。美国、中国、德国和日本都是塑料生产和消费大国。但是做派严谨的德国和资源匮乏的日本，在废弃塑料的应用和处理领域相对更为审慎，也更为周全。

（一）德国

在20世纪，德国的废塑料回收和应用就取得了较为先进的成果。1994年4月，德国巴斯夫股份公司（BASF）原料回收工厂对塑料采用高温裂解技术，可产生20%～30%的气体和60%～70%的油（熊秋亮等，2013），据说巴斯夫股份公司投资4000万马克，建成年处理1.5万t的装置，废塑料在无氧条件下加热至300℃时可以将聚氯乙烯产生的氯化氢用于制作盐酸，温度上升至400℃时产生油类和煤气。德国重伯油公司建成了日处理能力10t的装置，将垃圾回收中心回收的混合废塑料加热至600～800℃和1000℃以下加热30分钟，可以分解获得35%～58%的柴油和23%～40%的煤气（赵莹等，2013）。德国Espag公司的Schwarze Pumpe炼油厂每年可以将1700t废弃塑料加工成城市煤气，德国的Hoechst公司可以将混合塑料气化，转换成水煤气作为合成醇类的燃料（朱晓军等，2012）。

德国自1991年开始对包装进行分类，采用双元回收制度（DSD）。特定生产企业与第三方回收公司即绿点公司，签订一定的协议，约定由其负责统一回收产品包装，包装上在生产时印上绿点标记（图11-1），代表着可以循环利用。如果日常塑料包装上印有圆圈和箭头组成的图案，即“绿点”标记，该塑料包装即可回收。由绿点公司统一回收后送至相应的资源再利用厂家进行循环利用，能直接回用的包装废弃物则送至制造商。据统计，2013年，德国废塑料产生量568万t，57%实现热能源回收利用，42%作为资源进行回收利用，废塑料回收利用率为99%。但是，在作为资源回收的42%比例中，有超过一半即23%为出口处理，作为原料进行回收利用只占1%，其余18%作为功能性材料进行回收利用（徐海云，2016）。

图11-1 德国“绿点”标记

（二）日本

日本过去是塑料生产第二大国，现在依然保持着世界第四大塑料生产国的强劲势头。日本的废弃塑料一般也是采用分类回收方式，进行有效的资源和能源化利用。富士生态循环公司于20世纪90年代初在美孚石油的协助下，投资11亿日元，对PS、PP、PE等混合废塑料进行热解，加热至400～420℃使之分解得到气体，再由一定的催化剂气相转化，从而得到低沸点的油品（赵莹等，2013）。

日本废弃塑料的来龙去脉。日本废塑料大多来源于消费环节，以2011年为例，根据日本废塑料再生利用协会统计，废塑料来源分别是包装容器45.8%，机械及电器16%，家庭用品10%，生产加工7.9%，建材7.8%，运输5.2%，农林1.6%，其他5.7%。而日本废塑料的最终处理比例是再生利用22.3%，燃烧发电34.3%，热能燃烧 11.0%，固态燃烧 6.8%，炼油或气化 3.8%（李丛志，2013）。而直接填埋和燃烧销毁的分别是 11.1%和 10.7%，有效利用率达到 78%以上。

根据日本塑料制品协会公开统计数据，2014 年日本废塑料总量为 926 万 t，有效利用量 768 万 t，有效利用率达到 83%。但如果仅计算材料回收利用 233 万 t，回收利用的比例只有 25%。进入生活垃圾焚烧厂的废塑料也算成了有效利用。进行材料回收利用的废塑料大部分用于出口（2014 年出口 160 多万吨，其中 90%是出口到我国大陆），在日本本土进行材料回收利用不足 7%，这 7%中，还包括约 3%喷入高炉作为还原剂利用，总体说来，日本废塑料中作为塑料原料回收利用的比例只有 4%（徐海云，2016）。

（三）美国

尽管美国是塑料最大生产国，但在回收领域的成绩却远远落后于生产。美国当今的塑料回收比例约为 10%，2012 年为 8.8%，2013 年为 9.2%（2000 年回收比例为 5.8%）。2013 年废塑料产生量 2900 万 t，回收量 270 万 t。2012 年美国出口废塑料 215 万 t（其中出口到我国 169 万 t，占 79%）。在美国本土的回收率只有 2%左右。其中 PET 瓶回收率 2012 年为 30.8%，2013 年为 31.2%（2000 年回收率为 22.1%）（徐海云，2016）。而 PET 瓶的回收，很大程度上得益于饮料界巨头可口可乐公司的循环利用。

（四）欧盟

欧盟是国家的集合，不同国家的废弃塑料回收，在技术和成果上有所不同。欧洲的废塑料处理有以下组织协调和管理：欧洲塑料回收协会，欧洲塑料循环利用商会，欧洲塑料回收和循环利用协会，该三组织总部均设在比利时首都布鲁塞尔（李丛志，2013）。

从总体回收利用率方面分析，欧盟 27 国 2008 年的塑料回收率是 54%，2011 年上升至 59%，而 2013 年则达到 62%，在 62%中，有 26%属于材料回收利用，36%属于热能利用（熊秋亮等，2013）。图 11-2 显示了各成员国废塑料的具体回收状况。可以看出，回收较为科学合理的国家依次排名为挪威、瑞典、荷兰、德国等，回收利用率均超出了 30%。比利时、爱尔兰的废塑料回收利用率也达到了 30%。

三、我国废弃塑料治理历程与方式

目前我国人均塑料消费量与世界发达国家相比还有很大的差距。据统计，作为衡量一个国家塑料工业发展水平的指标塑钢比，我国仅为 30∶70，不及世界平均的

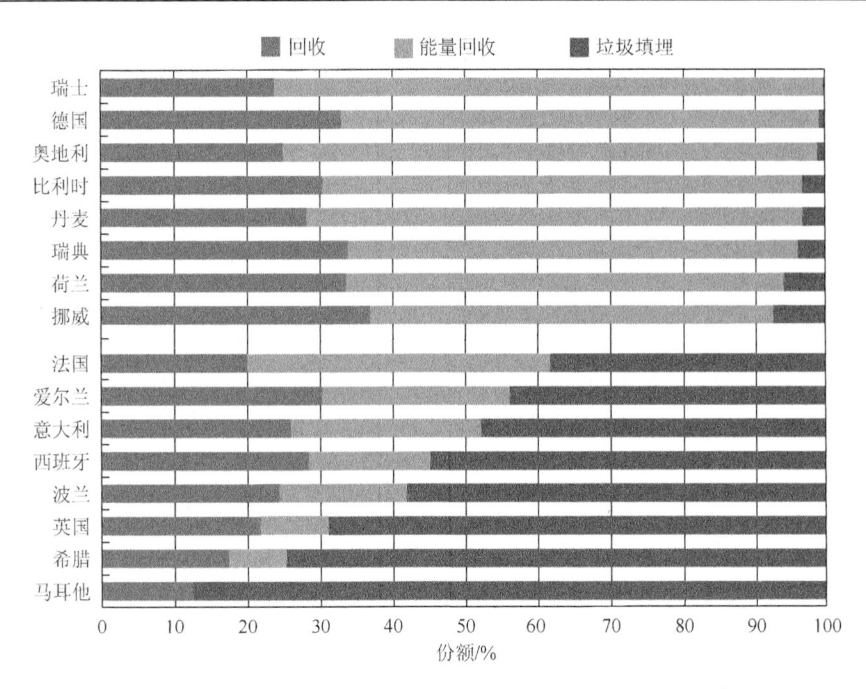

图 11-2　2012 年部分欧盟国家的废塑料处理和回收情况[①]

50∶50，更远不及发达国家如美国的 70∶30 和德国的 63∶37。早在 2010 年，世界人均塑料消费量为 40kg，我国塑料的人均消费量为 46kg。发达国家的人均塑料消费大多在 120kg 以上，据目前统计，美国的人均塑料年消费量为 170kg，比利时为 200kg[②]。

以上数据说明，从人类发展角度，塑料的利用与发展是必然现状与趋势。但是，由塑料带来的困境和危害，必须在现实基础上予以消除，因此，对于不同领域的塑料应用应采取科学的取舍态度。发展中有益于减少能耗，增强绿色环保功能的应加大应用的宽度与深度；可能造成损害的，并非绝对需要的则减少使用，如一次性塑料制品、薄型塑料袋等。同时，对废弃塑料进行适当治理，有效治理，健康治理。

从废弃物治理角度，需遵循减量化、无害化和资源化的基本原则与理念，废塑料的治理也需如此。减量化是国际废弃物治理理念中的首位原则，废塑料的减量化，首先应从废弃较多、危害极广的塑料应用领域开始。在我国的废塑料治理历程中，首当其冲的是对一次性塑料制品和使用的薄膜塑料袋的禁止和限制，即禁塑令与限塑令。

① 数据来源：Consultic，PlasticsEurope（搜狐网，2016-08-10）。

② 中国产业信息网，2016-11-24。

（一）治理历程中的“禁塑令”与“限塑令”的“禁”“限”失灵

1.“禁塑令”的命运多舛

禁塑令是针对一次性发泡塑料餐具实施的禁止使用命令。我国于 20 世纪 80 年代，准确说是 1986 年，开始在铁路使用一次性发泡塑料餐具，结果却给铁路沿线造成了废弃塑料垃圾对生态和环境的严重破坏，由此，铁道部于 1995 年 5 月起全面禁止一次性发泡塑料餐具在铁路车站的使用。1999 年 1 月，一次性发泡塑料餐具被列入原国家经贸委颁布实施《淘汰落后生产能力、工艺和产品的目录》之中，且在 2005 年 12 月，经国务院审核批准，国家发展和改革委员会颁布《产业结构调整指导目录（2005 年本）》（国家发改委令第 40 号）将一次性发泡餐具列入淘汰类产品，并规定禁止投资、进口、生产、销售和使用一次性发泡餐具。但是，集投资、生产、销售、使用四方面全面禁止的一次性发泡餐具，却在 2013 年 2 月 26 日，被国家发展和改革委员会在淘汰类产品目录中予以删除，即解禁并重新获得生产使用的合法地位。

究竟是“禁”还是“不禁”？“禁”的缘由是聚苯乙烯的毒性和不可降解，市场紊乱，难以回收；“不禁”的理由是符合国家食品包装用具相关标准，使用后可以回收再利用，国际上许多国家和地区一直在使用，可以节约石油资源，以及聚乳酸等植物性原料在不断创新取代聚苯乙烯。

1999～2015 年的禁塑令是禁而不止，2015 年至今的状态则是解禁中依然有禁止。这恰恰体现的是一次性塑料制品的治理困境。解禁令颁布后，除了日喀则新制定了对一次性不可降解塑料袋塑料餐具的禁止令，有很多地区对于之前指定的一次性塑料餐具禁止令，并未在国家框架下同时解禁。如吉林、上海、湖南、江苏、拉萨、呼和浩特、广州、珠海、深圳、青岛等省份和城市，对于一次性塑料的禁令依然保持。

客观事实证明，单纯禁止或者解禁，都无法彻底解决一次性塑料制品的适用问题。对于取代聚苯乙烯的植物性生物质塑料，应大力倡导，同时对于其他允许适用的一次性塑料制品，规定细化具体的生产标准，确立严格回收责任，回收程序，以及对不履行生产标准和回收义务者规定明确严厉的法律责任。制度、监管、执行，都需要切实落实。

2.“限塑令”的名存实亡

（1）“限塑令”的规定与发展

一次性餐具和塑料薄膜袋一直都是白色污染的罪魁祸首。据专家测定，全国每天用掉的塑料购物袋在 30 亿个以上，需要耗费 13000 多吨石油。相对于一次性餐具的禁塑，对于塑料薄膜袋的治理，则是相对缓和的限塑，即国务院于 2007 年 12 月 31 日发布 72 号令《国务院办公厅关于限制生产销售使用塑料购物袋的通知》，通知声明，从 2008 年 6 月 1 日起，在全国范围内禁止生产、销售、使用厚度小于 0.025 毫米的塑料购物袋，以下是限塑令全文。

国务院办公厅关于限制
生产销售使用塑料购物袋的通知

国办发〔2007〕72 号

各省、自治区、直辖市人民政府，国务院各部委、各直属机构：

塑料购物袋是日常生活中的易耗品，我国每年都要消耗大量的塑料购物袋。塑料购物袋在为消费者提供便利的同时，由于过量使用及回收处理不到位等原因，也造成了严重的能源资源浪费和环境污染。特别是超薄塑料购物袋容易破损，大多被随意丢弃，成为“白色污染”的主要来源。目前越来越多的国家和地区已经限制塑料购物袋的生产、销售、使用。为落实科学发展观，建设资源节约型和环境友好型社会，从源头上采取有力措施，督促企业生产耐用、易于回收的塑料购物袋，引导、鼓励群众合理使用塑料购物袋，促进资源综合利用，保护生态环境，进一步推进节能减排工作，经国务院同意，现就严格限制塑料购物袋的生产、销售、使用等有关事项通知如下：

一、禁止生产、销售、使用超薄塑料购物袋

从 2008 年 6 月 1 日起，在全国范围内禁止生产、销售、使用厚度小于 0.025 毫米的塑料购物袋（以下简称超薄塑料购物袋）。发展改革委要抓紧修订《产业结构调整指导目录》，将超薄塑料购物袋列入淘汰类产品目录。质检总局要加快修订塑料购物袋国家标准，制订醒目的合格塑料购物袋产品标志，研究推广塑料购物袋快速简易检测方法，督促企业严格按国家标准组织生产，保证塑料购物袋的质量。

二、实行塑料购物袋有偿使用制度

超市、商场、集贸市场等商品零售场所是使用塑料购物袋最集中的场所，而且目前大多免费提供塑料购物袋。为引导群众合理使用、节约使用塑料购物袋，自 2008 年 6 月 1 日起，在所有超市、商场、集贸市场等商品零售场所实行塑料购物袋有偿使用制度，一律不得免费提供塑料购物袋。商品零售场所必须对塑料购物袋明码标价，并在商品价外收取塑料购物袋价款，不得无偿提供或将塑料购物袋价款隐含在商品总价内合并收取。商务部要会同发展改革委制订商品零售场所塑料购物袋有偿使用的具体管理办法，并切实抓好贯彻落实，逐步形成有偿使用塑料购物袋的市场环境。

三、加强对限产限售限用塑料购物袋的监督检查

质检部门要建立塑料购物袋生产企业产品质量监督机制。对违规继续生产超薄塑料购物袋的，或不按规定加贴（印）合格塑料购物袋产品标志的，以及存在其他违法违规行为的，要依照《中华人民共和国产品质量法》等法律法规，相应给予责令停止生产、没收违法生产的产品、没收违法所得、罚款等处罚。要完善质量监管措施，加大执法力度，严格执行曝光、召回、整改、处罚等制度。

工商部门要加强对超市、商场、集贸市场等商品零售场所销售、使用塑料购物袋的监督检查，对违规继续销售、使用超薄塑料购物袋等行为，要依照《中华人民共和国产品质量法》等法律法规予以查处。商品零售场所开办单位要加强对市场内销售和使用塑料购物袋的管理，督促商户销售、使用合格塑料购物袋。塑料购物袋销售企业要建立购销台账制度，防止不合格塑料购物袋流入市场。

旅客列车、客船、客车、飞机、车站、机场及旅游景区等不得向旅客、游客提供超薄塑料购物袋（包装袋），铁道、交通、民航、旅游等主管部门要切实履行监督检查职责。

四、提高废塑料的回收利用水平

环卫部门要加快推行生活垃圾分类收集和分类处理，切实减少被混入垃圾焚烧或填埋的废塑料数量。废旧物资回收主管部门要加强对废塑料的回收利用管理工作，指导、支持物资回收企业建立健全回收网点，充分利用价格杠杆和提供优质服务等措施促进废塑料的回收，大力推进规模化分拣和分级利用，充分发挥塑料资源的效用。

环保部门要加大对废塑料回收利用过程的环境监管，制订环境准入条件、污染控制标准和技术规范并监督实施，建立废塑料从回收、运输、贮存到再生利用的全过程环境管理体系。

科技部门要加大对废塑料处理处置技术研发的支持力度，开发推广提高废塑料利用附加值的技术和产品，提高废塑料资源利用水平。

财政、税务部门要尽快研究制定抑制废塑料污染的税收政策，利用税收杠杆调控塑料购物袋的生产、销售和使用，支持、鼓励废塑料综合利用产业的发展。

五、大力营造限产限售限用塑料购物袋的良好氛围

结合环境日、节能宣传周等活动，充分利用广播电视、报纸杂志、互联网等各种媒体，采取群众喜闻乐见、通俗易懂的方式，重点选择社区、村镇、学校、超市、商场、集贸市场及车站、机场、旅游景点等场所，广泛宣传“白色污染”的危害性，宣传限产限售限用塑料购物袋的重要意义，使广大群众和生产、销售企业牢固树立节约资源和保护环境意识，自觉合理使用塑料购物袋，依法生产、销售合格塑料购物袋。

提倡重拎布袋子、重提菜篮子，重复使用耐用型购物袋，减少使用塑料袋，引导企业简化商品包装，积极选用绿色、环保的包装袋，鼓励企业及社会力量免费为群众提供布袋子等可重复使用的购物袋，共同营造节制使用塑料购物袋的良好氛围。

六、强化地方人民政府和国务院有关部门的责任

地方各级人民政府负责本地区限产限售限用塑料购物袋工作，要高度重视，加强领导，周密部署，精心组织各职能部门制订具体办法并抓好落实。发展改革、商务、质检、工商等部门要各司其职、各负其责，通力协作、密切配合，确保各项限产限售限用措施落实到位。要加强行政监察和执法监督检查，切实落实执法责任追究制度，强化地方各级人民政府和国务院有关部门的责任。对行政不作为、执法不力的，要依照《中华人民共和国行政许可法》、《中华人民共和国行政处罚法》追究有关主管部门和执法机构主要负责人及相关责任人的责任。

国务院办公厅

二〇〇七年十二月三十一日

与之相对应，国家发展和改革委员会在2011年的《产业结构调整指导目录》明确规定了限制类塑料袋和淘汰类的塑料购物袋标准，即在限制类的轻工部分第 3 条规定了超薄型（厚度低于 0.015mm）的塑料袋生产；在淘汰类的轻工部分第 4 条，明确淘汰超薄型（厚度低于 0.025mm）的塑料购物袋生产。

限塑令在各地人大及政府转化为地方法规或规章，制定了各地的限塑令。限塑令执行至今已经历经九年，观执行效果，却令人不甚满意。农贸市场，小型个人超市，甚至商场内，0.025mm 以下的塑料购物袋依然无限制地任意使用。

（2）“限塑”内涵解析

限塑令之所以称为“限”，包含两个方面。其一，对于 0.025mm 以下的塑料购物袋一律禁止生产销售和使用；其二，商场、超市和集贸市场不得提供免费塑料购物袋。即限制了允许使用的塑料购物袋的厚度，限制了商场超市集贸市场的免费提供。在此可以理解为非购物类的塑料袋厚度不受限制，商场超市集贸市场以外的其他主体免费提供塑料购物袋也不受限制。

限塑令，限制的只有塑料购物袋，并非所有塑料袋。塑料购物袋只是塑料袋的一种。塑料袋包含有食品袋、包装袋、垃圾袋、购物袋及礼品袋等。例如，餐饮业在提供打包服务中，大包的背心袋被使用，这些塑料袋无 0.025mm 的厚度要求，也并非是商场、超市和集贸市场，即便是商场，提供的背心袋很多时候用于包装，并非作为购物用途。而农贸市场、水果店铺及私人超市的免费塑料购物袋更是禁而不止，没有买卖就没有生产，还是没有生产就没有买卖，已不是问题的关键。充斥市场的塑料购物袋，已经说明限塑令某种程度的失灵。媒体的时有报道，叙述着限塑令的无力，如《七年“限塑令”为何不痛不痒》（宛诗平，2016），《限塑八年，为何依然我行我“塑”》（杨频萍等，2016），《名存实亡的“限塑令”考验着什么》（吴兴人，2017）等。悲凉无奈的呼唤，既表明了对塑料袋污染的普遍不满，也是希望能真正实现限塑的殷切表达。

（3）“限塑令”失灵的原因分析

限塑令的失灵，大致可能有如下有几个方面的原因。

第一，限制与淘汰的矛盾。在国家发展和改革委员会的《产业结构调整指导目录》中，规定了 0.025mm 以下的塑料购物袋为淘汰产品，0.015mm 以下的塑料袋是限制产品。由此从文字上推敲，0.015～0.025mm 厚度间的塑料购物袋是绝对淘汰范围，但是 0.015mm 以下厚度的塑料袋是限制类产品，而塑料袋含有塑料购物袋和塑料非购物袋，即 0.015mm 厚度以下的塑料购物袋可能被很多生产销售者引用限制类条款来进行生产和销售，甚至以此对抗相应部门的检查监管。从严格意义上说，可能是存在条款间冲突。准确的阐述是在限制类目录中，定义为“0.015mm 厚度以下的非购物类塑料袋”。

第二，限制的范围和标准欠缺。目前的限制只存在于超市、商场和集贸市场三大主体，但是路边的个体商贩同样从事着买卖贸易，其提供塑料购物袋应该在规范范围之内，而不应因免费具有了市场竞争优势。在成分标准方面，应进行行业规范，塑料购物袋一律不得使用有毒添加剂。

第三，限制程序和法律责任欠缺。在限塑令的监管主体方面，应明确部门职责分工。工商、质检、环保三部门联合执法，工商对其生产销售规模进行核查，质监检验其成分，环保对环境影响予以评价，对于非法生产销售禁止类的塑料购物袋，予以严厉追究行政责任和经济责任，特别是对于罚款和高额税收等经济手段的应用。

第四，限制威慑力欠缺和替代措施步伐跟进落后。限塑令威慑力的欠缺主要体现为，对于使用者而言，最大的区别只是收费与免费而已，收费的范围也就是微不足道的几毛钱。目前，超市购物袋的收费幅度根据袋子体积分为 0.2 元、0.3 元和 0.4 元三个等次，大多消费者均不会因为几角钱而随身携带环保袋，或多次使用购物袋。另外，目前市场的环保袋存在价格高，占用体积大等因素，最终，消费者也未因为收费而限制了塑料购物袋的使用。

第五，公众知识意识的导入不够。公众知识不够是指对于塑料购物袋的危害认识不够。很多消费者欠缺对于塑料袋的基本认知，不加区别的拿来主义，只求方便，根本不能科学了解塑料对于自身和环境的多重负面可能结果。知识的不足引起意识的欠缺，意识的欠缺不一定是知识的不足。但公众整体的环境意识欠缺，公益净化精神的缺乏，在日常的塑料购物袋的使用中有所展现，比如超市蔬菜包装袋的任意抽取，甚至以包装袋取代购物袋而创造几毛钱的免费机会，在个体菜摊上，取用免费塑料购物袋也无所节制。

限塑令的成效欠缺不能作为放弃的理由，对此，应针对原因，科学有效地寻求合理有效的治理路径。

（二）废弃塑料的终结处理方式

从无害化角度，对于难以分类回收的混合废弃塑料，治理主要体现为两种方式：填埋和焚烧。

废弃塑料的填埋。第一章已经介绍，我国废弃物的主要无害化处理方式是填埋，近几年的比例一直持续在 60%左右。对于目前分类并不理想的状态下，废弃物中的塑料成分大多是填埋处理。塑料是典型的轻质材料，因此，具有体积大、密度小的特征。因此填埋占用的空间远远大于普通废弃物。另外，无论是热固性还是热塑性塑料，在填埋后，相当于缺氧的真空环境，非常难以降解，甚至在地下的数百年间都无法被降解吸收。因此，用于填埋废弃塑料的土壤，由于难以降解的特性，影响土壤的肥料吸收能力，无法正常用于耕作。即便废弃塑料进行降解，聚合物中的有毒添加剂成分，也会对土壤造成污染，对于土地和地下水均产生不良后果。因此，以填埋方式处理废弃塑料，并非是无害化处理，更绝非理想治理途径。

废弃塑料的焚烧。塑料原料来源于石油，因此，焚烧燃烧热值高于普通废弃物，比如，聚乙烯与聚苯乙烯的燃烧热高达 46000kJ/kg，而燃料油的平均燃烧热值也只有 44000kJ/kg，聚氯乙烯的热值高达 18800kJ/kg。废弃塑料燃烧速度快，灰分低，国外用之代替煤或油用于高炉喷吹或水泥回转窑。但废弃塑料燃烧中会排出大量二氧化碳还有一氧化碳，另外还有氮氧化物、硫化物、氨等物质，以及可能的少量但危害极大的高致癌物——二噁英。这些燃烧产生的有毒有害气体不仅会腐蚀锅炉和管道，而且对环境有害，影响人类健康。因此，国外开发了 RDF 技术，将塑料废弃物与其他垃圾废纸、木屑、果壳混合压缩制成固体燃料，既稀释了塑料的有害组分而且便于储存运输。对于那些技术上不可能回收，诸如各种复合材料或合金混炼制品和难以再生的废塑料，可采用焚烧处理回收热能。但是，这类特殊废弃塑料需要专门的焚烧炉设备，其投资、损耗、维护、运转费用较高。

（三）废弃塑料的回收处理

1. 我国废塑料的回收利用状况

该角度从严格意义上而言，不是从资源化角度，而是从循环化的角度。

作为制造业大国，为获得有效塑料原料，我国一直致力于废弃物塑料的再利用，以此缓解原生塑料原料的不足。但是再利用的前提是回收，在回收方面，总体情形可以概况为国内回收供不应求，国外涌进纷纷扰扰。2015 年 1 月，王久良的纪录片《塑料王国》震惊观众。

引申阅读

塑料垃圾的跨国之战：大量未经处理进入我国（李瑾，2015）

一组美国国际贸易委员会的数据显示，从 2000 年到 2011 年的 11 年间，中国从美国进口的垃圾废品交易额从最初的 7.4 亿美元飙升到 115.4 亿美元。

庞大的进口垃圾，在中国是如何完成资源回收利用的？期间产生的污染问题如何解决？

一部 26 分钟的纪录片——《塑料王国》，揭开了关于进口垃圾处理的残酷真相，却在中国再生资源行业内外，掀起一场争论。

一个不得不面对的事实是，中国是世界上最大的塑料垃圾进口国。

一个概念需要厘清——经过分拣和清洗的塑料垃圾，属于国家允许进口的可再生资源。

另一个概念同样需要厘清——从生活垃圾中去分拣和清洗塑料垃圾，不仅涉及必要的分拣技术，更需要足够的处理伴生污染的能力。

问题随之而来。

所有进入中国的塑料垃圾，都已经完成了必要的分拣和清洗了吗？如果没有，这就意味着这些分拣和清洗的程序都要在中国进行。那么，人们对伴生污染的处理能力到底处于什么水平？现实中的塑料垃圾处理真能严格执行污染处理的所有要求吗？

经过28个月的跟踪拍摄，中国塑料垃圾处理的真实场景，触目惊心地显示在纪录片导演王久良的作品之中，尽管他选用一个不无中性色彩的名字——《塑料王国》。

在冷峻而不加掩饰的镜头下，大量未经处理的塑料垃圾进入中国，散布在从北到南的30多个大小乡镇，最终在一个又一个小作坊里，由几乎没有任何防护的工人用手完成了粗糙的分拣。接下来，清洗塑料垃圾的污水直接排入河流，无法再生利用的废弃垃圾在农田边焚烧，黑色的浓烟充满着刺鼻的气味。这些村庄里，地下水已经无法饮用，越来越多的年轻人开始罹患癌症。

这是一个关于垃圾的残酷真相，更是一个关于贫穷、人性、逐利、价值观的故事。

塑料引爆话题。

当垃圾处理成为一门生意，抢夺垃圾的战争就已经打响。

通常的观点认为，垃圾是放错位置的资源。不能否认，这个观点成为垃圾产业在中国快速发展的理论支撑，甚至有了相当程度的社会共识。

但是，在与垃圾打过7年交道后，王久良坚持认为，“垃圾等于资源”不过是一种脱离现实的理想状态，因为它完全忽略了垃圾处理过程产生的巨大污染。“至少从目前看，混乱的处理过程和低下的处理能力，使得我国的垃圾处理仍然是一个负增值的产业。”

………

源源不断的集装箱货车，拉着满满的垃圾进入村庄。留守农村的妇女和老人，还有那些来自更贫穷地区的打工青年，在乱糟糟的作坊里用手分拣着塑料垃圾。这些垃圾的“原产地”，多是美国、德国、英国、法国、日本、韩国和澳大利亚。在镜头里，很多生活塑料垃圾里面掺杂着不明化学粉剂，灼伤了翻检者的双手。甚至还有一个在垃圾堆旁玩耍的孩子，拿起一个还残留着不明液体的针管，毫无戒备地直接放进嘴里玩耍。

根据官方数据，我国历年从国外进口的废塑料一直保持在800万t左右，自2009年以来，我国对外进口废塑料的数量基本控制在800万t左右，以2012年为拐点，2012年以前呈逐年增多趋势，2012年之后则逐年递减。具体历年数据见表11-2。

表 11-2　我国 2009～2016 年废塑料进口数量

年份	2009	2010	2011	2012	2013	2014	2015	2016
进口/万 t	732	801	838	888	788	825	736	735

除了来源于进口废塑料的回收利用，我国再生利用的废塑料的很大部分来源于国内。根据表 11-3，我国 2009 年的废塑料回收量大致 1000 万 t，经过多年发展，到 2015 年，废塑料回收已达到 1878 万 t，8 年间完成了几乎翻倍的回收成果。对比表 11-2 和表 11-3 分析，国内外废塑料的不同来源比例大致如下：早期由于回收行业刚刚起步，资源短缺，国外废塑料资源占据较大成分，但是随着该回收产业的发展，我国的收运系统不断完善，国内废塑料的回收利用，在整个废塑料回收中占据绝对高比例优势。综合表 11-2 和表 11-3，总核算得出，我国从 2009～2016 年对废塑料回收利用的总量分别为 1732 万 t、2001 万 t、2188 万 t、2488 万 t、2154 万 t、2825 万 t、2536 万 t、2613 万 t，总体数量无论在进口方面或是国内方面，均是有升有降，但是，国内废塑料的回收总比例却是稳中有升，分别达到 57.7%、60.0%、61.7%、64.3%、63.4%、70.8%、71.0%和 71.9%。除 2013 年稍有下降，其余年份比例均为上升状态。这一方面源于海关对于进口废弃的严格控制，对于废弃塑料，未来我国会实现更为严格的标准和规定加强规范，2017 年 4 月，中央全面深化改革领导小组审议通过了《关于禁止洋垃圾入境推进固体废物进口管理制度改革实施方案》，在 2017 年年底前，将禁止进口废塑料、未经分拣废纸、废纺织原料、钒渣等 24 类固体废物。另一方面，说明在废塑料的回收应用方面，我国的状况处于上升态势。

表 11-3　2009～2016 年我国废塑料回收表①

年份	2009	2010	2011	2012	2013	2014	2015	2016
回收/万 t	1000	1200	1350	1600	1366	2000	1800	1878

目前根据我国官方数据，以 2009～2013 年为例，回收率为 23%～29%，计算方法是以国内废塑料回收量除以塑料消费量，这一计算方法与国际并不一致。废弃领域的权威专家徐海云认为，通行的国际方法是以废塑料回收数量除以废塑料产生数量，以此标准来计算，我国的废塑料回收率在 2009～2013 年则达到了 41%～47%，而国外将能量回收也计算到回收利用率中，我国的废塑料的热能转化未计算进回收率之中。因此徐海云（2016）的最后结论是我国在废塑料领域的实际回收利用率明显高于日本、美国和欧盟。

① 表 11-2、表 11-3 的数据均来源于商务部历年再生资源回收报告的总结与整理。

2. 废塑料的分离与回收的方法

废塑料的分离方法。由于我国塑料的混合收集，因此各类塑料性能不同，回收利用前必须进行技术分离。目前的分离方法主要有六大类：人工分离、密度分离、光学分离、静电分离、熔点分离和溶解分离（熊秋亮等，2013）。

废塑料的回收方法。关于回收方法，不同学者从不同角度进行了分类。比如，于波（2015）认为，我国废塑料的回收方式有以下几种：二次使用，热裂解（制取燃油燃气），能量回收，炉还原剂，即替代重油或焦炭，作为还原剂还原金属的生成，回收化工原料。而郑阳等（2014）则从物理循环和化学循环利用角度进行了方法探讨，具体包含物理循环利用技术的四类方法：简单再生，物理改性再生，化学改性再生和物化改性再生；化学循环利用技术的三类方法：热分解油化，超临界水油化和热能利用。在每一类方法下又分为若干具体的细化方法。

3. 回收利用典型地区的规范发展之路——廊坊文安

文安是我国废弃塑料回收利用的重要地区。该地区老少妇孺对于废塑料的种类，聚乙烯、聚氯乙烯、聚丙烯、塑料的中文抑或英文名称均如数家珍，几乎产业内产业外人员都成了废塑料行业的专家。街道遍布废塑料的回收网点，每家每户都从事着废塑料的回收工作，即便非行业内人员，都关心着市场对于废塑料特定品种的需求和市场价格的波动，从饭店服务员到电影院售票员，因为即便其本人不从事废塑料回收行业，其家中的父母或兄弟姐妹中，总是有人从事该类行业。

从最初的蓬勃兴起，村民以回收废旧塑料为产业带来了经济发展和财富增长，到后来地区逐步环境恶化，极度影响身体健康，到如今单位规范有序治理，给人们带来深刻启示和深度思考。

引申阅读

文安：废旧塑料利用重获新生（节选）（武卫政，2015）

废物利用是好事，但粗放利用也会带来严重的环境问题。河北省廊坊市文安县，曾经是我国北方废旧塑料的一大集散地，废旧塑料利用成为县域经济四大产业之一。过去这一产业迅猛发展，污染不断，经过大力整治，如今面貌一新。

1. 现状——生产走上正轨，村庄告别脏乱差

3 月初，记者走进文安，首先探访废旧塑料利用的起源地赵各庄镇。

赵各庄镇镇政府所在地赵各庄村，村里民居成排，街道平整，水泥路面

干净整洁，不见废物堆积。村口立着“严打水粉反弹，不抢子孙饭碗”的大牌子，红底白字，非常醒目。村支书董建房解释，“水粉”是指废旧塑料的清洗、粉碎。

……

上世纪 80 年代以来，文安的废旧塑料产业从赵各庄镇拓展到 8 个乡镇、管区，涉及 120 个村街。现在，继续经营料场和从事清洗、粉碎的业主都离开村子，到东都环保产业园的废旧塑料加工基地发展。

加工基地规划了几个料场，原来在赵各庄“倒料”的陈红亮，在这里经营着两个料场。县里整治以后，外地来料减少，塑料行业受全球原油价格下跌影响不太景气，陈红亮去年赚了十来万元。

2. 旧貌——污染触目惊心，算大账得不偿失

现在看来，文安废旧塑料产业波澜不惊，几年前可不是这样。

……

那时候，每天有上百车、上千吨废旧塑料从北京、天津运入文安，106 国道两侧到处是堆积如山的废旧塑料。进了村，房前屋后也是废旧塑料。

……

文安地势低洼，位于九河下梢，坑塘沟渠随处可见。改革开放初期，还常有人在河塘之中摸到大鱼。废旧塑料清洗使许多坑塘变成臭水坑，鱼虾绝迹，草死树枯，庄稼也长不成。空气中弥漫着刺鼻气味，衣服、被褥晒出去，黏上焚烧后的塑料末，一摸一手黑。连续几年征兵，赵各庄镇的适龄青年没有一个体检合格的。

因塑料清洗污染造成的邻里纠纷、村与村的纠纷，几乎每天都有，塑料清洗户和其他群众的矛盾是针尖对麦芒。每天都有群众到县环保局投诉举报，要求取缔塑料清洗。

……

3. 整治——领导敢于担当，阻力再大也不怕

这一行动涉及 3500 多个清洗户的利益，牵扯到全产业链 10 多万人的饭碗。

……规范不是取缔，而是整治违法违规生产经营。有些人干不下去了，需要转型干别的，继续干的必须安装环保设施，纯利会减少。此举无异于从业主身上割肉，遇到的阻力非常大。

“……开始整治那一年，光是县委书记参加的调度会就开了 89 次，许多会是半夜开的。廊坊市政府领导和市环保局的同志们也多次现场办公，给予指导。”县委宣传部部长张秀萍说。

4. 希望——努力转型升级，走向可持续发展

规范、整治，目的不是砸掉群众的饭碗，不是掐死这一产业，而是引导产业由粗放、低效走向集约、高效。在下大力气卡料源、清料场、“割机子”的同时，各级干部积极帮助群众谋划生产生活。

不再干这行的，逐渐转型。种蔬菜、种莲藕、种蘑菇、种葡萄、种果木，养牛、养獭兔、养蚂蚱、养泥鳅……继续干这行的，必须升级。经营料场，搞清洗、粉碎，只能在东都环保园。造粒和生产塑料制成品的深加工企业，有的进入环保园，有的像邓五成一样在村里生产，前提是安装废气吸附设施，达标排放，不能扰民。

……

经过 3 年多的努力，文安规范、整治废旧塑料取得了初步成效，但这一产业的转型升级还在进行中。

……如果每个塑料基地都能像文安一样做到“像保护眼睛一样保护生态环境，像对待生命一样对待生态环境”断腕治污，转型升级，那么，没有环境是治理不好的，经历了短期的阵痛换来的是青山绿水，子孙后代的长治久安！

此案例的思考：文安的废旧塑料行业经历的四部曲，从环境污染，身体危害到壮士断腕大力整治，再到后来的逐步转型初见成效，直至今日的环境整洁，废旧塑料循环产业依然存在。但是从收运到加工直至最后处理，均进行严格规范，强化安全健康环保意识。废旧塑料再生产业是发展的客观需要，这一需要满足的前提则是规范与安全，这一前提一百年不动摇，底线不能不坚守。

四、废塑料有效治理下的减排效应

在塑料生产中，每生产 1t 塑料需要消耗 3t 石油，因此，每回收 1000 万 t 废塑料，相当于减少 3000 万 t 的石油消耗。我国目前每年回收利用的废塑料均在 2000 万 t 以上，减少消耗的石油平均大于 6000 万 t。有资料记载，回收每吨塑料可以减少二氧化碳排放 1.5～2t（陈志辉，2015）。以此计算，从废塑料回收利用总量来说（见表 11-2 和表 11-3 所统计的我国的废旧塑料回收利用量，此处为国内外回收利用量的总和，及表 11-2 和表 11-3 中同年份的国内回收量数据加上国外回收量数据），我国 2009～2016 年的总量为 1732 万 t、2001 万 t、2188 万 t、2488 万 t、2154 万 t、2825 万 t、2536 万 t、2613 万 t，减排二氧化碳的数量相当可观。由 8 年的回收废旧塑料回收量分别乘以 1.5，得到表 11-4 减排可能量的第一排数据，乘

以 2 则得到减排可能量下一排数据，该两排数据大致估算了废旧塑料回收的减排上限下限数据。由此可见，塑料的回收，在 2010 年以来，对于二氧化碳的减排可以达到 4000 万 t 以上。

表 11-4　2009～2016 年减排二氧化碳大致核算表

年份	2009	2010	2011	2012	2013	2014	2015	2016
减排可能量/万 t	2598	3002	3282	3732	3231	4238	3804	3920
	3464	4002	4376	4976	4308	5650	5072	5226

总之，废弃塑料的治理现实不管有多少令人担忧的现状，无论其负面性被描述的有多严重，人类对于塑料的青睐与依赖终将存在，塑料也是现代化的象征之一。对于其负面性，人类在发展中正在努力消除并已逐步消除，而塑料带来的种种不便与伤害，人类有责任应对。废弃物分类，废塑料标识分类，在对塑料的方便应用中，多一份责任心，多一份环保之心和节俭意识，塑料和废塑料给人类带来的福利必然持久，定能超越现实的危害。

五、我国最近的废塑料领域回收利用研究进展

我国科学院上海有机化学研究所学者黄正，正在对塑料中产量最大，废弃处理最棘手的聚乙烯进行柴油转化。最为关键的是该方法下产生的柴油成分和燃烧洁净，只有碳、氢元素，燃烧时不会产生含硫、氮的污染物。如果该研究转化为实践中的广泛应用，则白色污染问题将大为缓解，塑料废弃物引发的负面效应将大大降低，同时，并由此带来较大幅度的碳减排，可以说一石多鸟。

引申阅读

聚乙烯废塑料温和可控降解研究取得重大突破（黄辛，2016）

科学网上海讯（记者黄辛）中科院上海有机化学研究所黄正课题组和加州大学尔湾分校管治斌课题组合作，在聚乙烯废塑料降解研究中获重大突破，相关研究成果 6 月 18 日在线发表于《科学进展》。

塑料作为三大材料之一，在人们日常生活中扮演着极其重要的作用。但废塑料难以降解，易对环境造成污染，也被称为“白色垃圾”，已成全世界共同的难题。

聚乙烯是年产量最大的塑料产品，同时又是最惰性和稳定的高分子之一，相比较其他类型聚烯烃（如聚丙烯、聚苯乙烯），更加难以降解。目前绝大部分的废塑料，主要通过填埋和燃烧的方法处理：前者占用土地资源，且易造成地下水污染；后者增加大气碳排放，并会造成大气污染。值得注意的是：在我国农村，许多地方将废塑料在露天环境下简单燃烧，造成有毒气体（二噁英等）的排放，具有较大的危害性。

研究人员利用交叉烷烃复分解催化策略，使用价廉量大的低碳烷烃作为反应试剂和溶剂（此类低碳烷烃在石油炼制中大量生成，不能作为燃油或天然气，使用价值非常有限），通过与聚乙烯发生重组反应，有效降低聚乙烯的分子量和长度。在反应体系中低碳烷烃过量存在，可多次参与与聚乙烯的重组反应，直至把分子量上万、甚至上百万的聚乙烯降解为清洁柴油。

这种技术不仅可以降解几乎所有类型的聚乙烯，还能兼容商业级别聚乙烯中各种添加剂，并被证明适用于实际生活中多种聚乙烯废塑料。相比传统的高温裂解，黄正、管治斌等发展的方法具有反应条件温和，产物选择性高的优点。这一方法能够在较低温度下主要生成清洁的柴油。这一新方法产生的柴油只有碳、氢元素，燃烧时不会产生含硫、氮的污染物。至于聚乙烯蜡，则可作为添加剂，应用于聚烯烃加工领域。

黄正研究员告诉记者，已对这一科研成果申请专利。据悉，目前该团队正在发展更高效、成本更低的聚乙烯降解催化剂，为聚烯烃降解中试反应做积极准备。

中科院院士、上海有机化学所所长丁奎岭表示，这是一项十分具有挑战性的研究工作，所取得的阶段性成果为未来解决“白色污染”的资源化利用问题开辟了一个新的思路，提供了一种可能的途径。

思考：废旧塑料的低温降解带来的福音是多方面的。首先，该方法使用领域较为宽泛，实际生活中的应用较为可靠。其次，低温下获得清洁能源，即清洁柴油，既能保证废旧塑料转化能源的生产过程无污染，同时又可以使得其有效产品，清洁柴油的未来使用减少污染。最后，生产过程中的低温可以降低能耗，同时生产出清洁柴油，节约了原生能源的使用与耗费，起到双重节能减排的功效。废旧塑料的新技术开发将会带来该产业的健康持续发展，也是人类未来资源能源领域的重大突破。

第十二章 《生活垃圾分类制度实施方案》的理解与展望

生活废弃物治理的重大难题涉及资源、环境、气候等诸多领域，与经济、政治、文化、生态、社会密切相关。分类是生活垃圾治理的最佳途径，但在实践中却困难重重，进展缓慢，难以实现有效突破。2017 年 3 月 18 日，经国务院同意，国家发展和改革委员会、住房和城乡建设部的《生活垃圾分类制度实施方案》（以下简称《实施方案》）2017 年 3 月 30 日正式发布。这是我国生活废弃物治理领域的重要里程碑，凸显了生活废弃物分类的实际践行对于治理的紧迫性和决定性意义，同时彰显了国家顶层对于生活废弃物治理的关注与决心。当然，毫无疑问的宣告，分类是解决垃圾围城围村等垃圾危机的首要基本途径。

第一节 对于《生活垃圾分类制度实施方案》的理解

一、《实施方案》的内容

该《实施方案》共有五个部分，分别涉及总体要求、分类主体和实施范围、居民引导、配套体系建设、组织领导和工作保障五方面。具体内容方面，主要包含指导思想、基本原则、类别细化、适用主体和区域范围及目标。

（一）五大指导思想

1. 法治基础

生活垃圾分类的试点从 2000 年开始，即建设部规定的八个先行试点城市。可是直至现在，成效不甚理想。法律是社会管理的基本工具，国家中的三权即立法、行政（又称为执法）、司法，皆以法为依托。法是社会治理的最基础最有效途径，垃圾分类也不例外。当前的垃圾分类是法治问题，而非法制问题。也就是说，目前不是有无法律规定，而是有着怎样的法律规定，如何使法的运行切实有效。法律有效实行治理，实效运行，可操作可适用，是垃圾分类当前最根本的要求，也是生活垃圾分类持久化的基本前提。

2. 政府推动

生活垃圾分类的组织体系上，根本方向是由上而下，即顶层设计的引导效应。垃圾产生的源头分散，主体性质多样，成分复杂导致处理方法多元化，这种分散多样复杂的状态，唯有政府方能有效组织治理。建立宜居的生活环境，化解现实生产生活中的障碍与危机是政府职能，也是公共管理的基本需求。政府的公权力，在此既可以起到示范作用，也具有一定的强制权力，因此，具有基本动力的效能。

3. 全民参与

生活垃圾来源于全体公民的日常生活，因此全民参与是必然。缺失全民参与的生活垃圾分类，决然无法实现。全民参与有两层含义，一是所有公民皆有义务，无人可以例外或者缺席，通俗而言，垃圾分类，人人有责。二是全员全心参与。这种参与的要求是持续性的一以贯之和循序渐进，不能有任何中断性或者跳跃性，除了行动上的展现，更要有意识深处的接受，意识指导行为，行为融合意识，在此过程中形成真正垃圾分类的洁净文化、整理行为和人文素养。全民参与，体现的是文化与素质的提升，从而进一步促进国力的增强。

4. 城乡统筹

在惯常的生活废弃物治理中，更多的是偏重于城市生活垃圾的治理。随着经济的发展，农村的物质膨胀速度同样处在飞速之中，废旧包装、废旧塑料、废旧纺织品，各种废旧物品不断增多。河流成为垃圾场，随地堆放造成各种危害。农村生活废弃物的治理，关乎粮食安全、耕地安全及河流治理等诸多方面。农村也并非城市废弃物处理的大后方，在生活垃圾治理中，协同治理，统筹规划是应有之义。

5. 因地制宜

我国地域广泛，人口众多。不同民族不同地域的主体，由于气候、生活习惯等差异悬殊，产生的生活垃圾数量与组分上有着截然不同的差别。因此，对于生活垃圾分类的标准和治理模式，应遵循地域原则，实行符合当地生活垃圾现状的管理方式和途径。这也体现了马克思主义思想指导下的“具体问题具体分析”的精髓。

（二）四大基本原则

1. 主体原则——政府推动下的全民参与

政府是生活垃圾治理中的决策者和主导者，全民是生活垃圾的制造者和分类义务人，二者共同形成生活垃圾治理的主体集群，缺一不可。全民参与是主力，政府推动是助力，主力与助力间应该各居其位，各行其责。前者承担自我行为责任，后者履行公共管理职能。对于不履行职能和责任的各类主体，均可以规制相定的法律责任，并切实落实追究。

2. 方式原则——因地制宜中的循序渐进

遵循地域实际状况，遵从生活方式习惯，比如，北方冬天的生活垃圾中煤渣更多，南方一年四季的饮料包装或者瓜皮果屑基本均衡。无论如何，地域性和气候变化都有大致的规律性，因地制宜是关键，在此基础上形成相应的治理路径和体系模式，使生活垃圾的分类持续深入，实现循序渐进。

3. 机制原则——创新引领下的完善机制

过去的政府一统模式成本较高，收效一般。高投入，低产出的低效率化必须得到根本扭转。因此，突破传统，转换机制模式，寻求新的源头活水，是生活垃圾有效分类，强化治理的科学机制。引入社会机制和市场机制，有利于技术开发，专业推进，充实治理力量，同时在市场的商业化促动下，实现资金和物品市场的流转与收益，推动法律完善、管理提升、技术升级。当今垃圾治理的 PPP 模式摸索，取得了显著成效，证明了政府、社会、个人协同体制的未来普及推广的可行性。

4. 体系原则——有效衔接中的协同推进

生活垃圾的分类，需要系列行为共同作用才能实现最佳效果。投放、收集、运输、处理四大步骤形成有机系统，前后过程紧密相连互相影响，前道决定后道，后道反射并影响前道。分类下的投放才能有分类的收集、运输及处理，而混合的收集使得分类的投放成果毁于一旦，良好的回收，实现资源节约，反过来也更能推进生活垃圾的源头分类。因此，整体系统的有效衔接，才能真正彻底地实现垃圾分类。

（三）三大类别细化

1. 有害垃圾

主要品种包括：废电池（镉镍电池、氧化汞电池、铅蓄电池等），废荧光灯管（日光灯管、节能灯等），废温度计，废血压计，废药品及其包装物，废油漆、溶剂及其包装物，废杀虫剂、消毒剂及其包装物，废胶片及废相纸等。这是对有害垃圾的种类进行了明确界定。该类生活垃圾的危害性主要表现在：堆放中污染其他生活垃圾，造成资源的流失，造成土壤和空气的严重毒害性污染，在处理过程中释放出有害物质危害健康。单独放置有害垃圾，并进行专业回收是处理该类生活垃圾的唯一途径。

2. 易腐垃圾

易腐垃圾的主要品种包括：单位食堂、宾馆、饭店等产生的餐厨垃圾，农贸市场、农产品批发市场产生的蔬菜瓜果垃圾、腐肉、肉碎骨、蛋壳、畜禽产品内脏等。美味伴随着餐前餐后的物质巨量消耗和剩余，这些生的或者熟的食品食物废弃物，成为我国生活废弃物的重要组成。在前面的章节论述中，已经多次阐述了这一客观事实。餐厨废弃物是生活废弃物污染和破坏的重要原因，也是治理中的重大瓶颈。由于高含量的水分、油分和盐分，混合投放与收集，油水混合，物物浸染，使得餐厨废弃物自身以及其他可回收废弃物不能再资源化利用。餐厨废弃物的单独分类和处理，能有效阻断废弃物间的相互污染，促进二次利用的资源化实现。

3. 可回收垃圾

主要品种包括：废纸，废塑料，废金属，废包装物，废旧纺织物，废弃电器电子产品，废玻璃，废纸塑铝复合包装等。在上述诸多可以回收的生活垃圾中，我国当前回收较好的是电子废弃物。借助于销售领域的新电器购物补贴，是废旧家电，即电子废弃物得以有效回收的重要途径。废旧纺织品的回收处于起步阶段，尽管在全国范围各省积极展开行动，大量投放废旧衣物回收箱，但是由于相应制度的不完善，回收的效果亟待提高，而上述的废纸、废塑料、废金属、废包装物、废玻璃和废纸塑铝复合包装的回收，在当前处于我国拾荒大军利益下的相对分类领域，这种回收的自我利益化，使得政府领导下的全民参与分类遭到一定程度的破坏。图 12-1 就是在现实生活中，南京某小区一位拾荒老人，为取得废旧灯具上的金属，轮锤砸碎周边玻璃灯管的场景。最后，获得废金属的老人丢下满地狼藉，离开现场。（为避免面对面的尴尬，图片拍摄角度是居民楼上方）此处的灯管，理论上应该是危险废弃物。因此，现有状态下的可回收垃圾分类完善是垃圾治理、资源化利用的重要领域。

（四）两大适用主体

根据《实施方案》，现阶段实施垃圾强制分类的是两大主体。

1. 公共机构

包括党政机关、学校、科研、文化、出版、广播电视等事业单位，协会、学会、联合会等社团组织，车站、机场、码头、体育场馆、演出场馆等公共场所管理单位。

图 12-1 某小区垃圾桶边砸灯具取金属框架现场

2. 相关企业

包括宾馆、饭店、购物中心、超市、专业市场、农贸市场、农产品批发市场、商铺、商用写字楼等。

目前强制分类的主体限于以上两类主体。首先，是因为这两类主体产生的生活垃圾成分相对简单，易于分类。其次，这两类主体产生的生活垃圾具有一定的集中性，属于人群高度聚合，产生废弃物相对专业，数量上具有压倒性的优势。最后，第一类主体体现了政府主导的指导思想和基本原则。党政机关、学校、科研、文化、出版、广播电视等事业单位无论是从其人员的素质角度而言，还是从此类单位的国家责任和引导义务而言，都代表了一定的主体形象和主体职能。《实施方案》先行规定这两类主体严格遵循生活垃圾分类要求，也体现了生活垃圾治理循序渐进，先易后难的路径。

（五）区域范围及目标

区域范围：生活垃圾强制分类制度，暂时在 46 个主要城市实施。46 个城市包括：第一，四个直辖市；第二，所有省会城市；第三，5 个计划单列市大连、青岛、宁波、厦门和深圳；第四，住房和城乡建设部等部门确定的第一批生活垃圾分类示范城市，河北省邯郸市、江苏省苏州市、安徽省铜陵市、江西省宜春市、山东省泰安市、湖北省宜昌市、四川省广元市、四川省德阳市、西藏自治区日喀则市、陕西省咸阳市。

目标：到2020年底，基本建立垃圾分类相关法律法规和标准体系，形成切实有效、持续进行、可以延伸的生活垃圾分类模式，在实施生活垃圾强制分类的城市，生活垃圾回收利用率达到35%以上。

二、对于《实施方案》相关适用问题的思考

（一）时间方面

《实施方案》明确提出，在2020年年底之前，在指定的城市区域强制实施垃圾分类。从2000年的试点开始，在生活垃圾的分类方面，展开了各种努力，截至2017年，历经十七年，各试点城市的成效如何？成功亮点在哪？失败瓶颈及突破点在何处？总体是基本成功还是失败居多？对于17年的长时间试点无总结结论，在此基础上，直接要求3年内实现强制施行，基础和依据需要摸索，时间表可能略显突兀与仓促。

（二）区域方面

根据当前的《实施方案》，46 个城市以外的地区可以不参与垃圾强制分类，虽然与2000年指定8个城市相比，这次的适用范围明显扩大。但是与全国654个城市的总数量相比，范围则显得相对不足。区域相互交错，既未以省市的区域划分，也不是以经济区域团体为范围，如长三角或珠三角地区，或宏观的地域如华东、华北、东北、西北地区等。因此，区域方面存在两个问题或许会影响分类进程，第一是范围较小，实施效应和影响力欠缺；第二是区域间缺乏一定的连续性，持续性和延续性均会受到非分类地区的影响。

（三）主体方面

《实施方案》明确界定，强制分类的主体是46个城市的公共机构和相关企业。因此，目前分类的主体是集体组织，不包含居民个体，即居民个体不强制要求垃圾分类。居民个体是生活垃圾的重要制造主体，且公共机构和企业的分类对于垃圾的投放收集系统必然要求对应分类，将公民排除在强制分类主体范围之外，在投放和收集系统上必定难以统一，实施难度较大，多类系统并存的投放和收集，可能引起分类的更大难度和资源耗费。

（四）标准方面

各地因地制宜的标准导致的稳定性问题。当前的经济发展，市场化特征决定了人财物的频繁流动性。在因地制宜的垃圾分类制度下，各地类别划分各有不同，

收集投放设施自成一体。人群的流动意味着生活垃圾处理标准和方法的不断变化，这就使得各地的垃圾分类标准执行具有一定的难度。因地制宜是最适当的实事求是，但是在垃圾分类标准方面，如果在没有基本框架下各地建立不同标准，不管是短期治理效果或是长期治理目标都难以实现。

（五）类别方面

对于大类别，《实施方案》界定了三大类：有害垃圾，易腐垃圾和可回收垃圾。对于有害垃圾和易腐垃圾的详细类别阐述相对具体。在可回收垃圾类别中，对于包装和电子废弃物的完善与规范化缺失框架性要求。这两类垃圾的数量，以及在循环经济中的重要性，在本书中列了专章予以探讨，这也是近年来生活垃圾处理的重要话题。因此，《实施方案》中的欠缺，不得不说是一大缺憾。

另外，对于易腐垃圾定义和分类相对欠缺。易腐垃圾是否只在餐饮领域，园林花卉垃圾应该包含与否？植物性餐厨垃圾动物性餐厨垃圾的处理有无区别？植物性餐厨垃圾作饲料自然不存在问题，而动物性餐厨垃圾则无法作为饲料原料，在收集和处理中，区别也是基本需要。

家用轿车行业迅猛发展，我国高速公路的车流量充分说明了现状，未来汽车行业的报废与处理，将是生活废弃物处理必须考虑的前瞻因素。

最后，从法律效力角度，目前垃圾分类的各地法律法规，立法阶位较低，以规范性文件为主，地方规章和法规都较少，强制性的效力明显不足。

三、分类与减量、回收的关联

生活垃圾的治理核心为分类，这是多年积累的结论，也是理论和实物界的基本共识。当前的垃圾，很大程度上是经济膨胀下物质供给过度的结果。从物的角度，被抛弃的物质本身功效并未被全部挖掘；从人的角度，特定主体的淘汰物或升级更新品常常是其他人群的需求品。不分类的后果是，一锅烩的垃圾堆使物失去功效和人的需求。因此，分类的目的是通过分拣，使物品本身的功效最大化，或生命周期的最优化，使人群的供求平衡化，促进物与物的位置合理化。

（一）分类与减量

分类是否可以减量？分类后生活废弃物在理论上，数量无增无减，因此，严格意义上没有减量成效。但普遍观点却认为垃圾分类可以减量，是因为分类后的很多垃圾进行了多渠道分流，有直接被二次利用，有相关行业的原料化资源转化利用，最后作为垃圾处理终端的垃圾量必然减少了。反之，不分类下的垃圾合并收运，会造成物质混同，物质污染，物质破坏，比如，一袋油水混合的剩饭菜扔进垃圾桶后，废纸、废玻璃、废塑料等垃圾均被浸染，混合后的厨余自然无法提取，无论用于沼气发酵或提取生物柴油，其他本可以再回收的资源类终成为不可以回收的污染物。这样最终走向处理终端的垃圾不仅数量增多，处理成本、难度、效果均受到负面影响。

（二）分类与回收

分类是否必然促进回收？分类了才能实现回收，但并不必然促进回收。分类是回收的必要条件但非充分条件。回收还需要相应的回收设备、技术和专业人员和系统机制。目前，商务部对每年的回收状况均进行年度报告。根据 2017 年 5 月 2 日商务部的《我国再生资源回收行业发展报告 2017》（简称《2017 报告》），相关数据表明，截至 2016 年底，我国废钢铁、废有色金属、废塑料、废轮胎、废纸、废弃电器电子产品、报废汽车、废旧纺织品、废玻璃、废电池十大类别的再生资源回收总量约为 2.56 亿 t，同比增长 3.7%。2016 年，我国十大品种再生资源回收总值约为 5902.8 亿元，同比增长 14.7%，即量比增长 3.7 个点，价值比增长 14.7 个点。另外，每年废旧垃圾的进口数量虽在报告中呈下降趋势，但是，从反面衬托了循环经济中，企业的原料需求量有相当部分来源于进口，再次说明了国内垃圾分类，以提高国内垃圾利用率的紧迫性和重要性。因此，在目前制造业发展大潮中，我国的回收已经达到了相当的水平，存在的问题主要是供给侧方面。创新性的两网融合，即生活垃圾分类回收与再生资源回收的衔接已经在部分地区试点推动，如《2017 报告》中的北京再生资源回收职能由北京市商务委员会划归北京市市政市容管理委员会，由北京环卫集团整合全市再生资源回收网络，进一步提高回收效率。上海市在长宁区试点垃圾房改造，将垃圾分类点与再生资源回收站同步建设，广州则制定低值回收物的补贴政策，促进两网协同发展。

除了上述的两网融合，各地的废旧资源变废为宝形成了特定的行业典型模式。我国循环经济协会根据四川新闻网、深圳新闻网、南宁市政府网、南方日报、安庆市环保局、农业部网站等诸多网站的生活垃圾处理和循环利用状况综合整理，总结出六大模式：固体废弃物变废为宝的“绵阳模式”；生活垃圾变废为宝的“盐田模式”；餐厨垃圾变废为宝的“南宁模式”；建筑垃圾变废为宝的“东莞模式”；秸秆变废为宝的“桐城模式”；畜禽粪污变废为宝的“安平模式”。诸多模式的兴起与发展，根本的前提是将特定废弃物分类分离，再加以处理利用，因此，分类是必然的基本前提，首要前提。

四、《实施方案》颁布后的法律法规成果

通过北大法宝的查询，在该《实施方案》颁布前，关于垃圾治理的国家级相

关规定有近上百个，地方性的法规有9个，地方规章近20个，最多的是地方规范性文件，达到近千个。

《实施方案》颁布后制定的相关法规大致有，2017年6月6日，住房和城乡建设部办公厅关于开展第一批农村生活垃圾分类和资源化利用示范工作的通知；2017年5月6日，西安市人民政府办公厅关于印发《西安市城市生活垃圾分类三年行动方案》的通知；2017年5月19日，宿迁市政府办公室关于印发《宿迁市城乡生活垃圾分类和治理专项行动实施方案》的通知；2017年6月23日，上海市住房和城乡建设管理委员会《关于做好居住区生活垃圾分类减量工作的通知》；2017年7月6日，安徽省人民政府办公厅《关于进一步加强生活垃圾分类工作的通知》；2017年7月25日，大同市人民政府办公厅关于印发《大同市关于城乡生活垃圾分类实施方案》的通知等文件。

综合各地指定的关于垃圾分类的法规规章及规范性文件，各地大多积极出台了相关规定，但规定的内容范围和适用效力有待考证。就法律效力层面而言，基本以地方规范性文件为主，远不及地方法规的效力。

第二节 城市生活垃圾分类的展望

一、城市生活垃圾分类的困境

当前，生活垃圾的分类回收，无论是制度领域还是实施行动角度，都有了一定的进步性，比如，2016年12月，国务院印发《生产者责任延伸制度推行方案》，在电气电子、汽车、铅酸蓄电池和包装物等四类产品实施生产者责任制。这一制度将促进四类产品废弃后的分类收集与回收处理。由商务部门主管再生资源回收利用，市政部门负责垃圾分类的收集与运输，两系统分隔状态也有了逐步融合的趋势，回收网和利用网的两网融合已成为生活垃圾得以再资源化的发展方向。但是，经济增长下物质日渐充沛，城市化进程下人口密度的与日俱增，不可避免地产生了数量急骤增多的生活垃圾，且类别愈加繁多，成分愈加复杂，污染和危害风险也是日趋增强。因此，生活垃圾的分类依然面临亟待解决的困境。

（1）困境之一：城市化与生产力

城市化是我国发展中的未来趋势和必然结果。城市化伴随两大特征，一是人口流动性，二是人群密集性，必将带来生活垃圾分类的艰难。生活垃圾分类初期甚至后期的长期施行中，因地制宜是基本原则。在分类标准和相关制度方面，各地的具体要求和执行标准有所不同，人口的流动，导致对于分类标准和具体制度的把握，处在变更之中，容易发生分类错误。人群的密集性，更意味着消费群增加和消费量的增多，生活垃圾数量随之升高，成分相应变得更为复杂，分类的难度悄然增大。

生产力的发展带来科技的发达，科技发达形成生产力的提升，产品种类和数量由此增多。人类需求激发了生产能力的发展，生产能力的发展反作用于人类的需求，在供与求的链条上，二者同时走向多且大的方向，最终导致人类消费量的增多，消费方向的多元。有求必有舍，要求增加后的舍弃物日日堆积，生活垃圾随之增多，类别繁杂，分类的复杂性进一步加大。

（2）困境之二：意识与欲望

生产力的发展和城市化的进程，带来人类文明的进步。伴随生产力和城市化发展的经济繁荣，满足了人们充分的物质需求。对于当今充沛的物质时代，大众渐渐习以为常。面对物质的多元化，人类的需求与欲望野蛮生长，以至于大量的欲望来自于本身的无需求意识。欲望是浅层次的，意识则是根本性的。即大量的物品来自于非基本需求或必然需求，用当下的时髦话语表达，即非刚需欲望，而不曾从意识深处思考自身的真正需求和物的合理安排与归宿。当手机出现新版本时，原本持有的手机则面临变为废弃物的风险，当新款服装流行时，去年仅穿过有限一两次的衣服也可能被送进废物箱。仅仅因为流行，或是“任性的金钱”，人类欲望充盈而意识淡薄，意识深处未曾对物的需求进行条理性思考。对物的抛弃进行分类，也成了一种难以实现的奢望。

（3）困境之三：习惯与行为

在日常生活中，长久以来，人们习惯了内部清洁，自我方便，去旧求新，如同劣币驱逐良币。持之以恒的好习惯难以形成，长久的分类敌不过少数或偶尔的不分类行为，因此，一次毁坏性的行为将导致分类的持久性难以为继。人类在家庭事务中，物的分类与归位常常是基本行为，运行要效率，环境须舒适，这些必然对家庭物品分类提出基本要求。但生活垃圾是户外的公共产品，混乱的不堪状态和不利后果，客观上与每个家庭内部形成有效隔离，公众对于自身行为的负外部化似乎已经习以为常。这种习惯与行为成为生活垃圾分类的重大困境。

（4）困境之四：机制与系统

生活垃圾分类不是孤立的阶段和行为，从源头到末端，从生产到消费，即产品从摇篮到坟墓是一个过程。最初的生产者在产品诞生之初，从原材料、整合方法方面，如果不考虑物质的再生回收，意味着生产的是一次性产品，产品的生命周期将极为短暂，垃圾也将增多；如果考虑再生利用，从源头减少损耗，增强可拆卸性能等，物品生命将会延伸，生活垃圾也将减少。目前的生产者责任延伸领域较为狭窄，主要在电器电子、汽车、铅酸蓄电池和包装物四大领域。生产者更多考虑原生产品的市场而非考虑再生前景，将导致对后期废弃物处理的全然无视。

另外，在生活垃圾处理的四大步骤，即投放—收集—运输—处理中，需要系统的运行机制，前者决定后者，后者影响前者，步步相连，环环相扣，目前的第一步骤，投放的分类状况是只有有限的公共场所分类设桶，有很多的分类桶形同虚设（图 12-2 是在某高校拍的垃圾分类桶图片），从图 12-2 可见分类投放的一斑，该桶是一组，可回收和不可回收各占一边，但是字迹已模糊不清，实践中的投放情形可想而知，而实际情景也是两桶内废弃物种类缤纷，瓶子废纸食品混为一体。而现实中生活垃圾没有分类设桶的小区或场所大量存在，最后的情形是，在投放过程中，要么有大致二分桶，但却形同虚设，要么一桶装，所有类别不加区分收于桶内。而在收集领域和运输领域，分类的设施更是欠缺，这即决定了垃圾处理最后过程的分类不能，反过来又降低了分类投放的积极性。系统机制的欠缺形成了分类的重大瓶颈。

图 12-2　某高校分类垃圾桶

（5）困境之五：制度与强制

从目前的立法层面分析，关于生活垃圾分类的制度与现实可以总结为立法成果丰硕，实践收效甚微。例如，在江苏南京，2013 年 4 月 1 日，市政府第 4 次常务会议审议通过了《南京市生活垃圾分类管理办法》，并宣布自 2013 年 6 月 1 日起施行。时隔四年有余，除去溧水高淳等市辖区属于后来建制，其余的 9 个市辖区垃圾分类举步维艰，仅在少数小区进行试点，试点也并非都取得预期效应。在调研中，普通公众大多认为条件不成熟，而采访有关小区的物业部门，也认为垃圾分类的理想太遥远，很难实现。无论是基于何种缘由，客观现实是，各地尽管纷纷出台垃圾分类的相应规范，但未能强制有效推行。

二、城市生活垃圾分类的域外剖析

生活垃圾治理不是我国仅有的问题，同时也是一个世界性难题。因此，在求解过程中，放眼考察域外的解决过程和解决方法，具有重要的参考价值。

（一）我国台湾地区的从不落地到强制分类过程

20 世纪 90 年代，我国台湾省台北市开始了垃圾治理的大刀阔斧式变革，采用了“垃圾不落地”和“随袋征收”等措施，采用定时定点收集不同种类生活垃圾的方式。这对于垃圾分类提出了严苛的要求，同时需要公民的严格遵守。对于垃圾不分类者，施以 1200～6000 元台币的罚款。垃圾袋实行专门生产制度，伪造仿冒生产销售垃圾袋的，处以 3 万～10 万台币的罚款。由于先期的“垃圾不落地”施行较为成功，21 世纪初提出了强制分类要求，从台北开始示范，然后在新北、台中等城市纷纷展开，由分类进而达到减量与回收效果，成效卓著。以新北市为例，垃圾减量和经济节约效果较好。在数量减量方面，2004 年新北全市日产垃圾 3375t，2010 年降低为 1958t，到 2014 年则减少为 1200t。十年间，降低 64%。公民的垃圾治理支出费用相应减少，随袋征收前每户年支出 1107 新台币，随袋征收后则变为 410 新台币，比原先的一半还要低。而政府则每日少清理 758t 生活垃圾，每年减少支出 9 亿元新台币（马国华，2016）。

（二）以美国为代表的简单分类模式

美国将垃圾只简单地分为 2～3 类，美国这种简单的垃圾分类模式与美国国情相适应。美国国土面积与我国相当，但人口只有 3.2 亿，典型的地大物博，采取以填埋为主的垃圾处理方式。美国政府认为，废塑料等垃圾，目前还不具备开发利用的经济价值，但留给后人却是重要的战略资源。基于这一认识，从国家资源储备的战略角度出发，美国的垃圾填埋量已经占到垃圾产生量的 50%以上（刘宁宁和简晓彬，2008）。美国的废物管理公司于 1968 年成立，总部在休斯敦，是北美最大的废物综合处理公司。美国的生活垃圾组成成分大致呈以下比例：纸和纸板 26.6%，庭院和食物垃圾 28.2%，塑料 12.9%，金属 9.0%，玻璃 4.4%，木材 6.2%，橡胶及皮革、纺织品 9.5%，其他 3.2%（宋薇和蒲志红，2017）。从下面 3 个美国实地拍摄的垃圾桶图片（图 12-3）可以看出，大多公共场所的可回收桶上即右侧蓝桶，明确表示三类“metal，glass，plastic”，并标有可循环的三角形标记。波士顿的右侧可回收桶上，标注着“paper，cans，bottles”，同样标有可循环的三角形标记。尽管分类粗疏，但是标识明确，易于操作。另外，在收集运输方面，美国的一辆垃圾车只收运一个种类的垃圾。美国的垃圾收费制度，堪称垃圾分类的有效杠杆。首先，垃圾区别收费制度，从质从量区别，不同容量的桶收费各有不同，另外普通垃圾超出一定数量予以收费，而庭院垃圾和可回收垃圾超出一定的量则不予收费。其次，奖罚分明。费城对于遵守分类的，发放可以消费或购物的代金券予以奖励，西雅图对于超过10%的可回收物未被分类的，不予收集，并处以50美金的罚款。在全国范围内，纽约的生活垃圾分类相对做得较好。在纽约州，进行垃圾分类以促进回收是公民义务，未进行分类的，卫生部门可处以罚款。再次，抵押金制度。对于可以回收的饮料瓶，美国采用押金制度，可以回收的易拉罐、塑料瓶、玻璃瓶等，在购买环节消费者通常要多付5美分，以促进饮料瓶啤酒瓶的分类与循环应用。最后，税收鼓励制度。对于生产者而言，进入循环行业或者促进生产中回收利用，可以进行税收抵扣和免除，对于消费者，购买循环利用的产品可以免征相关消费税（宋薇和蒲志红，2017）。

大多公共场所

纽约

波士顿

图 12-3 美国垃圾桶一览

（三）以德国等欧盟国家为代表的有限分类模式

欧盟国家大体上将垃圾分为5～6类，先把有机垃圾分出，之后通过工业化分选装置对垃圾实施进一步的精细化分选，最终进行资源化处理，对无法资源化处理的予以焚烧处理（王冠宇和李萌，2015）。在欧盟国家的生活垃圾处理中，德国堪称典范。德国不仅是欧盟治理生活垃圾的典范，同时也可称为全世界生活垃圾治理的楷模。在德国，循环经济以生活垃圾的治理为源头。作为法制健全法制科学的国家，德国20世纪70年代就开始了废弃物治理的有效立法，并在施行过程中不断完善。例如，1972年的《废弃物处理法》，到了90年代进行修正，以该法为核心，德国形成了关于生活废弃物治理的完备立法。德国关于废弃物治理的法律约800项，行政条例约5000项，除此之外，还需遵循欧盟的相关废弃物治理规定。德国家庭的投放垃圾桶有四种颜色，分别是黄、棕、黑、蓝（图12-4）。其中，黄色桶内投放带有“绿点”标记的垃圾，即属于DSD双元回收机制的配置，蓝色桶投放可回收废纸，棕色投放庭院垃圾和其他绿色植物垃圾，黑色用来投放不可回收垃圾。德国的废弃物分类体系可大致表述如图 12-5 所示。

图 12-4　德国家庭垃圾桶

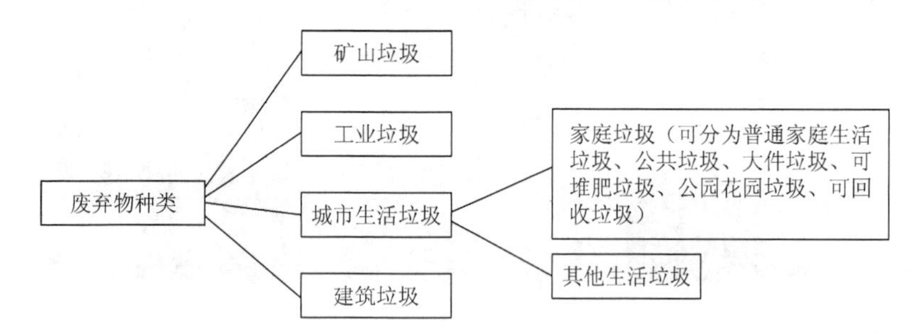

图 12-5　德国的废弃物分类体系

德国的生活废弃物分类从投放到收集运输，一直到最后处理阶段均形成完备的软件和硬件系统，民众已经将分类融入日常生活。德国的生活垃圾回收比例超出了一半以上，同时解决大量的人口就业问题，据不完全通统计，德国废弃物治理行业解决了近 20 万德国人口的就业问题。据德国联邦环境局数据，2000 年至 2012 年间，德国垃圾排量减少了 18%。2014 年的调查显示，90%的德国人会自觉遵守垃圾分类规则，近 80%的德国人认为，为环保做贡献对个人来说都很重要。如今，德国垃圾再利用行业每年创造 410 亿欧元产值，生产部门的垃圾被重新利用的比例平均为 50%。垃圾回收已经成为德国人的环保“标签”之一（冯雪珺，2017）。

（四）以日本为代表的无限分类模式

由于国土面积狭小且各类资源短缺，日本采取的垃圾分类模式为无限分类模式。总体说来，日本的垃圾分为八大类。

第一，可燃垃圾：餐厨垃圾（果皮蛋壳等），不可再生的纸类（餐巾纸等）等。

第二，不可燃垃圾：陶瓷类（碗碟等）、金属类、耐热玻璃等。

第三，有害垃圾：干电池、水银温度计等。

第四，资源垃圾：可回收性纸制品、可回收金属类等。

第五，塑料瓶类：可回收的塑料瓶。

第六，可回收塑料：可回收塑料制品（不包含上述塑料瓶）。

第七，其他塑料：不可回收塑料制品（CD、牙刷等）。

第八，大型垃圾：大型家电等（汪文忠，2017）。

以上只是日本整个国家在垃圾类别上的基本分类，各地在此基础上的划分更为细致，有的地区的类别达到上百种，如横滨市，分为十大类518小类，堪称精致到最细微处。

在法律层次，日本形成了以《环境基本法》和《促进建立循环型社会基本法》为内核的基本法，以《废弃物处理法》、《再生资源利用促进法》为主干框架的综合法，以《特定家用电器再生利用法》、《容器包装分类收集和循环利用促进法》、《食品资源再生利用促进法》、《报废汽车再利用法》等部门法为主体的系统性法律体系。

从时间上分析，日本的生活废弃物治理经历是从末端治理到源头治理到再循环利用三个阶段（吕维霞和杜娟，2016）。

日本的公共场所不提倡抛掷垃圾，其基本理念是“将自己产生的垃圾带回家”。因此，大多公共场所不设置垃圾箱，这对于约束废弃物产生量具有不可忽视的重要作用。对于随便丢弃垃圾行为，法律规定了严厉的法律责任。例如，《废弃物处理法》第25条第14款明确规定：胡乱丢弃废弃物者将被处以5年以下有期徒刑，并处罚金1000万日元（即大约人民币83万元）。

三、国际视野下我国城市生活垃圾分类困境的突破

垃圾分类粗放型的美国，尽管类别显得粗略，但其分类形成了循环利用的一定基础。德国的成熟立法与运作，日本的精致分类与严苛法律，我国台湾地区的强制分类与垃圾不落地，做法各有不同，但在法律领域都有健全且严厉的特征，在系统上相对完备与科学。当然，也是经历了十多年乃至三四十年的循序渐进式发展，但共同结果是都取得了一定的成效，甚至是较为理想的结果。我国的生活垃圾分类口号，喊了如此多年，起色令人汗颜。

在技术层面，各种垃圾分拣设备的研制投入了巨额资金，但是，世界各国的实践表明，垃圾分类仅依靠技术进步是无法真正实现的，生活每天在继续，人人制造垃圾产生垃圾，因此垃圾处理具有“三非”特征：非尖端技术性，非偶然事务性，非少数群体性。非尖端技术性表明了该问题解决的可能性，而非偶然事务性和非少

数群体性则意味着每个人，每天每时每处都应遵循分类的基本要求，具有相当的艰巨性。所以，融入思想深层意识，使之成为生活的一部分显得尤为重要。

（一）意识层面

对于以回收为目的的垃圾分类，早先的物资紧缺时代是因为浪费不起，推行节约意识，再后来，从环境卫生角度对于垃圾进行清理，于是清理不再分类，进而导致混合处理中的污染问题，环保理念成了分类的基本意识，但时至今日，更需要考虑人类的资源限量性，人类可持续性发展，即未来人类的可用资源问题，未来子孙的生存基础。因此，未来人类生存意识应当成为生活垃圾分类的基本意识。

很多情境下，物质成了人们划分人类层次的基础。但是，汤因比说："如果我们让物质财富成为我们的最高目的，将导致灾难（曹明德，2002）。"我国国学经典《礼记·乐记》中曰："人化物也者，灭天理而穷人欲者也。"就是说，人的内心如果受到外界事物的诱惑而发生变化，人就被物化了，从而泯灭了天授予人类的善良本质，去追求无穷的个人私欲的满足。建立健康的物质观，对于生活垃圾分类减量的积极意义至少体现为两点：敬畏物品心境下不任意产生垃圾，珍惜心态下促进自身垃圾的最大化利用。前者会减量，后者促分类。

（二）体系层面

在体系层面，有两大体系需要系统化建构。第一个体系是生活垃圾类别体系；第二个体系则是生活垃圾治理过程体系，即投放、收集、运输和处理四大有机系统的建立。

首先，类别体系的建立。对于我国当前生活垃圾的类别体系，在《实施方案》明确界定了有害垃圾、易腐垃圾和可回收垃圾的基础上，进行适当细化。目前，地区的差异较大，可根据经济状况和各地的垃圾分类基础进行层次化体系建构。在西藏地区，可实行源头不分类，对于贵州四川等地区，可采用源头粗分类，而对于江浙沪北上广地区，则可采用源头细分类，细分类的基本原则是，各地因地制宜地进行细化分类，按照生活垃圾的性质进行合理分类。例如，汽车销售较为繁荣的地区可建立单独的报废汽车分类体系，服装行业发达地区，对针织品废弃物进行详细划分。

其次，生活垃圾治理过程四大系统体系的建构。这主要是指进行细化分类的地区需要四大过程中软硬件的协同协调配置。分类投放中，根据各地分类类别标准，设立不同的对应投放装置，包含投放垃圾桶，收运车辆以及二次利用或最终安全处理的装备设施。此处的关键点在于投放体系和收集体系的健全。当前我国的投放桶表识抽象笼统，"可回收"和"不可回收"二分天下，从美国的回收桶表识可以发现，具体的导向才是切实可行。所以，回收设备上有垃圾类别的文字提示，同时引入互联网和智能模块的电子字幕、语音提示等形式。收集体系包含收集方式、收集时间和收集设施。我国台湾省的垃圾不落地采用的是定时定点收集方式，在我国的密集型人群背景下，可以考虑采用定时定点或者是上门收集制度，根据各地具体状况合理制定。收集时间方面，即什么时间收集哪一类废弃物，明确日程表，采用电子台历或地区日历制度，同时可以在各住宅小区实施电子屏幕告知制度。收集设施方面应当专业化，电子废弃物收集车不能用来收集有机垃圾，危险有害废弃物收集车辆只能收集专门的有害废弃物。

（三）主体层面

在主体方面，短时间内可以采取由特殊到一般的渐进模式，但不能试点时间过长，否则可能结果适得其反。试点时间宜界定为半年左右。试点主体可考虑政府和学校优先。政府具有一定的导向和示范义务，可以作为示范主体。而师者垂范，生者可教，以学校作为示范主体和范围具有可期待的社会良好效应，况且学生是社会的未来主体，对于废弃物分类与治理，在教育过程中形成理念与习惯，在社会成长中践行，不失为可持续性方式。特别是在日常的行为模式中，采用志愿者培训和值日监督方式，在学校易于实现，进而完成由点到线，由线到面的分类。学校带动学生，学生影响家庭，形成科学持久的分类主体局面。

（四）制度层面

在制度方面，可能集中于两个领域，生产和消费领域。在生产领域，可借鉴我国台湾垃圾袋专用制度，由专门企业生产，不同类别的生活垃圾使用专袋盛放。对于私自生产垃圾袋以及购买非专业垃圾袋的生产者和消费者施以严厉的罚款制度。该制度必然促进生活垃圾的分类。同时，对于可回收垃圾以及有机垃圾等采用区别收费制度，对于不可回收的生活垃圾必须按量收费，适当考虑阶梯式累进收费制度，以此方式促进生活垃圾的减量。对于不分类的行为，超过一定比例不予回收，严重者，施以罚款，特别严重情形的，可以入刑，以罚金的刑罚为主要法律责任形式。对于针织品、可回收玻璃、塑料等收集一贯坚持且准确分类的，采用账号积分或者代金券等方式予以奖励。

对于志愿者的长期分类引导和监督奉献行为，国家可以考虑一定的记入个人品格档案。在日常的工作生活中，如就业，医疗等，给予一定的优惠政策。

生活垃圾究竟是污染物还是资源？不分类终究还是污染物，分类了才可能成为资源。生活垃圾分类的困境必定持久，但冲破困境走向良好的分类治理，促进资源的二次回收利用，是经济发展的必然要求，也是国家经济繁荣和生态持续的必由之路。生活垃圾的有效治理，将有效促进资源的持续化利用，环境的洁净优美，碳排的协同降低。

参考文献

阿尔弗雷德·马歇尔. 2012. 经济学原理. 宇琦，译. 长沙：湖南文艺出版社：43.

阿尔温·托夫勒. 1984. 第三次浪潮. 朱志焱，潘琪，张焱，译. 上海：生活·读书·新知三联书店：187.

白婷婷. 2013. 论我国电子废弃物法律制度的完善. 上海：华东政法大学硕士学位论文.

白雪. 2017-03-24. 智能手机不环保 未来应建闭环循环生产模式. 中国经济导报，B05.

蔡建升，徐志刚，毕志清. 2010. 垃圾处理 PPP 之实践. 北京：中国统计出版社：57-81.

曹宏，胡利华. 2015. 杭州市餐厨垃圾资源化利用实践与思考. 科技与企业，(4)：121.

曹洪军，王小洁，刘鹏程. 2017. 居民应对环保知行不一的认知策略及其原因——基于 CGSS2010 微观数据的分析. 城市问题，(1)：85-94.

曹明德. 2002. 论消费方式的变革. 哲学研究，(5)：40-45.

曹荣湘. 2010. 全球大变暖——气候经济、政治与伦理. 北京：社会科学文献出版社：128.

常大为. 2017-06-05. 首批 500t 废旧军服实现绿色再生. 解放军报，1.

陈根. 2010. 塑料之美. 北京：电子工业出版社：15-16.

陈昊. 2016. 让电子垃圾变成“城市矿产”. 环境，(2)：61-63.

陈来. 2014. 有无之境. 上海：生活、读书、新知三联书店：107，115-117，191.

陈琦. 2014. 王阳明致良知思想研究. 吉林：吉林大学博士学位论文.

陈绍军，李如春，马永斌. 2015. 意愿与行为的悖离：城市居民生活垃圾分类机制研究. 中国人口·资源与环境，25（9）：168-176.

陈晓芬，徐儒宗. 2015. 论语·大学·中庸. 北京：中华书局：17，28，326.

陈颖，钟江. 2014. 废旧纺织品回收利用. 中国纤检，(10)：54-55.

陈志辉. 2015. 塑料垃圾能源化综合处理方案的实践及思考. 橡塑技术与装备，41（14）：86.

程颢，程颐. 2000. 二程遗书. 上海：上海古籍出版社：66.

程志华. 2009. 牟宗三哲学研究：道德的形而上学之可能. 北京：人民出版社：226-233.

楚不易. 2017. 垃圾围城：比雾霾更触目惊心，我们都无处可逃. http：//wemedia.ifeng.com/6772733/wemedia.shtml[2017-1-5].

戴宏民，戴佩燕. 2014. 生态包装的基本特征及其材料的发展趋势. 包装学报，6（3）：1-9.

戴千惠，陈志军. 2015. 废旧纺织品的回收再利用. 山东纺织科技，(6)：42-46.

戴修殿. 2011. 政治与非政治问题——英国生活垃圾治理模式. 城市管理与科技，(1)：72-76.

杜欢政，靳敏. 2017. 生产者责任延伸制度的我国实践. 北京：科学出版社：172-178.

杜林军，李林蔚，解莹，等. 2010. 城市生活垃圾低碳管理及碳减排潜力估算. 环境卫生工程，18（5）：1-3.

冯雪珺. 2017-3-27. 德国：垃圾分类，重立法更重执法. 人民日报，22.

傅佩荣. 2011. 向善的孟子. 北京：华文出版社：283.

冈田武彦. 2015. 王阳明大传. 杨田，译. 重庆：重庆出版社：305.
高斌，江霜英. 2011. 利用生命周期评价方法分析上海市某区生活垃圾处理的温室气体排放. 四川环境，30（4）：92-97.
高菁. 2017. “限塑令”实施现状分析. 经济研究导刊，（14）：196-198.
高文亮. 2015. 世界首座垃圾气化站在韩国诞生. http：//www.solidwaste.cn/news/227825.html[2016-3-18].
格尔德·哈特曼，乌尔里希·施密特. 2007. mySAP产品生命周期管理. 姚翠平，译. 北京：东方出版社：243.
辜恩臻. 2004. 延伸生产者责任（EPR）制度的法律分析. 北京：法律出版社：645.
顾明远，边守正. 2011. 陶行知选集第一卷. 北京：教育科学出版社：203.
郭燕. 2015. 英国废弃物战略及垃圾减量研究. 再生资源与循环经济，（9）：41-44.
郭艺珺，宋鹏霞. 2007-04-20. 电子废物收置“正规军”何在. 解放日报，10.
韩大伟. 2015. 废旧纺织品“变废为宝之路”. 中国纺织，（12）：130-131.
杭正芳，周民良，李同昇. 2012. 日本废旧家电如何“变废为宝”. 环境保护，（Z1）：97-100.
郝淑丽. 2016. 北京废旧纺织品服装回收机构分析. 再生资源与循环经济，9（11）：16-17.
何悦. 2010. 我国生产者延伸责任立法. 科技与法律，84（2）：70-73.
贺蓉，殷培红，杨宁. 2011. 废弃物领域协同减排是实现温室气体减排的重要途径. 中国环境管理，（4）：32-36.
贺蓉，殷培红. 2011. 废弃物协同减排能否西策东渐. 环境保护，（18）：68-70.
洪树. 2013-1-31. 大律师建“绿房子”倡导垃圾分类投放. 金陵晚报，A11.
胡新军，张敏，余俊锋，等. 2012. 中国餐厨垃圾处理的现状、问题和对策. 生态学报，32（14）：4575-4584.
黄和平. 2017. 生命周期管理研究述评. 生态学报，37（13）：1-12.
黄惠娥，李丽萍，吴晓滨，等. 2016. 中国电子垃圾的回收现状政策分析及其建议. 再生资源和循环经济，9（10）：29.
黄威，高庆先，曹国良，等. 2017. 中国城市矿产开发对温室气体减排的影响分析. 气候变化研究进展，13（1）：76-82.
黄辛. 2016. 聚乙烯废塑料温和可控降解研究取得重大突破. http：//www.sciencenet.cn[2016-6-20].
姬杨. 2013. 逆向物流回收体系分析. 企业文化，（9）：219.
计国君，黄位旺. 2012. WEEE回收条例有效实施问题研究. 管理科学学报，15（5）：1-10.
纪丹凤，夏训峰，刘骏，等. 2011. 北京市生活垃圾处理的环境影响评价. 环境工程学报，5（9）：2101-2107.
蒋洪涛. 2010-11-16. 大城市硬伤之首：垃圾有处理不等于合理. 科技日报，5.
蒋项军，周小梅. 2013. 医用塑料技术应用新进展. 国外塑料，31（6）：36-40.
卡特琳·德·西尔吉. 2005. 人类与垃圾分类的历史. 刘跃进，魏红荣，译. 天津：百花文艺出版社：4，6，35，98.
康概，王学东. 2011. 北京市城市生活垃圾处理现状与对策. 北方环境，23（4）：38-40.
孔芹，孙伟伟，蒲文鹏，等. 2015. 江苏省某市餐厨垃圾组分及成分调查分析. 中国环境科学学会学术年会论文集：4121-4124.
雷英杰. 2017. 从提出到鼓励再到强制，张农科直指垃圾分类背后四大问题. http：//www.solidwaste.com.cn/news/view?id = 261659&page = 3[2017-7-27].

李爱华，尚建珊. 2010. 绿色包装法律制度亟需建立和完善. 环境经济，(Z1)：94-97.
李丛志. 2013. 发达国家废塑料再生利用现状及对我国的影响. 再生资源与循环经济，6（4）：38-44.
李宏岳. 2007. 国内外绿色物流现状和发展研究. 经济问题探索，(12)：170-174.
李厚圭，薛光明，章志平，等. 2010. 上海新锦华公司在线收废回收物流新模式. 中国物流学会年度学会报告.
李慧玲. 2007. 环境税费法律制度研究. 北京：中国法制出版社：209.
李静，李晓清. 2016. 积极探索我国废旧纺织品的回收和再利用. 中国纤检，(4)：28-30.
李瑾. 2015-1-9. 塑料垃圾的跨国之战. 工人日报，5.
李娟. 2013. 国际视野下我国环境税收制度的设计. 人民论坛，(5)：254-255.
李艳. 2015-12-23. 废旧衣物再利用，“小东西”“大事情”. 科技日报，5.
梁慎宁，杨丹辉. 2011. 中国废弃物温室气体排放及其峰值测算. 中国工业经济，(11)：37-47.
林成淼，朱坦，高帅，等. 2015. 国内外电子废弃物回收体系比较与借鉴. 未来与发展，(4)：14-20.
林世东，甘胜华，李红彬，等. 2017. 我国废旧纺织品回收模式及高值化利用方向. 纺织导报，(2)：25-26.
麟喆. 2016. 影响再生塑料行业发展现状的近期热点问题. http：//www.chinareplas.com/nd.jsp?id = 202.
刘芳，郑莉霞，李金惠. 2017. 中日韩电子废物管理比较研究. 环境污染与防治，39(1)：102-105.
刘芳. 2012. 寻找缺失的循环链——生产者责任延伸法律问题研究. 北京：人民出版社：88-112.
刘海英. 2017-7-20. 震惊！人类已生产 83 亿吨塑料. 科技日报，1.
刘建国. 2016. 我国生活垃圾处理热点问题分析. 环境卫生工程，24（1）：1-3.
刘礼鹏. 2016. 公共性视野下的乡村生活垃圾处理困境分析研究——以B村为个案. 环境科学与管理，41（8）：66-69.
刘宁宁，简晓彬. 2008. 国内外城市生活垃圾收集与处理现状分析. 国土与自然资源研究，(4)：67-68.
刘文慧. 2015. 中国垃圾分类史. 南方周末. http：//www.infzm.com/content/107726[2016-05-08].
卢凡. 2015. 我国电子废弃物回收利用监管法律制度研究. 甘肃：甘肃政法学院硕士学位论文.
陆益龙. 2015. 水环境问题、环保态度与居民行动的策略——2010CGSS 数据分析. 山东社会科学，(1)：70-76.
吕维霞，杜娟. 2016. 日本垃圾分类管理经验及其对中国的启示. 华中师范大学学报（人文社会科学版)，55（1)：39-53.
罗伟. 2017. 垃圾分类的京环模式——垃圾智慧分类. 城市管理与科技，19（2)：20-22.
马恩，张承龙，白建峰，等. 2017. 中德电子废弃物回收处理体系与可借鉴经验的研究. 上海第二工业大学学报，34（1)：6-12.
马国华. 2016-8-24. 台湾如何做到垃圾不落地——赴台湾考察学习城市生活垃圾分类管理经验启示. 银川日报，4.
马维晨. 2016. 我国绿色消费政策的措施研究. 环境保护，45（6)：56-59.
墨泉. 2017. 快递垃圾体量有增无减循环利用链条亟需构建. http：//www.hbzhan.com/news/detail/117431. html [2017-05-23].
牟宗三. 2010. 圆善论. 吉林：吉林出版集团有限责任公司：201-202.

穆治霖，张卉聪. 2016. 关于我国物流业绿色发展的法律思考. 环境与可持续发展，41（6）：140-143.
潘俊强，汪志球，李刚. 2017-11-01. 防治污染，共迎挑战（美丽中国·和谐共生）. 人民日报，13.
潘振华. 2008. 塑料百年：生活因它而变. 观察与思考，（5）：24-25.
齐春艳. 2014. 废旧服装回收再利用方式及实例. 天津纺织科技，（3）：17-19.
钱伯章. 2010. 国内外电子垃圾回收处理利用进展概述. 中国环保产业，（8）：18-23.
钱伯章. 2010. 欧美废旧塑料回收利用近况. 国外塑料，28（3）：58-61.
钱光人. 2009. 国际城市固体废物立法管理与实践. 北京：化学工业出版社：7.
乔·麦克唐纳. 2013-10-9. 中国垃圾回收行业整顿震惊全球. 林凡，译. 青年参考，25.
任鸣鸣，杨雪，鲁梦昕，等. 2016. 考虑零售商自利的电子废弃物回收激励契约设计. 管理学报，13（2）：285-294.
茹兆祥. 2011. 据调查我国城市生活垃圾堆存量已达 80 亿吨. http：//green.sina.com.cn/news/roll/2011-11-18/110123487035. shtml[2017-1-10].
沙默. 2010-04-21. 十年“挈篮儿”——永嘉农民陈飞的“草根低碳”之路. 温州日报，3.
申恒霞. 2016. 废弃塑料处理工程中的环境保护研究. 塑料工业，44（1）：12-15.
沈丛升，谢庆裕. 2017-08-07. 曾经“电子垃圾之都”如今环保企业扎堆. 南方日报，3.
舒新城. 2009. 辞海. 6 版. 上海：上海辞书出版社：2085-2089.
宋国君. 2015. 中国城市生活垃圾管理状况评估报 2015. 中国人民大学国家发展与战略研究院.
宋国君. 2017. 垃圾分类是解决垃圾问题的真正出路. http：//www.ciudsrc.com/new_weiyuanhui/dongtai/2017-05-03/114165. html[2017-5-13].
宋国君，孙月阳. 2017. 无害化前提下的低成本化是生活垃圾管理的核心目标. 环境教育，（3）：25-28.
宋建国. 2012. 城市生活垃圾处理的新出路. 前进论坛，（11）：56-58.
宋蕊霖. 2014. 我国电子废弃物回收处理法律问题研究. 石家庄：石家庄经济学院硕士学位论文，15.
宋薇，蒲志红. 2017. 美国生活垃圾分类管理现状研究. 中国环保产业，（7）：63-65.
宋小龙，王景伟，吕彬，等. 2015. 电子废弃物资源化全生命周期碳减排效益评估——以废弃电冰箱为例. 环境工程学报，（7）：3448-3454.
宋小龙，王景伟，杨建新，等. 2016. 电子废弃物生命周期管理：需求、策略及展望. 生态经济，32（1）：105-110.
孙建永. 2014. 天津国内首座垃圾管理体验馆建成，明年正式开放. http：//finance.chinanews.com/house/2014/12-26/6914704. shtml[2016-10-20].
孙绍峰，王兆龙，邓毅. 2017. 韩国生产者责任延伸制实施情况及对我国的启示. 环境保护，45（1）：58-62.
孙翼飞. 2016-4-14. 200 亿件包裹消耗惊人包装物料 快递行业绿色化需要提速推进. 中国环境报，10.
唐平，潘新潮，赵由才. 2012. 城市生活垃圾：前世今生. 北京：冶金工业出版社：4，62.
唐绍均. 2009. 论生产者责任延伸制度概念的淆乱与矫正. 重庆大学学报（社会科学版），15（4）：115-119.
宛诗平. 2016-02-15. 七年“限塑令”为何不痛不痒. 人民法院报，2.
万金保，朱邦辉，刘琳. 2010. 庐山风景名胜旅游地生活废弃物生态足迹分析. 环境科学与技术，33（11）：175-180.
汪文忠. 2017. 日本垃圾分类概述及启示. 城市开发，（12）：73-75.

王凤. 2008. 公众参与环保行为影响因素的实证研究. 中国人口 · 资源与环境，18（6）：30-35.
王冠宇，李萌. 2015. 欧美城市垃圾处理政策与经验对北京的启示. 城市管理与科技，17（3）：82-84.
王海涛. 2004. ROHS 指令对中国家电业的影响. 电器，（10）：50-52.
王和平. 2015. 垃圾水分对焚烧炉热力性能的影响. 锅炉技术，46（1）：75-79.
王鸿春，坂本晃. 2009. 日本东京治理垃圾污染之对策. 前线，（11）：53-55.
王瑾. 2011. 关于低碳经济环境下绿色包装法制建设的研究. 黑龙江省政法管理干部学院报，（4）：132-134.
王景伟，徐金球. 2004. 欧盟电子废弃物管理法立法简介. 中国环保产业，（10）：39-40.
王攀，任连海，甘筱. 2013. 城市餐厨垃圾产生现状调查及影响因素分析. 环境科学与技术，31（1）：181-185.
王守仁. 2015. 王阳明全集. 上海：上海古籍出版社：39，60，97.
王淑贞. 2012. 外部性理论综述. 经济视角，（9）：52-53.
王向会，李广魏，孟虹，等. 2005. 国内外餐厨垃圾处理状况概述. 环境卫生工程，（2）：41-43.
王阳明. 2015. 传习录. 北京：北京联合出版社：117，123.
王兆华，尹建华. 2008. 生产者责任延伸制度的国际实践及对我国的启示——以电子废弃物回收为例. 生产力研究，（3）：95-96.
危想平，周芳. 2016. 电子废弃物资源循环利用现状与对策研究. 广州化工，44（23）：19-20.
危昱萍. 2017-7-13. 能拍 MV 也能办婚礼的垃圾厂，台湾垃圾处理从邻避走到睦邻. 21 世纪经济报道，20.
威廉 · 拉什杰，库伦 · 墨菲. 1999. 垃圾之歌——垃圾的考古学研究. 周文萍，连惠幸，译. 北京：中国社会科学出版社：176.
魏小凤，孙伟伟，王冠平，等. 2016. 我国餐厨垃圾项目收运处理补贴现状分析. 环境卫生工程，24（2）：28-30.
吴兴人. 2017-06-15. 名存实亡的“限塑令”考验着什么. 解放日报，2.
吴修文，魏奎，沙莎，等. 2011. 国内外餐厨垃圾处理现状及发展趋势. 农业装备与车辆工程，（12）：49-52.
吴亚娟，刘红梅，陆胜勇，等. 2012. 城市生活垃圾组分低温干燥特性及模型研究. 环境科学，33（6）：2110-2117.
武卫政. 2015. 文安：废旧塑料利用重获新生. http：//news.feijiu.net/infocontent/html/20153/21/21327260. html[2015-03-21].
夏慧玲，林小芳，徐海江，等. 2016. EPR 视角下的快递包装物循环利用策略研究. 物流工程与管理，38（4）：51-52.
夏燕. 2009. 城市垃圾之困——每天都在困扰我们的城市垃圾. 观察与思考，（14）：16-21.
辛小娇. 2015. 论王阳明“治世”“治心”“治天”的逻辑统一. 孔子研究，（5）：113-119.
熊秋亮，黄兴元，陈丹. 2013. 废旧塑料回收利用技术及研究进展. 工程塑料应用，（11）：111-115.
徐海云. 2016. 我国可回收垃圾资源化利用水平比较分析. 环境保护，44（19）：39-44.
徐伟敏. 2007. 德国废物管理立法的制度特色与启示. 中国人口 · 资源与环境，（5）：143-147.
徐晓静. 2007. 基于绿色物流的绿色包装研究. 北京：北京交通大学硕士学位论文：13.
薛红燕，韦小兵，王艳秋，等. 2013. 我国废旧纺织品处置策略研究. 中外企业家，（23）：50-51.

薛茂权，黄之德. 2006. 塑料在建筑材料中的应用与研究. 建材技术与应用，（2）：4-7.
亚当·明特. 2015. 废物星球：从中国到世界的天价垃圾贸易之旅. 刘勇军，译. 重庆：重庆出版社：15.
杨华. 2016. 国外废旧纺织材料的循环利用的发展现状. 合成材料老化与应用，45（2）：95-98.
杨瑾，鞠丽萍，陈彬. 2012. 重庆温室气体排放清单研究与核算. 中国人口·资源与环境，22（3）：63-69.
杨频萍，鹿琳，徐冠英. 2016-08-08. 限塑八年，为何依然我行我“塑”. 新华日报，2.
杨萍. 2015-12-23. 废旧衣物再利用“小东西”“大事情”. 科技日报，5.
姚峰. 2010. 垃圾水分对垃圾焚烧发电厂的影响. http：//http：//www.cn-hw.net/html/27/201010/19462. html[2016-10-20].
姚淑姬. 2010. 电子废弃物回收的法律规制. 商业时代，（29）：107-108.
姚雪青. 2016-3-2. 南京试点垃圾分类市场化运作——垃圾放对路 谁都有好处. 人民日报，15.
叶晓彦. 2016-5-12. 垃圾分类 7 年，厨余垃圾分出量不及 10%. 北京晚报，49.
于波. 2015. 废弃塑料的回收利用探究. 内蒙古石油化工，41（12）：2-4.
俞宙明. 2015-3-23. 德国垃圾桶里，装着多少秘密. 解放日报，5.
羽佳. 2016. 2016 年中国电商物流绿色包装统计分析报告. http：//old.56products.com/News/2016-12-22/JKJ267AC65209B61650. html.
袁一雪. 2017-07-28. 塑料：人类甩不开的难题. 中国科学报，3.
曾伟立. 2009. 塑料与医疗领域，风景这边独好. 塑料制造，（5）：38.
翟巍. 2015. 论德国循环经济法律制度. 理论界，（5）：46-52.
张聪. 2017-02-08. 生产者责任延伸制推行方案出台 提升产品生命周期中的资源利用效率. 中国环境报，7.
张东亚. 2013. 旧衣服，新旅程. 中国企业家，（11）：92-97+13.
张帆，杨术莉，杜平凡. 2015. 废旧纺织品回收再利用综述. 现代纺织技术，23（6）：56-62.
张进峰，聂永丰. 2006. 垃圾处理领域的技术发展和启示. 环境科学研究，（1）：57-63.
张强，稽冶，冀伟. 2013. 餐厨垃圾能源化研究进展. 化工进展，32（3）：558-562.
张骁龙. 2012. 城市生活垃圾低碳处理模式初探. 武汉：武汉理工大学硕士论文.
张艳艳，景元书，高庆先，等. 2011. 我国城市固体废弃物处理情况及温室气体减排启示. 环境科学研究，24（8）：909-916.
张益. 2017. 我国固废处理领域现状和发展趋势. 2017. http：//www.solidwaste.com.cn/news/view?id = 261673&page = 2[2017-7-27].
张载. 1978. 张载集. 北京：中华书局：60.
赵娟，崔怡. 2007. 塑料废弃物绿色处理技术研究进展. 塑料工业，35（S1）：30-32.
赵利利. 2017. 电子垃圾：灰色产业如何转化为绿色经济. 资源再生，（4）：42-43.
赵胜男，崔胜辉，吝涛，等. 2010. 福建省有机废弃物资源化利用碳减排潜力研究. 中国人口·资源与环境，20（9）：30-35.
赵万峰. 2011. 论孔孟式儒家教育到书院教育的三个转变. 内蒙古社会科学，（1）：139-143.
赵一平，武春友，傅泽强. 2008. 基于循环经济的 EPR 责任主体选择研究进展与启示. 科研管理，29（5）：111-117+172.
赵莹，程桂石，董长青. 2013. 垃圾能源化利用与管理. 上海：上海科学技术出版社：90.

郑阳，李宗佩，廖传华. 2014. 废旧塑料循环利用技术研究进展. 塑料助剂，(2)：11-16.
周丽俭，胡蓉. 2016. 我国快递包装废弃物循环再利用问题研究. 商业经济，11：9-10+18.
周晓幸，徐琳瑜，杨志峰. 2012. 城市生活垃圾处理全过程的低碳模式优化研究，环境科学学报，32（2)：498-505.
周效敬. 2017. 生产责任延伸制：铅蓄电池回收“江湖小贩”能否终结？资源再生，(1)：36-39.
朱晓军，王兴翠，郭中丽. 2012. 废旧塑料回收再利用的研究现状. 科学之友，(2)：11-12.
朱宇鲲. 2016-7-21. 垃圾分类的困境与对策. 甘肃日报，9.
诸佳焕. 2017. 我国快递包装实际回收率不到 10%. http：//info.21cp.com/industry/News/201703/1255301.html.
邹卫星，房林. 2008. 财富效用、生产外部性与经济增长——中国宏观经济典型特征研究. 南开经济研究，(3)：49-67.
Corsten M，Worrell E，Rouw M，et al. 2013. The potencial contribution of sustainable waste management to emerge use and green house gas emission reduction in the Netherlands. Resources Conservation and Recycling，77（2)：13-21.
Debo L，Savaskan C，van Wassenhove L N. 2002 . Coordination in Closed-Loop Supply Chains. Berlin：Springer.
Jang Y C. 2010. Waste electrical and electronic equipment（WEEE）management in Korea：Generation，collection，and recycling systems. Journal of Material Cycles and Waste Management，12（4）：283-294.
Lindhqvist T. 1992. Towards an extended producer responsibility：Analysis of experiences and proposals. Published by the Ministry of the Environment and Natural Resources in “Products as Hazardous—background documents，” in Swedish，Ds，1：82.
Manomaivibool P，Hong J H. 2014. Two decades，three WEEE systems：How far did EPR evolve in Korea’s resourcecirculation policy？ Resource，Conservation and Recycling，83：201-212.
Peagam R，Mclntyre K，Basson L，et al. 2013. Information technology user practices at end of life in the United Kingdom，Germany，and France. Journal of Industrial Ecology，17（2)：224-237.

附录一　对南京某高校的快递包装和餐厨废弃物现状及处理的两份调查报告

第一节　关于××大学快递包装废弃物现状及处置的调查报告

一、背景

随着互联网的普及，电子商务的快速发展，我国的快递产业也呈现高速发展的态势。2015 年我国快递业务量完成 206 亿件，同比增长 48%，快递业务收入完成 2760 亿元。高效快捷的快递处理方式大大提高了人民的生活水平。然而，与此同时，由快递业带来的环境污染问题也日益突出。大量的快递包装废弃物产生，然而大多数废弃物得不到合理的处置，导致资源浪费，甚至造成了一定的环境污染。

大学生是网络购物使用最为活跃、最为广泛的群体，大学生习惯用互联网购买商品，是互联网时代下网购的主力军，也是制造快递垃圾的重要主体。因此，在这个背景下调查校园快递包装废弃物的现状及处置方式，成为一个新的重要课题。本小组透过成员的数据走访、校园采访及对比分析等形式，采用质性研究与量性研究相结合，同时运用定性分析和定量分析、文献研究法与观察法、专家咨询法，综合运用问卷调查法、深度访谈法、大数据分析法、跟踪调查法等进行校园快递包装废弃物现状及处置的研究。

二、调查目的

1. 深入了解校园快递包装废弃物现状及处置方式

目前社会对大气污染等环境保护的研究颇为深入，对校园废弃物的治理也有大量的研究，而快递包装废弃物的大量出现，更是当下社会废弃物的重要组成部分，对互联网时代大学生废弃物现状以及大学校园对快递包装废弃物的现状、处置及回收利用等方面的研究，是经济社会发展的必然课题。而深入研究互联网电子商务普及背景下校园对快递包装废弃物的处置，据此建立起科学的引导策略，是保护环境、促进生态、提高资源意识和促进循环经济的未来发展趋势。

2. 研究新的解决机制以期缓解环境污染及资源浪费问题

传统的垃圾处理方式给社会环境带来了极大的环境污染及资源浪费问题，期望通过一系列的调查走访，并通过国内外文献数据对比分析，真实反映快递行业当前状态和发展规律，探索校园快递包装废弃物在日常生活中的处置方式，通过细致考察，思考寻求新的治理路径，为大学校园的废弃物治理以及现有状态下的社会环境保护问题提供可操作性的方案。

三、调查对象

①南京××大学周边快递站点（包括小东门圆通天天菜鸟驿站，老食堂韵达申通百世汇通菜鸟驿站，南门顺丰菜鸟驿站，南门中通菜鸟驿站）；

②南京××大学在校大学生；

③南京××大学宿管阿姨；

④部分网店店主。

四、调查方式

1. 文献调查法

本组成员在研究的第一阶段广泛查阅了与课题有关的文献资料和数据，对我国快递包装废弃物现状及处置问题有了初步的了解，对国内外相关方面的已有成果进行了总结和分析，为下一阶段的研究提供了借鉴。对校园快递包装废弃物有一个初步印象和感性认识，为后续的深入探究提供方向和基础。

2. 深度访谈调查法与观察法

本次调查选取了有代表性的快递站点、废弃物集中处理地点的工作人员等相关人士进行了深入采访了解。同时辅以观察法，接触大学生的日常生活，深度直接地了解大学生快递包装废弃物处置情况及其认为可行的处置方式。调查了解相关专家问题的处置方式，寻求更高效的解决路径。

五、调查内容及分析

1. 对快递站点的快递数据调查

经过小组成员的走访调查，采集收纳了 4 个快递站点的快递数据（附表 1）。

附表 1　南京××大学各快递点日收发快递数量统计表

快递站点	每天收发数量/件
小东门圆通天天站点	1000
中苑老食堂韵达站点	900
南门顺丰站点	200
南门中通站点	500
总计	2600

通过这个数据不难发现，我校每天产生的快递包装废弃物数量庞大，而这些数据仅仅是个别站点。

同时，调查处理总结了每个快递站点主要包装废弃物的数据（附表 2～附表 6）。

附表 2　小东门圆通天天菜鸟驿站快递包装废弃物数量统计表

废弃物种类	数量/（件/日）
纸质包装	950
塑料包装	800
缠绕胶带	900
缓冲泡沫	500

附表 3　中苑老食堂韵达申通百世汇通菜鸟驿站快递包装废弃物数量统计表

废弃物种类	数量/（件/日）
纸质包装	880
塑料包装	600
缠绕胶带	700
缓冲泡沫	300

附表 4　南门顺丰菜鸟驿站快递包装废弃物数量统计表

废弃物种类	数量/（件/日）
纸质包装	190
塑料包装	100
缠绕胶带	150
缓冲泡沫	100

附表5　南门中通菜鸟驿站快递包装废弃物数量统计表

废弃物种类	数量/（件/日）
纸质包装	450
塑料包装	300
缠绕胶带	300
缓冲泡沫	200

附表6　南京××大学各快递站点快递包装废弃物数量统计表

废弃物种类	小东门天天	中苑韵达	南门顺丰	南门中通
纸质包装	950	880	190	450
塑料包装	800	600	100	300
缠绕胶带	900	700	150	300
缓冲泡沫	500	300	100	200
总计	3150	2480	540	1250

根据以上数据显示，快递包装废弃物主要以纸质包装废弃物为主，其次是塑料包装废弃物、胶带及缓冲泡沫。而最易产生环境污染的是塑料包装废弃物和胶带，很多用胶带裹缠的废弃物处理起来非常棘手。

此外，经走访调查显示，快递物流市场体现出与社会完全不同的季节特性，具有明显的寒暑假特征，每年1～2月，7～8月物流量明显下降。其中，11月网购达到峰值，2月网购量最少。因此，每年的快递收发高峰期，快递包装废弃物的处理模式也存在很大的弊端。很多快递包装废弃物来不及处理，以传统的方式送至垃圾场，填埋或焚烧。

2. 对同学快递包装废弃物处理方式调查

本次调查小组在上放学收取快递的高峰期调查了收件人对快递包装废弃物的处理方式，发现如下情况。

①多随手扔进垃圾箱

调查组成员了解到，为保证网购商品能承受快递公司的多次分拣，完好无损地递送到消费者手中，获得好评，不少商家将商品包装得很严实：大纸盒里套着小纸盒，盒子里还会塞有不能降解的塑料、泡沫垫等，最后用一圈圈胶带固定。随之而来的是快递包装物在废弃物总额中所占比重越来越大。而大多数同学在收取到快递后徒手拆开，包装盒、包装袋直接丢弃在垃圾桶里，每个快递站的垃圾桶里每天都有大量的包装废弃物。

②专人回收

走访显示，有些快递站点会有专人捡拾快递包装，回收废品。但数量很少，很多废弃物多是采用原始的方式由保洁员处理，送至垃圾站。

③回收利用

面对如此多的快递包装，大家是如何处理的呢？调查组成员采访了一些收取快递的学生，“结实些的纸箱可作收纳箱，但太多就用不上了，现在废纸箱每千克才卖几毛钱，平时顺手就把纸箱扔进垃圾桶了，要不然宿舍哪堆得下？”从这一点来看，回收利用的快递包装废弃物还是少之又少。

3. 对宿管阿姨的采访调查

宿舍是大学生生活废弃物产生的重要场所，因此调查组也针对宿管阿姨进行了采访，由于宿舍多，调查中采用了抽样式调查，调查采访了沁园 31、32 栋的宿管阿姨和楼长，阿姨们表示，每天的快递包装废弃物占据废弃物数量的 50%，她们每天在处理废弃物时发现，大多数同学都是拆开快递直接抛弃包装废弃物，部分同学会把纸质包装盒或者纸质包装袋用作简易垃圾桶使用一段时间再丢弃，但这样做的同学不多。关于这么多废弃物的处理，阿姨们表示，她们会将可以回收利用的部分废弃物利用起来，养些花草，其余的直接由每天的工作人员送至垃圾中转站。

4. 对部分网店店主的调查

课余，调查组成员在网购时也调查了一部分网店店主，他们表示，快递包装近两年的开支越来越大，但为了满足客户的需求，他们不得不要求快递公司严格包装，甚至重复包装。他们希望能有一个渠道回收利用完好的包装废弃物，减少成本。

六、结论

1. 快递包装多难降解，亟待回收合理利用

经调查显示，虽然包装废弃物不少，但是大多数快递公司和电商都没有回收计划。快递用的胶带和填充泡沫等，往往连收废品的人都不要，只得直接扔掉。众所周知，快递外包装所使用的塑料产品材料大多是不可降解的。如果随意抛弃，会给环境带来巨大危害。而若焚烧处理，焚烧燃料、净化空气的成本也不低。

2. 快递站自行回收效率低下

很多快递站的工作人员表示，很多快递包装废弃物是完好无损的，完全可以回收二次使用，作为下一个快递的包装物，按尺寸和材质不同，购买快递纸箱价格从 3 元到十几元不等，而这些纸箱大多以 0.5 元/kg 的价格卖给废品收购站。然而很多快递站并没有完善的回收措施，很多快递包装废弃物也得不到合理的处置。

3. 回收渠道烦琐复杂

从网店店主和快递站点工作人员以及宿管阿姨处，不难发现，现有的废弃物处置并没有一个畅通的快递包装废弃物处理渠道，很难在废弃物处理过程中找到回收快递包装废弃物的处理途径。

七、研究期望及设想

鉴于本次的调查研究与分析讨论，试图寻找一个新的快递包装废弃物治理路径。以下是初步设想。

1. 建立专门的快递包装废弃物处理站

在学校的各个快递站点，各个宿舍楼下的垃圾站点，建设一个专门的快递包装废弃物处理站点，派专人管理，回收同学们完好仍旧可以使用的快递包装废弃物。合理有效地集中收集，回收利用。

2. 在校宣传快递包装废弃物的处理

首先在师生中宣传低碳生活、节约资源的理念，让大家自觉地将有用的快递包装废弃物收集起来，这样才能从源头治理快递包装废弃物。

3. 以购物袋方式现场替代纸盒

在快递取货现场点，对于纸盒包装类物品，可以现场拆包的，可建议现场拆包，以超市购物袋方式将体积较大的纸箱或相关容器置换，这样既便利了网购大学生验货，又促进了快递点的二次回收利用，可谓一石二鸟。

4. 建设快递包装废弃物回收的 app

利用 app 加强商家快递站和客户之间的联系，可以在包装上注明环保回收产品，加大资源的利用率，商家广告和快递站点广告穿插，以期获得互利共赢的良好效果。

第二节　高校食堂餐厨废弃物处理分析报告——以南京××大学为例

一、前言

1. 调查背景与目的

随着我国经济社会的发展，环境卫生和资源浪费问题日益突出和严峻，在很大程度上影响了人民群众生活水平的提升。并且，我国面临的环境卫生问题是多方面的，除了工业环境污染问题，居民产生的生活废弃物所造成的卫生环境问题也不容忽视。食堂餐厨废弃物作为生活废弃物的一个重要组成部分，它的正确处理对环境卫生条件的改善有十分重要的意义。环境卫生问题事关全体人民群众的切身利益，作为当代大学生，理应为社会献出自己的微薄之力。鉴于此，开展了本次调查项目，为达成此项目标，需要探寻出一条更加可靠、更加节约、更加环保的治理高校食堂餐厨废弃物的途径，当然也就需要充分了解南京地区部分高校校园食堂餐厨废弃物处理的现状，分析其中存在的不足，总结经验。

2. 调查对象

作为南京××大学的学生，团队选择了南京××大学食堂作为调查研究对象，有利于较为充分、便利地展开调查研究活动。

3. 调查时间

2017 年 4 月～2017 年 5 月。

4. 调查方法

本次调查研究团队选择了实地考察、咨询相关负责人和查询文献这三种方法，首先由团队成员分散进去学校各个食堂进行观察。其次，团队的负责人咨询了主管食堂工作的徐主任。最后查询了国内外的有关文献资料。

二、正文

1. 调查成果

（1）对餐厨废弃物在数量方面有了基本把握。经过长时间的实地观察以及对校园食堂相关负责人的询问，现对餐厨废弃物现状有了一个初步的了解：校园内共有 5 座食堂，每一座食堂的每一层楼都布置一个收残台，校园内共有约 13 个收残台，每一个收残台中放置两个较大的塑料桶，每一个塑料桶的容量约为 75kg。校园食堂的工作人员负责将学生餐后的食物倒入收残桶内。据食堂的相关负责人介绍，一天下来每个收残桶都能装填满，这就意味着食堂每天将产生约 2000kg 的餐厨废弃物。

（2）对餐厨废弃物的特点有所了解。首先，与其他废弃物相比，食堂餐厨废弃物具有高含水量、高有机物含量、高油脂含量及高盐分含量、营养元素丰富等特点，回收利用的价值很大。其次，高校的人流量很大，在食堂就餐的学生数量很多，因此餐厨废弃物的产量也很大。最后，餐厨废弃物极易发生腐烂和变质，出现病毒、致病菌和病原微生物的可能性较高，在夏季气温较高的时候更是如此。

2. 现行处理方式

目前我国在处理餐厨废弃物方面通常采用的方式包括：将餐厨废弃物作为牲畜饲料，当作普通废弃物进行填埋或者焚烧，进行肥料加工等。而通过调查了解以及负责人透露得知，当前学校食堂已经改变了从前将餐厨废弃物出卖给养殖场作饲料的做法，转而采取了将这些餐厨废弃物出卖给肥料加工厂的方式来处理餐厨废弃物。食堂里的餐厨废弃物被收集集中之后就由买家直接运到肥料厂进行肥料加工。

3. 与发达国家处理方式的对比

国外发达国家向来比较重视餐厨废弃物的处理，并且，经过多年的实践总结和先进的技术支撑，他们在治理餐厨废弃物方面已经取得了比较丰富的经验，实际操作也很有成效。例如，美国在 20 世纪就已经研发了用于处理餐厨废弃物的机器设备。当前，美国以“资源回收”为宗旨治理食堂餐厨废弃物。在美国，餐厨废弃物产生量较大的单位都要设置废弃物粉碎机和油脂分离装置，将餐厨废弃物经过粉碎机粉碎后投入油脂分离装置，碎料排入下水道，油脂则送往相关加工厂（如制皂厂）加以利用；而对于餐厨废弃物产生量较小的单位，则将其产生的食堂餐厨废弃物混入有机废弃物中进行处理。近期的发展则是倾向于采用堆肥工艺制成肥料或加工成动物饲料进行资源化回收利用。总之，无论在其处理过程中采用何种不同方法，归根结底都是为了实现资源的回收利用。在英国，对废弃物的处理采取了不同于美国的方法。英国人注重变废为宝，他们将餐厨废弃物通过处理变为有机化肥的做法在英国很早就付诸实践。而且这种变废为宝的做法很简单，就是把餐厨废弃物集中起来，堆肥发酵，最终成为有机肥料。新理念被民众接受后带动了餐厨废弃物处理设备的兴起。集中起来的食堂餐厨废弃物通过设备处理后生产出有机肥料在市面上出售。近年来，英国在餐厨废弃物处理方面最具轰动效应的当属利用餐厨废弃物发电。2011 年，英国废弃物处理公司建设了全球首个全封闭式餐厨废弃物发电厂，利用餐厨废弃物进行发电。目前，这家发电厂平均每天可以处理 12 万 t 废弃物，发电 150 万 kW • h，可供应数万户家庭 24 小时用电。与美国和英国相比，法国在应对餐厨废弃物问题时采取了比较严格的方法。法国对日常废弃物分类有着严格的规定。餐馆和其他餐饮行业的餐厨废弃物与日常民用废弃物的处理方式有很大的不同。在这方面，法国政府有严格规定并要求餐饮业从业者对餐厨废弃物进行强制分类，在分类时，他们同时要求根据餐厨废弃物的有害程度进行分类，并根据有害程度决定餐厨废弃物的最终处理途径。事实上，早在 20 世纪 90 年代，法国废弃物处理法就明确规定，餐厨废油不得与其他餐厨废弃物混合丢弃。除此之外，根据法国法律，餐厅也不能把用过的餐厨废油直接倒入下水管道，或当普通废弃物扔掉。如果因为处置废油不当造成下水道堵塞等情况，餐厅会被处以高额罚款，对于多次违规的餐厅，还将追究经营者的刑事责任。在亚洲国家里，韩国和日本处理餐厨废弃物的方式也是比较独特的。在韩国，他们实行按量收费的办法，采取政府和社区联动的处理模式。而日本则运用了生化处理型餐厨废弃物处理机。这种设备对于没有再利用价值的废弃物直接分解消除，实现餐厨废弃物的减量化。而对于其他可利用的餐厨废弃物通过发酵进行堆肥，同时实现餐厨废弃物的减量化和资源化。综上所述，发达国家在治理餐厨废弃物时比较重视规范化的处理方式，并依靠其先进的技术设备，而且治理理念也很先进。相比之下，我国的治理方式还比较落后，尤其表现为缺乏规范有效地处理制度和先进的处理技术。

4. 分析评价

（1）存在问题：通过对上述一些发达国家在餐厨废弃物处理方面的简单介绍，不难发现，我国在应对餐厨废弃物处理时是存有较大差距的。无论是处理理念、具体处理办法抑或是处理技术，发达国家都有值得我国加以学习的地方。但是，由于具体国情的不同，我国不能完全以国外标准来衡量我国的水平。因此，对学校食堂这种处理餐厨废弃物的方式，应当辩证地予以看待，只有这样才能客观、准确地认清问题，才有可能探寻出具体、可行的治理方案。一方面，学校食堂没有将这些餐厨废弃物当作一般废弃物进行处理，也没有再像从前一样将它们当作牲畜饲料进行出卖，而是将其全部出卖给肥料加工厂进行肥料加工，这本身应当是比较正确的。因为这种做法基本上可以实现对这些餐厨废弃物的加工利用，在一定程度上也可以认为是变废为宝。而且这种方式还可以避免传统做法的不良影响。以往利用餐厨废弃物来喂养家畜，极有可能会把餐厨废弃物中的细菌传播给牲畜，而牲畜最终又会被人放到餐桌上食用，处于食物链顶端的人也就可能会被传染患病。但是在另一方面，这种做法无疑也暴露了一些比较突出的问题，主要表现在以下几个方面。

第一，餐厨废弃物在收集时未进行适当的分类。

目前，食堂收残台的工作方式是学生用餐后将餐具送至收残台，工作人员再将餐具里的剩余食物倾倒进收残台下的塑料桶中。在这一过程中，并没有对剩余的废弃食物进行任何分类，这种做法实际上十分不利于餐厨废弃物的多样化使用。对食堂餐厨废弃物在收集过程中进行分类虽然是比较困难的，但是这并不是不可能做到的，况且这种分类也并不要求特别精细，只是针对容易分类的餐厨废弃物进行的。例如，对于含水量和含油量非常少的米饭，就可以单独搜集，这也是很容易做到的。

第二，运送方式比较粗放、不合理。

购买方在将餐厨废弃物运回工厂时，通常是将装有餐厨废弃物的塑料桶盖上桶盖直接放置在车上。这种方式会使废弃物中的异味传出，影响空气清新。同时，还可能由于颠簸而使废弃物泼洒出来，破坏环境整洁，尤其在夏季时，更易滋生蚊蝇。

第三，餐厨废弃物的处理方式比较单一。

学校目前对餐厨废弃物的处理是将其出卖给肥料加工厂，将餐厨废弃物进行肥料加工应当说是一种比较环保的做法。但是这并不意味着应当将所有的餐厨废弃物都进行肥料加工。例如，对于餐厨废弃物中的米饭，就可以将它单独分类，作为牲畜饲料，以此实现处理方式的多样化。

（2）原因探究：从上述问题的表现上不难发现，食堂餐厨废弃物在处理时的弊端是存在于整个处理过程中的。经过考察之后发现，上述问题事实上是存在特定原因的，主要体现在两个方面。

首先，从主观方面看，有关人员对餐厨废弃物的处理重视程度较低，没有真正认识到处理好餐厨废弃物的重要意义。从学校的角度来说，他们认为既然餐厨废弃物是出卖给肥料加工厂的，那么只要把餐厨废弃物集中收集起来之后，让买方直接运走就算是完成工作任务了，因此，他们也就不再关注餐厨废弃物在具体处理过程中可能存在的问题了。而在购买方看来，他们作为餐厨废弃物的购买者，只需要将收集起来的餐厨废弃物运回厂里，也就等于完成自己的任务了，至于采用哪一种方式运送，运送过程中是否环保等问题，他们不再关注，他们在意的是怎样做才是便利的。

其次，从客观方面看，餐厨废弃物的处理向来是一个较为困难的问题，它对资金、技术、管理方式等要求很高，但是就目前的情况看，学校在处理餐厨废弃物这个问题上的资金和技术条件都很有限，不可能像上述发达国家那样投入使用先进的机器设备，而且现行的管理方式也比较粗放，达不到发达国家那种细致有效的程度。正是由于这些方面的困难，如今学校在处理餐厨废弃物问题上仍然沿用传统的方式。以上这两点原因，是团队在进行了短期观察和对学校食堂相关负责人的咨询之后得出的一个初步结论。

（3）问题对策：通过对食堂餐厨废弃物处理中存在问题的探究，团队总结出了上述主客观两个方面的原因，认为问题的初步解决绝不能脱离这两点原因，具体包括如下。

就主观方面来说，应当加大对食堂有关人员的宣传和教育力度，提高他们对于餐厨废弃物处理的重视程度，同时也要对在校大学生进行节约宣传教育。当前在治理食堂餐厨废弃物方面存在的问题在很大程度上是由相关人员认识不足、重视程度较低造成的。因此，若要进一步改善当前的治理状况，就应当对有关人员进行观念教育，使他们意识到问题的紧迫性和重要性。另外，对大学生的宣传教育也不容忽视。勤俭节约是中华民族的传统美德，作为当代大学生应当自觉承担起传承和践行优良美德的使命和责任，这样可以达到减少餐厨废弃物来源的效果。

就客观方面来说：第一，改善餐厨废弃物的收集方法，进行餐厨废弃物的适当分类。适当分类，是指将那些容易分类的餐厨废弃物单独收集。例如，米饭的含水量和含油量都特别少，可以单独收集。在餐厨废弃物分类收集方面，可以借鉴发达国家的一些做法。如法国的强制分类法就值得借鉴，但是考虑到后续的技术处理手段可能跟不上，因此，分类处理程度不一定要达到法国规定的水平，而是根据实际情况合理即可。例如，餐厨废弃物具有高含水量和高含油量的特点，但是也并非所有的餐厨废弃物含有的水分、油量都很大，这就给分类收集创造了可能。在实践中，可以在收残台旁单独放置一个塑料桶，用来单独收集这类低含水量和低含油量的餐厨废弃物。第二，学校可以要求或者建议购买方改变旧有的运输方式，采用封闭式运送方法。如前所述，肥料加工厂粗放的运输方式存在着明显的问题，为了改变这种不合理的运输方法，可以使用带有封闭车厢的车辆运输。这种方式既可以预防环境破坏，同时可以预防细菌传播。第三，采取多渠道处理餐厨废弃物的方法，实现处理方式的多元化。目前，学校食堂将餐厨废弃物出卖给肥料加工厂进行肥料加工的做法无疑是可取的，但是这样的处理方式比较单一，还可以采取其他的方式协同处理。例如，可以将通过上述方法收集起来的餐厨废弃物当作饲料，以米饭为例，它的含水量和含油量都很低，容易分类，而且不易滋生细菌。

三、结语

本次为期两个月的调查和研究对团队影响很大，其中既有成果，也有教训和缺陷。成果在于，团队对南京××大学（含该学校的民办二级学院）食堂餐厨废弃物处理有了基本认识，发现了其中存在的部分问题，也意识到了解决这些问题的紧迫性，并且提出了应对处理过程中问题的初步建议。但是本次调查实践同时也存在不足之处：一方面，由于本阶段时间的限制以及团队调查经验的不足，直到目前，相关调查还不是十分深入，得出的结论也只是初步的。另一方面，团队自身也存在问题，比较突出的就是队员任务分配不明确，这直接导致调查活动的效率不高。在接下来的一段时间里，团队会不断吸取本阶段的经验和总结本阶段的教训，并将细致、合理地分配队员任务，进行更加深入的调查研究，以期得出更加系统全面的认识和结论，更好地为治理餐厨废弃物实践服务。

附录二

中华人民共和国固体废物污染环境防治法

（2016 年 11 月 7 日修正版）

（1995 年 10 月 30 日第八届全国人民代表大会常务委员会第十六次会议通过　2004 年 12 月 29 日第十届全国人民代表大会常务委员会第十三次会议修订　根据 2013 年 6 月 29 日第十二届全国人民代表大会常务委员会第三次会议《关于修改〈中华人民共和国文物保护法〉等十二部法律的决定》第一次修正　根据 2015 年 4 月 24 日第十二届全国人民代表大会常务委员会第十四次会议《关于修改〈中华人民共和国港口法〉等七部法律的决定》第二次修正　根据 2016 年 11 月 7 日主席令第 57 号《全国人大常委会关于修改＜中华人民共和国对外贸易法＞等十二部法律的决定》修改）

目　　录

第一章　总　　则

第一条　为了防治固体废物污染环境，保障人体健康，维护生态安全，促进经济社会可持续发展，制定本法。

第二条　本法适用于中华人民共和国境内固体废物污染环境的防治。

固体废物污染海洋环境的防治和放射性固体废物污染环境的防治不适用本法。

第三条　国家对固体废物污染环境的防治，实行减少固体废物的产生量和危害性、充分合理利用固体废物和无害化处置固体废物的原则，促进清洁生产和循环经济发展。

国家采取有利于固体废物综合利用活动的经济、技术政策和措施，对固体废物实行充分回收和合理利用。

国家鼓励、支持采取有利于保护环境的集中处置固体废物的措施，促进固体废物污染环境防治产业发展。

第四条　县级以上人民政府应当将固体废物污染环境防治工作纳入国民经济和社会发展计划，并采取有利于固体废物污染环境防治的经济、技术政策和措施。

国务院有关部门、县级以上地方人民政府及其有关部门组织编制城乡建设、土地利用、区域开发、产业发展等规划，应当统筹考虑减少固体废物的产生量和危害性、促进固体废物的综合利用和无害化处置。

第五条　国家对固体废物污染环境防治实行污染者依法负责的原则。

产品的生产者、销售者、进口者、使用者对其产生的固体废物依法承担污染防治责任。

第六条　国家鼓励、支持固体废物污染环境防治的科学研究、技术开发、推广先进的防治技术和普及固体废物污染环境防治的科学知识。

各级人民政府应当加强防治固体废物污染环境的宣传教育，倡导有利于环境保护的生产方式和生活方式。

第七条　国家鼓励单位和个人购买、使用再生产品和可重复利用产品。

第八条　各级人民政府对在固体废物污染环境防治工作以及相关的综合利用活动中做出显著成绩的单位和个人给予奖励。

第九条　任何单位和个人都有保护环境的义务，并有权对造成固体废物污染环境的单位和个人进行检举和控告。

第十条　国务院环境保护行政主管部门对全国固体废物污染环境的防治工作实施统一监督管理。国务院有关部门在各自的职责范围内负责固体废物污染环境防治的监督管理工作。

县级以上地方人民政府环境保护行政主管部门对本行政区域内固体废物污染环境的防治工作实施统一监督管理。县级以上地方人民政府有关部门在各自的职责范围内负责固体废物污染环境防治的监督管理工作。

国务院建设行政主管部门和县级以上地方人民政府环境卫生行政主管部门负责生活垃圾清扫、收集、贮存、运输和处置的监督管理工作。

第二章　固体废物污染环境防治的监督管理

第十一条　国务院环境保护行政主管部门会同国务院有关行政主管部门根据国家环境质量标准和国家经济、技术条件，制定国家固体废物污染环境防治技术标准。

第十二条　国务院环境保护行政主管部门建立固体废物污染环境监测制度，制定统一的监测规范，并会同有关部门组织监测网络。

大、中城市人民政府环境保护行政主管部门应当定期发布固体废物的种类、产生量、处置状况等信息。

第十三条　建设产生固体废物的项目以及建设贮存、利用、处置固体废物的项目，必须依法进行环境影响评价，并遵守国家有关建设项目环境保护管理的规定。

第十四条　建设项目的环境影响评价文件确定需要配套建设的固体废物污染环境防治设施，必须与主体工程同时设计、同时施工、同时投入使用。固体废物污染环境防治设施必须经原审批环境影响评价文件的环境保护行政主管部门验收合格后，该建设项目方可投入生产或者使用。对固体废物污染环境防治设施的验收应当与对主体工程的验收同时进行。

第十五条　县级以上人民政府环境保护行政主管部门和其他固体废物污染环境防治工作的监督管理部门，有权依据各自的职责对管辖范围内与固体废物污染环境防治有关的单位进行现场检查。被检查的单位应当如实反映情况，提供必要的资料。检察机关应当为被检查的单位保守技术秘密和业务秘密。

检察机关进行现场检查时，可以采取现场监测、采集样品、查阅或者复制与固体废物污染环境防治相关的资料等措施。检查人员进行现场检查，应当出示证件。

第三章　固体废物污染环境的防治

第一节　一般规定

第十六条　产生固体废物的单位和个人，应当采取措施，防止或者减少固体废物对环境的污染。

第十七条　收集、贮存、运输、利用、处置固体废物的单位和个人，必须采取防扬散、防流失、防渗漏或者其他防止污染环境的措施；不得擅自倾倒、堆放、丢弃、遗撒固体废物。

禁止任何单位或者个人向江河、湖泊、运河、渠道、水库及其最高水位线以下的滩地和岸坡等法律、法规规定禁止倾倒、堆放废弃物的地点倾倒、堆放固体废物。

第十八条　产品和包装物的设计、制造，应当遵守国家有关清洁生产的规定。国务院标准化行政主管部门应当根据国家经济和技术条件、固体废物污染环境防治状况以及产品的技术要求，组织制定有关标准，防止过度包装造成环境污染。

生产、销售、进口依法被列入强制回收目录的产品和包装物的企业，必须按照国家有关规定对该产品和包装物进行回收。

第十九条　国家鼓励科研、生产单位研究、生产易回收利用、易处置或者在环境中可降解的薄膜覆盖物和商品包装物。

使用农用薄膜的单位和个人，应当采取回收利用等措施，防止或者减少农用薄膜对环境的污染。

第二十条　从事畜禽规模养殖应当按照国家有关规定收集、贮存、利用或者处置养殖过程中产生的畜禽粪便，防止污染环境。

禁止在人口集中地区、机场周围、交通干线附近以及当地人民政府划定的区域露天焚烧秸秆。

第二十一条　对收集、贮存、运输、处置固体废物的设施、设备和场所，应当加强管理和维护，保证其正常运行和使用。

第二十二条　在国务院和国务院有关主管部门及省、自治区、直辖市人民政府划定的自然保护区、风景名胜区、饮用水水源保护区、基本农田保护区和其他需要特别保护的区域内，禁止建设工业固体废物集中贮存、处置的设施、场所和生活垃圾填埋场。

第二十三条　转移固体废物出省、自治区、直辖市行政区域贮存、处置的，应当向固体废物移出地的省、自治区、直辖市人民政府环境保护行政主管部门提出申请。移出地的省、自治区、直辖市人民政府环境保护行政主管部门应当商经接受地的省、自治区、直辖市人民政府环境保护行政主管部门同意后，方可批准转移该固体废物出省、自治区、直辖市行政区域。未经批准的，不得转移。

第二十四条　禁止中华人民共和国境外的固体废物进境倾倒、堆放、处置。

第二十五条　禁止进口不能用作原料或者不能以无害化方式利用的固体废物；对可以用作原料的固体废物实行限制进口和非限制进口分类管理。

国务院环境保护行政主管部门会同国务院对外贸易主管部门、国务院经济综合宏观调控部门、海关总署、国务院质量监督检验检疫部门制定、调整并公布禁止进口、限制进口和非限制进口的固体废物目录。

禁止进口列入禁止进口目录的固体废物。进口列入限制进口目录的固体废物，应当经国务院环境保护行政主管部门会同国务院对外贸易主管部门审查许可。

进口的固体废物必须符合国家环境保护标准，并经质量监督检验检疫部门检验合格。

进口固体废物的具体管理办法，由国务院环境保护行政主管部门会同国务院对外贸易主管部门、国务院经济综合宏观调控部门、海关总署、国务院质量监督检验检疫部门制定。

第二十六条　进口者对海关将其所进口的货物纳入固体废物管理范围不服的，可以依法申请行政复议，也可以向人民法院提起行政诉讼。

第二节　工业固体废物污染环境的防治

第二十七条　国务院环境保护行政主管部门应当会同国务院经济综合宏观调控部门和其他有关部门对工业固体废物对环境的污染作出界定，制定防治工业固体废物污染环境的技术政策，组织推广先进的防治工业固体废物污染环境的生产工艺和设备。

第二十八条　国务院经济综合宏观调控部门应当会同国务院有关部门组织研究、开发和推广减少工业固体废物产生量和危害性的生产工艺和设备，公布限期淘汰产生严重污染环境的工业固体废物的落后生产工艺、落后设备的名录。

生产者、销售者、进口者、使用者必须在国务院经济综合宏观调控部门会同国务院有关部门规定的期限内分别停止生产、销售、进口或者使用列入前款规定的名录中的设备。生产工艺的采用者必须在国务院经济综合宏观调控部门会同国务院有关部门规定的期限内停止采用列入前款规定的名录中的工艺。

列入限期淘汰名录被淘汰的设备，不得转让给他人使用。

第二十九条　县级以上人民政府有关部门应当制定工业固体废物污染环境防治工作规划，推广能够减少工业固体废物产生量和危害性的先进生产工艺和设备，推动工业固体废物污染环境防治工作。

第三十条　产生工业固体废物的单位应当建立、健全污染环境防治责任制度，采取防治工业固体废物污染环境的措施。

第三十一条　企业事业单位应当合理选择和利用原材料、能源和其他资源，采用先进的生产工艺和设备，减少工业固体废物产生量，降低工业固体废物的危害性。

第三十二条　国家实行工业固体废物申报登记制度。

产生工业固体废物的单位必须按照国务院环境保护行政主管部门的规定，向所在地县级以上地方人民政府环境保护行政主管部门提供工业固体废物的种类、产生量、流向、贮存、处置等有关资料。

前款规定的申报事项有重大改变的，应当及时申报。

第三十三条　企业事业单位应当根据经济、技术条件对其产生的工业固体废物加以利用；对暂时不利用或者不能利用的，必须按照国务院环境保护行政主管部门的规定建设贮存设施、场所，安全分类存放，或者采取无害化处置措施。

建设工业固体废物贮存、处置的设施、场所，必须符合国家环境保护标准。

第三十四条　禁止擅自关闭、闲置或者拆除工业固体废物污染环境防治设施、场所；确有必要关闭、闲置或者拆除的，必须经所在地县级以上地方人民政府环境保护行政主管部门核准，并采取措施，防止污染环境。

第三十五条　产生工业固体废物的单位需要终止的，应当事先对工业固体废物的贮存、处置的设施、场所采取污染防治措施，并对未处置的工业固体废物作出妥善处置，防止污染环境。

产生工业固体废物的单位发生变更的，变更后的单位应当按照国家有关环境保护的规定对未处置的工业固体废物及其贮存、处置的设施、场所进行安全处置或者采取措施保证该设施、场所安全运行。变更前当事人对工业固体废物及其贮存、处置的设施、场所的污染防治责任另有约定的，从其约定；但是，不得免除当事人的污染防治义务。

对本法施行前已经终止的单位未处置的工业固体废物及其贮存、处置的设施、场所进行安全处置的费用，由有关人民政府承担；但是，该单位享有的土地使用权依法转让的，应当由土地使用权受让人承担处置费用。当事人另有约定的，从其约定；但是，不得免除当事人的污染防治义务。

第三十六条　矿山企业应当采取科学的开采方法和选矿工艺，减少尾矿、矸石、废石等矿业固体废物的产生量和贮存量。

尾矿、矸石、废石等矿业固体废物贮存设施停止使用后，矿山企业应当按照国家有关环境保护规定进行封场，防止造成环境污染和生态破坏。

第三十七条　拆解、利用、处置废弃电器产品和废弃机动车船，应当遵守有关法律、法规的规定，采取措施，防止污染环境。

第三节　生活垃圾污染环境的防治

第三十八条　县级以上人民政府应当统筹安排建设城乡生活垃圾收集、运输、处置设施，提高生活垃圾的利用率和无害化处置率，促进生活垃圾收集、处置的产业化发展，逐步建立和完善生活垃圾污染环境防治的社会服务体系。

第三十九条　县级以上地方人民政府环境卫生行政主管部门应当组织对城市生活垃圾进行清扫、收集、运输和处置，可以通过招标等方式选择具备条件的单位从事生活垃圾的清扫、收集、运输和处置。

第四十条　对城市生活垃圾应当按照环境卫生行政主管部门的规定，在指定的地点放置，不得随意倾倒、抛撒或者堆放。

第四十一条　清扫、收集、运输、处置城市生活垃圾，应当遵守国家有关环境保护和环境卫生管理的规定，防止污染环境。

第四十二条　对城市生活垃圾应当及时清运，逐步做到分类收集和运输，并积极开展合理利用和实施无害化处置。

第四十三条　城市人民政府应当有计划地改进燃料结构，发展城市煤气、天然气、液化气和其他清洁能源。

城市人民政府有关部门应当组织净菜进城，减少城市生活垃圾。

城市人民政府有关部门应当统筹规划，合理安排收购网点，促进生活垃圾的回收利用工作。

第四十四条　建设生活垃圾处置的设施、场所，必须符合国务院环境保护行政主管部门和国务院建设行政主管部门规定的环境保护和环境卫生标准。

禁止擅自关闭、闲置或者拆除生活垃圾处置的设施、场所；确有必要关闭、闲置或者拆除的，必须经所在地的市、县级人民政府环境卫生行政主管部门商所在地环境保护行政主管部门同意后核准，并采取措施，防止污染环境。

第四十五条　从生活垃圾中回收的物质必须按照国家规定的用途或者标准使用，不得用于生产可能危害人体健康的产品。

第四十六条　工程施工单位应当及时清运工程施工过程中产生的固体废物，并按照环境卫生行政主管部门的规定进行利用或者处置。

第四十七条　从事公共交通运输的经营单位，应当按照国家有关规定，清扫、收集运输过程中产生的生活垃圾。

第四十八条　从事城市新区开发、旧区改建和住宅小区开发建设的单位，以及机场、码头、车站、公园、商店等公共设施、场所的经营管理单位，应当按照国家有关环境卫生的规定，配套建设生活垃圾收集设施。

第四十九条　农村生活垃圾污染环境防治的具体办法，由地方性法规规定。

第四章　危险废物污染环境防治的特别规定

第五十条　危险废物污染环境的防治，适用本章规定；本章未作规定的，适用本法其他有关规定。

第五十一条　国务院环境保护行政主管部门应当会同国务院有关部门制定国家危险废物名录，规定统一的危险废物鉴别标准、鉴别方法和识别标志。

第五十二条　对危险废物的容器和包装物以及收集、贮存、运输、处置危险废物的设施、场所，必须设置危险废物识别标志。

第五十三条　产生危险废物的单位，必须按照国家有关规定制定危险废物管理计划，并向所在地县级以上地方人民政府环境保护行政主管部门申报危险废物的种类、产生量、流向、贮存、处置等有关资料。

前款所称危险废物管理计划应当包括减少危险废物产生量和危害性的措施以及危险废物贮存、利用、处置措施。危险废物管理计划应当报产生危险废物的单位所在地县级以上地方人民政府环境保护行政主管部门备案。

本条规定的申报事项或者危险废物管理计划内容有重大改变的，应当及时申报。

第五十四条　国务院环境保护行政主管部门会同国务院经济综合宏观调控部门组织编制危险废物集中处置设施、场所的建设规划，报国务院批准后实施。

县级以上地方人民政府应当依据危险废物集中处置设施、场所的建设规划组织建设危险废物集中处置设施、场所。

第五十五条　产生危险废物的单位，必须按照国家有关规定处置危险废物，不得擅自倾倒、堆放；不处置的，由所在地县级以上地方人民政府环境保护行政主管部门责令限期改正；逾期不处置或者处置不符合国家有关规定的，由所在地县级以上地方人民政府环境保护行政主管部门指定单位按照国家有关规定代为处置，处置费用由产生危险废物的单位承担。

第五十六条　以填埋方式处置危险废物不符合国务院环境保护行政主管部门规定的，应当缴纳危险废物排污费。危险废物排污费征收的具体办法由国务院规定。

危险废物排污费用于污染环境的防治，不得挪作他用。

第五十七条　从事收集、贮存、处置危险废物经营活动的单位，必须向县级以上人民政府环境保护行政主管部门申请领取经营许可证；从事利用危险废物经营活动的单位，必须向国务院环境保护行政主管部门或者省、自治区、直辖市人民政府环境保护行政主管部门申请领取经营许可证。具体管理办法由国务院规定。

禁止无经营许可证或者不按照经营许可证规定从事危险废物收集、贮存、利用、处置的经营活动。

禁止将危险废物提供或者委托给无经营许可证的单位从事收集、贮存、利用、处置的经营活动。

第五十八条　收集、贮存危险废物，必须按照危险废物特性分类进行。禁止混合收集、贮存、运输、处置性质不相容而未经安全性处置的危险废物。

贮存危险废物必须采取符合国家环境保护标准的防护措施，并不得超过一年；确需延长期限的，必须报经原批准经营许可证的环境保护行政主管部门批准；法律、行政法规另有规定的除外。

禁止将危险废物混入非危险废物中贮存。

第五十九条　转移危险废物的，必须按照国家有关规定填写危险废物转移联单。跨省、自治区、直辖市转移危险废物的，应当向危险废物移出地省、自治区、直辖市人民政府环境保护行政主管部门申请。移出地省、自治区、直辖市人民政府环境保护行政主管部门应当商经接受地省、自治区、直辖市人民政府环境保护行政主管部门同意后，方可批准转移该危险废物。未经批准的，不得转移。

转移危险废物途经移出地、接受地以外行政区域的，危险废物移出地设区的市级以上地方人民政府环境保护行政主管部门应当及时通知沿途经过的设区的市级以上地方人民政府环境保护行政主管部门。

第六十条　运输危险废物，必须采取防止污染环境的措施，并遵守国家有关危险货物运输管理的规定。

禁止将危险废物与旅客在同一运输工具上载运。

第六十一条　收集、贮存、运输、处置危险废物的场所、设施、设备和容器、包装物及其他物品转作他用时，必须经过消除污染的处理，方可使用。

第六十二条　产生、收集、贮存、运输、利用、处置危险废物的单位，应当制定意外事故的防范措施和应急预案，并向所在地县级以上地方人民政府环境保护行政主管部门备案；环境保护行政主管部门应当进行检查。

第六十三条　因发生事故或者其他突发性事件，造成危险废物严重污染环境的单位，必须立即采取措施消除或者减轻对环境的污染危害，及时通报可能受到污染危害的单位和居民，并向所在地县级以上地方人民政府环境保护行政主管部门和有关部门报告，接受调查处理。

第六十四条　在发生或者有证据证明可能发生危险废物严重污染环境、威胁居民生命财产安全时，县级以上地方人民政府环境保护行政主管部门或者其他固体废物污染环境防治工作的监督管理部门必须立即向本级人民政府和上一级人民政府有关行政主管部门报告，由人民政府采取防止或者减轻危害的有效措施。有关人民政府可以根据需要责令停止导致或者可能导致环境污染事故的作业。

第六十五条　重点危险废物集中处置设施、场所的退役费用应当预提，列入投资概算或者经营成本。具体提取和管理办法，由国务院财政部门、价格主管部门会同国务院环境保护行政主管部门规定。

第六十六条　禁止经中华人民共和国过境转移危险废物。

第五章　法 律 责 任

第六十七条　县级以上人民政府环境保护行政主管部门或者其他固体废物污染环境防治工作的监督管理部门违反本法规定，有下列行为之一的，由本级人民政府或者上级人民政府有关行政主管部门责令改正，对负有责任的主管人员和其他直接责任人员依法给予行政处分；构成犯罪的，依法追究刑事责任：

（一）不依法作出行政许可或者办理批准文件的；

（二）发现违法行为或者接到对违法行为的举报后不予查处的；

（三）有不依法履行监督管理职责的其他行为的。

第六十八条　违反本法规定，有下列行为之一的，由县级以上人民政府环境保护行政主管部门责令停止违法行为，限期改正，处以罚款：

（一）不按照国家规定申报登记工业固体废物，或者在申报登记时弄虚作假的；

（二）对暂时不利用或者不能利用的工业固体废物未建设贮存的设施、场所安全分类存放，或者未采取无害化处置措施的；

（三）将列入限期淘汰名录被淘汰的设备转让给他人使用的；

（四）擅自关闭、闲置或者拆除工业固体废物污染环境防治设施、场所的；

（五）在自然保护区、风景名胜区、饮用水水源保护区、基本农田保护区和其他需要特别保护的区域内，建设工业固体废物集中贮存、处置的设施、场所和生活垃圾填埋场的；

（六）擅自转移固体废物出省、自治区、直辖市行政区域贮存、处置的；

（七）未采取相应防范措施，造成工业固体废物扬散、流失、渗漏或者造成其他环境污染的；

（八）在运输过程中沿途丢弃、遗撒工业固体废物的。

有前款第一项、第八项行为之一的，处五千元以上五万元以下的罚款；有前款第二项、第三项、第四项、第五项、第六项、第七项行为之一的，处一万元以上十万元以下的罚款。

第六十九条　违反本法规定，建设项目需要配套建设的固体废物污染环境防治设施未建成、未经验收或者验收不合格，主体工程即投入生产或者使用的，由审批该建设项目环境影响评价文件的环境保护行政主管部门责令停止生产或者使用，可以并处十万元以下的罚款。

第七十条　违反本法规定，拒绝县级以上人民政府环境保护行政主管部门或者其他固体废物污染环境防治工作的监督管理部门现场检查的，由执行现场检查的部门责令限期改正；拒不改正或者在检查时弄虚作假的，处二千元以上二万元以下的罚款。

第七十一条　从事畜禽规模养殖未按照国家有关规定收集、贮存、处置畜禽粪便，造成环境污染的，由县级以上地方人民政府环境保护行政主管部门责令限期改正，可以处五万元以下的罚款。

第七十二条　违反本法规定，生产、销售、进口或者使用淘汰的设备，或者采用淘汰的生产工艺的，由县级以上人民政府经济综合宏观调控部门责令改正；情节严重的，由县级以上人民政府经济综合宏观调控部门提出意见，报请同级人民政府按照国务院规定的权限决定停业或者关闭。

第七十三条　尾矿、矸石、废石等矿业固体废物贮存设施停止使用后，未按照国家有关环境保护规定进行封场的，由县级以上地方人民政府环境保护行政主管部门责令限期改正，可以处五万元以上二十万元以下的罚款。

第七十四条　违反本法有关城市生活垃圾污染环境防治的规定，有下列行为之一的，由县级以上地方人民政府环境卫生行政主管部门责令停止违法行为，限期改正，处以罚款：

（一）随意倾倒、抛撒或者堆放生活垃圾的；

（二）擅自关闭、闲置或者拆除生活垃圾处置设施、场所的；

（三）工程施工单位不及时清运施工过程中产生的固体废物，造成环境污染的；

（四）工程施工单位不按照环境卫生行政主管部门的规定对施工过程中产生的固体废物进行利用或者处置的；

（五）在运输过程中沿途丢弃、遗撒生活垃圾的。

单位有前款第一项、第三项、第五项行为之一的，处五千元以上五万元以下的罚款；有前款第二项、第四项行为之一的，处一万元以上十万元以下的罚款。个人有前款第一项、第五项行为之一的，处二百元以下的罚款。

第七十五条　违反本法有关危险废物污染环境防治的规定，有下列行为之一的，由县级以上人民政府环境保护行政主管部门责令停止违法行为，限期改正，处以罚款：

（一）不设置危险废物识别标志的；

（二）不按照国家规定申报登记危险废物，或者在申报登记时弄虚作假的；

（三）擅自关闭、闲置或者拆除危险废物集中处置设施、场所的；

（四）不按照国家规定缴纳危险废物排污费的；

（五）将危险废物提供或者委托给无经营许可证的单位从事经营活动的；

（六）不按照国家规定填写危险废物转移联单或者未经批准擅自转移危险废物的；

（七）将危险废物混入非危险废物中贮存的；

（八）未经安全性处置，混合收集、贮存、运输、处置具有不相容性质的危险废物的；

（九）将危险废物与旅客在同一运输工具上载运的；

（十）未经消除污染的处理将收集、贮存、运输、处置危险废物的场所、设施、设备和容器、包装物及其他物品转作他用的；

（十一）未采取相应防范措施，造成危险废物扬散、流失、渗漏或者造成其他环境污染的；

（十二）在运输过程中沿途丢弃、遗撒危险废物的；

（十三）未制定危险废物意外事故防范措施和应急预案的。

有前款第一项、第二项、第七项、第八项、第九项、第十项、第十一项、第十二项、第十三项行为之一的，处一万元以上十万元以下的罚款；有前款第三项、第五项、第六项行为之一的，处二万元以上二十万元以下的罚款；有前款第四项行为的，限期缴纳，逾期不缴纳的，处应缴纳危险废物排污费金额一倍以上三倍以下的罚款。

第七十六条　违反本法规定，危险废物产生者不处置其产生的危险废物又不承担依法应当承担的处置费用的，由县级以上地方人民政府环境保护行政主管部门责令限期改正，处代为处置费用一倍以上三倍以下的罚款。

第七十七条　无经营许可证或者不按照经营许可证规定从事收集、贮存、利用、处置危险废物经营活动的，由县级以上人民政府环境保护行政主管部门责令停止违法行为，没收违法所得，可以并处违法所得三倍以下的罚款。

不按照经营许可证规定从事前款活动的，还可以由发证机关吊销经营许可证。

第七十八条　违反本法规定，将中华人民共和国境外的固体废物进境倾倒、堆放、处置的，进口属于禁止进口的固体废物或者未经许可擅自进口属于限制进口的固体废物用作原料的，由海关责令退运该固体废物，可以并处十万元以上一百万元以下的罚款；构成犯罪的，依法追究刑事责任。进口者不明的，由承运人承担退运该固体废物的责任，或者承担该固体废物的处置费用。

逃避海关监管将中华人民共和国境外的固体废物运输进境，构成犯罪的，依法追究刑事责任。

第七十九条　违反本法规定，经中华人民共和国过境转移危险废物的，由海关责令退运该危险废物，可以并处五万元以上五十万元以下的罚款。

第八十条　对已经非法入境的固体废物，由省级以上人民政府环境保护行政主管部门依法向海关提出处理意见，海关应当依照本法第七十八条的规定做出处罚决定；已经造成环境污染的，由省级以上人民政府环境保护行政主管部门责令进口者消除污染。

第八十一条　违反本法规定，造成固体废物严重污染环境的，由县级以上人民政府环境保护行政主管部门按照国务院规定的权限决定限期治理；逾期未完成治理任务的，由本级人民政府决定停业或者关闭。

第八十二条　违反本法规定，造成固体废物污染环境事故的，由县级以上人民政府环境保护行政主管部门处二万元以上二十万元以下的罚款；造成重大损失的，按照直接损失的百分之三十计算罚款，但是最高不超过一百万元，对负有责任的主管人员和其他直接责任人员，依法给予行政处分；造成固体废物污染环境重大事故的，并由县级以上人民政府按照国务院规定的权限决定停业或者关闭。

第八十三条　违反本法规定，收集、贮存、利用、处置危险废物，造成重大环境污染事故，构成犯罪的，依法追究刑事责任。

第八十四条　受到固体废物污染损害的单位和个人，有权要求依法赔偿损失。

赔偿责任和赔偿金额的纠纷，可以根据当事人的请求，由环境保护行政主管部门或者其他固体废物污染环境防治工作的监督管理部门调解处理；调解不成的，当事人可以向人民法院提起诉讼。当事人也可以直接向人民法院提起诉讼。

国家鼓励法律服务机构对固体废物污染环境诉讼中的受害人提供法律援助。

第八十五条　造成固体废物污染环境的，应当排除危害，依法赔偿损失，并采取措施恢复环境原状。

第八十六条　因固体废物污染环境引起的损害赔偿诉讼，由加害人就法律规定的免责事由及其行为与损害结果之间不存在因果关系承担举证责任。

第八十七条　固体废物污染环境的损害赔偿责任和赔偿金额的纠纷，当事人可以委托环境监测机构提供监测数据。环境监测机构应当接受委托，如实提供有关监测数据。

第六章　附　　则

第八十八条　本法下列用语的含义：

（一）固体废物，是指在生产、生活和其他活动中产生的丧失原有利用价值或者虽未丧失利用价值但被抛弃或者放弃的固态、半固态和置于容器中的气态的物品、物质以及法律、行政法规规定纳入固体废物管理的物品、物质。

（二）工业固体废物，是指在工业生产活动中产生的固体废物。

（三）生活垃圾，是指在日常生活中或者为日常生活提供服务的活动中产生的固体废物以及法律、行政法规规定视为生活垃圾的固体废物。

（四）危险废物，是指列入国家危险废物名录或者根据国家规定的危险废物鉴别标准和鉴别方法认定的具有危险特性的固体废物。

（五）贮存，是指将固体废物临时置于特定设施或者场所中的活动。

（六）处置，是指将固体废物焚烧和用其他改变固体废物的物理、化学、生物特性的方法，达到减少已产生的固体废物数量、缩小固体废物体积、减少或者消除其危险成分的活动，或者将固体废物最终置于符合环境保护规定要求的填埋场的活动。

（七）利用，是指从固体废物中提取物质作为原材料或者燃料的活动。

第八十九条　液态废物的污染防治，适用本法；但是，排入水体的废水的污染防治适用有关法律，不适用本法。

第九十条　中华人民共和国缔结或者参加的与固体废物污染环境防治有关的国际条约与本法有不同规定的，适用国际条约的规定；但是，中华人民共和国声明保留的条款除外。

第九十一条　本法自 2005 年 4 月 1 日起施行。

中华人民共和国循环经济促进法

（2008 年 8 月 29 日第十一届全国人民代表大会常务委员会第四次会议通过）

目　　录

第一章　总　　则

第一条　为了促进循环经济发展，提高资源利用效率，保护和改善环境，实现可持续发展，制定本法。

第二条　本法所称循环经济，是指在生产、流通和消费等过程中进行的减量化、再利用、资源化活动的总称。

本法所称减量化，是指在生产、流通和消费等过程中减少资源消耗和废物产生。

本法所称再利用，是指将废物直接作为产品或者经修复、翻新、再制造后继续作为产品使用，或者将废物的全部或者部分作为其他产品的部件予以使用。

本法所称资源化，是指将废物直接作为原料进行利用或者对废物进行再生利用。

第三条　发展循环经济是国家经济社会发展的一项重大战略，应当遵循统筹规划、合理布局，因地制宜、注重实效，政府推动、市场引导，企业实施、公众参与的方针。

第四条　发展循环经济应当在技术可行、经济合理和有利于节约资源、保护环境的前提下，按照减量化优先的原则实施。

在废物再利用和资源化过程中，应当保障生产安全，保证产品质量符合国家规定的标准，并防止产生再次污染。

第五条　国务院循环经济发展综合管理部门负责组织协调、监督管理全国循环经济发展工作；国务院环境保护等有关主管部门按照各自的职责负责有关循环经济的监督管理工作。

县级以上地方人民政府循环经济发展综合管理部门负责组织协调、监督管理本行政区域的循环经济发展工作；县级以上地方人民政府环境保护等有关主管部门按照各自的职责负责有关循环经济的监督管理工作。

第六条　国家制定产业政策，应当符合发展循环经济的要求。

县级以上人民政府编制国民经济和社会发展规划及年度计划，县级以上人民政府有关部门编制环境保护、科学技术等规划，应当包括发展循环经济的内容。

第七条　国家鼓励和支持开展循环经济科学技术的研究、开发和推广，鼓励开展循环经济宣传、教育、科学知识普及和国际合作。

第八条　县级以上人民政府应当建立发展循环经济的目标责任制，采取规划、财政、投资、政府采购等措施，促进循环经济发展。

第九条　企业事业单位应当建立健全管理制度，采取措施，降低资源消耗，减少废物的产生量和排放量，提高废物的再利用和资源化水平。

第十条　公民应当增强节约资源和保护环境意识，合理消费，节约资源。

国家鼓励和引导公民使用节能、节水、节材和有利于保护环境的产品及再生产品，减少废物的产生量和排放量。

公民有权举报浪费资源、破坏环境的行为，有权了解政府发展循环经济的信息并提出意见和建议。

第十一条　国家鼓励和支持行业协会在循环经济发展中发挥技术指导和服务作用。县级以上人民政府可以委托有条件的行业协会等社会组织开展促进循环经济发展的公共服务。

国家鼓励和支持中介机构、学会和其他社会组织开展循环经济宣传、技术推广和咨询服务，促进循环经济发展。

第二章　基本管理制度

第十二条　国务院循环经济发展综合管理部门会同国务院环境保护等有关主管部门编制全国循环经济发展规划，报国务院批准后公布施行。设区的市级以上地方人民政府循环经济发展综合管理部门会同本级人民政府环境保护等有关主管部门编制本行政区域循环经济发展规划，报本级人民政府批准后公布施行。

循环经济发展规划应当包括规划目标、适用范围、主要内容、重点任务和保障措施等，并规定资源产出率、废物再利用和资源化率等指标。

第十三条　县级以上地方人民政府应当依据上级人民政府下达的本行政区域主要污染物排放、建设用地和用水总量控制指标，规划和调整本行政区域的产业结构，促进循环经济发展。

新建、改建、扩建建设项目，必须符合本行政区域主要污染物排放、建设用地和用水总量控制指标的要求。

第十四条　国务院循环经济发展综合管理部门会同国务院统计、环境保护等有关主管部门建立和完善循环经济评价指标体系。

上级人民政府根据前款规定的循环经济主要评价指标，对下级人民政府发展循环经济的状况定期进行考核，并将主要评价指标完成情况作为对地方人民政府及其负责人考核评价的内容。

第十五条　生产列入强制回收名录的产品或者包装物的企业，必须对废弃的产品或者包装物负责回收；对其中可以利用的，由各该生产企业负责利用；对因不具备技术经济条件而不适合利用的，由各该生产企业负责无害化处置。

对前款规定的废弃产品或者包装物，生产者委托销售者或者其他组织进行回收的，或者委托废物利用或者处置企业进行利用或者处置的，受托方应当依照有关法律、行政法规的规定和合同的约定负责回收或者利用、处置。

对列入强制回收名录的产品和包装物，消费者应当将废弃的产品或者包装物交给生产者或者其委托回收的销售者或者其他组织。

强制回收的产品和包装物的名录及管理办法，由国务院循环经济发展综合管理部门规定。

第十六条　国家对钢铁、有色金属、煤炭、电力、石油加工、化工、建材、建筑、造纸、印染等行业年综合能源消费量、用水量超过国家规定总量的重点企业，实行能耗、水耗的重点监督管理制度。

重点能源消费单位的节能监督管理，依照《中华人民共和国节约能源法》的规定执行。

重点用水单位的监督管理办法，由国务院循环经济发展综合管理部门会同国务院有关部门规定。

第十七条　国家建立健全循环经济统计制度，加强资源消耗、综合利用和废物产生的统计管理，并将主要统计指标定期向社会公布。

国务院标准化主管部门会同国务院循环经济发展综合管理和环境保护等有关

主管部门建立健全循环经济标准体系，制定和完善节能、节水、节材和废物再利用、资源化等标准。

国家建立健全能源效率标识等产品资源消耗标识制度。

第三章　减　量　化

第十八条　国务院循环经济发展综合管理部门会同国务院环境保护等有关主管部门，定期发布鼓励、限制和淘汰的技术、工艺、设备、材料和产品名录。

禁止生产、进口、销售列入淘汰名录的设备、材料和产品，禁止使用列入淘汰名录的技术、工艺、设备和材料。

第十九条　从事工艺、设备、产品及包装物设计，应当按照减少资源消耗和废物产生的要求，优先选择采用易回收、易拆解、易降解、无毒无害或者低毒低害的材料和设计方案，并应当符合有关国家标准的强制性要求。

对在拆解和处置过程中可能造成环境污染的电器电子等产品，不得设计使用国家禁止使用的有毒有害物质。禁止在电器电子等产品中使用的有毒有害物质名录，由国务院循环经济发展综合管理部门会同国务院环境保护等有关主管部门制定。

设计产品包装物应当执行产品包装标准，防止过度包装造成资源浪费和环境污染。

第二十条　工业企业应当采用先进或者适用的节水技术、工艺和设备，制定并实施节水计划，加强节水管理，对生产用水进行全过程控制。

工业企业应当加强用水计量管理，配备和使用合格的用水计量器具，建立水耗统计和用水状况分析制度。

新建、改建、扩建建设项目，应当配套建设节水设施。节水设施应当与主体工程同时设计、同时施工、同时投产使用。

国家鼓励和支持沿海地区进行海水淡化和海水直接利用，节约淡水资源。

第二十一条　国家鼓励和支持企业使用高效节油产品。

电力、石油加工、化工、钢铁、有色金属和建材等企业，必须在国家规定的范围和期限内，以洁净煤、石油焦、天然气等清洁能源替代燃料油，停止使用不符合国家规定的燃油发电机组和燃油锅炉。

内燃机和机动车制造企业应当按照国家规定的内燃机和机动车燃油经济性标准，采用节油技术，减少石油产品消耗量。

第二十二条　开采矿产资源，应当统筹规划，制定合理的开发利用方案，采用合理的开采顺序、方法和选矿工艺。采矿许可证颁发机关应当对申请人提交的开发利用方案中的开采回采率、采矿贫化率、选矿回收率、矿山水循环利用率和土地复垦率等指标依法进行审查；审查不合格的，不予颁发采矿许可证。采矿许可证颁发机关应当依法加强对开采矿产资源的监督管理。

矿山企业在开采主要矿种的同时，应当对具有工业价值的共生和伴生矿实行综合开采、合理利用；对必须同时采出而暂时不能利用的矿产以及含有有用组分的尾矿，应当采取保护措施，防止资源损失和生态破坏。

第二十三条　建筑设计、建设、施工等单位应当按照国家有关规定和标准，对其设计、建设、施工的建筑物及构筑物采用节能、节水、节地、节材的技术工艺和小型、轻型、再生产品。有条件的地区，应当充分利用太阳能、地热能、风能等可再生能源。

国家鼓励利用无毒无害的固体废物生产建筑材料，鼓励使用散装水泥，推广使用预拌混凝土和预拌砂浆。

禁止损毁耕地烧砖。在国务院或者省、自治区、直辖市人民政府规定的期限和区域内，禁止生产、销售和使用黏土砖。

第二十四条　县级以上人民政府及其农业等主管部门应当推进土地集约利用，鼓励和支持农业生产者采用节水、节肥、节药的先进种植、养殖和灌溉技术，推动农业机械节能，优先发展生态农业。

在缺水地区，应当调整种植结构，优先发展节水型农业，推进雨水集蓄利用，建设和管护节水灌溉设施，提高用水效率，减少水的蒸发和漏失。

第二十五条　国家机关及使用财政性资金的其他组织应当厉行节约、杜绝浪费，带头使用节能、节水、节地、节材和有利于保护环境的产品、设备和设施，节约使用办公用品。国务院和县级以上地方人民政府管理机关事务工作的机构会同本级人民政府有关部门制定本级国家机关等机构的用能、用水定额指标，财政部门根据该定额指标制定支出标准。

城市人民政府和建筑物的所有者或者使用者，应当采取措施，加强建筑物维护管理，延长建筑物使用寿命。对符合城市规划和工程建设标准，在合理使用寿命内的建筑物，除为了公共利益的需要外，城市人民政府不得决定拆除。

第二十六条　餐饮、娱乐、宾馆等服务性企业，应当采用节能、节水、节材和有利于保护环境的产品，减少使用或者不使用浪费资源、污染环境的产品。

本法施行后新建的餐饮、娱乐、宾馆等服务性企业，应当采用节能、节水、节材和有利于保护环境的技术、设备和设施。

第二十七条　国家鼓励和支持使用再生水。在有条件使用再生水的地区，限制或者禁止将自来水作为城市道路清扫、城市绿化和景观用水使用。

第二十八条　国家在保障产品安全和卫生的前提下，限制一次性消费品的生产和销售。具体名录由国务院循环经济发展综合管理部门会同国务院财政、环境保护等有关主管部门制定。

对列入前款规定名录中的一次性消费品的生产和销售，由国务院财政、税务和对外贸易等主管部门制定限制性的税收和出口等措施。

第四章 再利用和资源化

第二十九条 县级以上人民政府应当统筹规划区域经济布局，合理调整产业结构，促进企业在资源综合利用等领域进行合作，实现资源的高效利用和循环使用。

各类产业园区应当组织区内企业进行资源综合利用，促进循环经济发展。

国家鼓励各类产业园区的企业进行废物交换利用、能量梯级利用、土地集约利用、水的分类利用和循环使用，共同使用基础设施和其他有关设施。

新建和改造各类产业园区应当依法进行环境影响评价，并采取生态保护和污染控制措施，确保本区域的环境质量达到规定的标准。

第三十条 企业应当按照国家规定，对生产过程中产生的粉煤灰、煤矸石、尾矿、废石、废料、废气等工业废物进行综合利用。

第三十一条 企业应当发展串联用水系统和循环用水系统，提高水的重复利用率。

企业应当采用先进技术、工艺和设备，对生产过程中产生的废水进行再生利用。

第三十二条 企业应当采用先进或者适用的回收技术、工艺和设备，对生产过程中产生的余热、余压等进行综合利用。

建设利用余热、余压、煤层气以及煤矸石、煤泥、垃圾等低热值燃料的并网发电项目，应当依照法律和国务院的规定取得行政许可或者报送备案。电网企业应当按照国家规定，与综合利用资源发电的企业签订并网协议，提供上网服务，并全额收购并网发电项目的上网电量。

第三十三条 建设单位应当对工程施工中产生的建筑废物进行综合利用；不具备综合利用条件的，应当委托具备条件的生产经营者进行综合利用或者无害化处置。

第三十四条 国家鼓励和支持农业生产者和相关企业采用先进或者适用技术，对农作物秸秆、畜禽粪便、农产品加工业副产品、废农用薄膜等进行综合利用，开发利用沼气等生物质能源。

第三十五条 县级以上人民政府及其林业主管部门应当积极发展生态林业，鼓励和支持林业生产者和相关企业采用木材节约和代用技术，开展林业废弃物和次小薪材、沙生灌木等综合利用，提高木材综合利用率。

第三十六条 国家支持生产经营者建立产业废物交换信息系统，促进企业交流产业废物信息。

企业对生产过程中产生的废物不具备综合利用条件的，应当提供给具备条件的生产经营者进行综合利用。

第三十七条 国家鼓励和推进废物回收体系建设。

地方人民政府应当按照城乡规划，合理布局废物回收网点和交易市场，支持废物回收企业和其他组织开展废物的收集、储存、运输及信息交流。

废物回收交易市场应当符合国家环境保护、安全和消防等规定。

第三十八条　对废电器电子产品、报废机动车船、废轮胎、废铅酸电池等特定产品进行拆解或者再利用，应当符合有关法律、行政法规的规定。

第三十九条　回收的电器电子产品，经过修复后销售的，必须符合再利用产品标准，并在显著位置标识为再利用产品。

回收的电器电子产品，需要拆解和再生利用的，应当交售给具备条件的拆解企业。

第四十条　国家支持企业开展机动车零部件、工程机械、机床等产品的再制造和轮胎翻新。

销售的再制造产品和翻新产品的质量必须符合国家规定的标准，并在显著位置标识为再制造产品或者翻新产品。

第四十一条　县级以上人民政府应当统筹规划建设城乡生活垃圾分类收集和资源化利用设施，建立和完善分类收集和资源化利用体系，提高生活垃圾资源化率。

县级以上人民政府应当支持企业建设污泥资源化利用和处置设施，提高污泥综合利用水平，防止产生再次污染。

第五章　激 励 措 施

第四十二条　国务院和省、自治区、直辖市人民政府设立发展循环经济的有关专项资金，支持循环经济的科技研究开发、循环经济技术和产品的示范与推广、重大循环经济项目的实施、发展循环经济的信息服务等。具体办法由国务院财政部门会同国务院循环经济发展综合管理等有关主管部门制定。

第四十三条　国务院和省、自治区、直辖市人民政府及其有关部门应当将循环经济重大科技攻关项目的自主创新研究、应用示范和产业化发展列入国家或者省级科技发展规划和高技术产业发展规划，并安排财政性资金予以支持。

利用财政性资金引进循环经济重大技术、装备的，应当制定消化、吸收和创新方案，报有关主管部门审批并由其监督实施；有关主管部门应当根据实际需要建立协调机制，对重大技术、装备的引进和消化、吸收、创新实行统筹协调，并给予资金支持。

第四十四条　国家对促进循环经济发展的产业活动给予税收优惠，并运用税收等措施鼓励进口先进的节能、节水、节材等技术、设备和产品，限制在生产过程中耗能高、污染重的产品的出口。具体办法由国务院财政、税务主管部门制定。

企业使用或者生产列入国家清洁生产、资源综合利用等鼓励名录的技术、工艺、设备或者产品的，按照国家有关规定享受税收优惠。

第四十五条　县级以上人民政府循环经济发展综合管理部门在制定和实施投资计划时，应当将节能、节水、节地、节材、资源综合利用等项目列为重点投资领域。

对符合国家产业政策的节能、节水、节地、节材、资源综合利用等项目，金融机构应当给予优先贷款等信贷支持，并积极提供配套金融服务。

对生产、进口、销售或者使用列入淘汰名录的技术、工艺、设备、材料或者产品的企业，金融机构不得提供任何形式的授信支持。

第四十六条　国家实行有利于资源节约和合理利用的价格政策，引导单位和个人节约和合理使用水、电、气等资源性产品。

国务院和省、自治区、直辖市人民政府的价格主管部门应当按照国家产业政策，对资源高消耗行业中的限制类项目，实行限制性的价格政策。

对利用余热、余压、煤层气以及煤矸石、煤泥、垃圾等低热值燃料的并网发电项目，价格主管部门按照有利于资源综合利用的原则确定其上网电价。

省、自治区、直辖市人民政府可以根据本行政区域经济社会发展状况，实行垃圾排放收费制度。收取的费用专项用于垃圾分类、收集、运输、贮存、利用和处置，不得挪作他用。

国家鼓励通过以旧换新、押金等方式回收废物。

第四十七条　国家实行有利于循环经济发展的政府采购政策。使用财政性资金进行采购的，应当优先采购节能、节水、节材和有利于保护环境的产品及再生产品。

第四十八条　县级以上人民政府及其有关部门应当对在循环经济管理、科学技术研究、产品开发、示范和推广工作中做出显著成绩的单位和个人给予表彰和奖励。

企业事业单位应当对在循环经济发展中做出突出贡献的集体和个人给予表彰和奖励。

第六章　法 律 责 任

第四十九条　县级以上人民政府循环经济发展综合管理部门或者其他有关主管部门发现违反本法的行为或者接到对违法行为的举报后不予查处，或者有其他不依法履行监督管理职责行为的，由本级人民政府或者上一级人民政府有关主管部门责令改正，对直接负责的主管人员和其他直接责任人员依法给予处分。

第五十条　生产、销售列入淘汰名录的产品、设备的，依照《中华人民共和国产品质量法》的规定处罚。

使用列入淘汰名录的技术、工艺、设备、材料的，由县级以上地方人民政府循环经济发展综合管理部门责令停止使用，没收违法使用的设备、材料，并处五万元以上二十万元以下的罚款；情节严重的，由县级以上人民政府循环经济发展综合管理部门提出意见，报请本级人民政府按照国务院规定的权限责令停业或者关闭。

违反本法规定，进口列入淘汰名录的设备、材料或者产品的，由海关责令退运，可以处十万元以上一百万元以下的罚款。进口者不明的，由承运人承担退运责任，或者承担有关处置费用。

第五十一条　违反本法规定，对在拆解或者处置过程中可能造成环境污染的电器电子等产品，设计使用列入国家禁止使用名录的有毒有害物质的，由县级以上地方人民政府产品质量监督部门责令限期改正；逾期不改正的，处二万元以上二十万元以下的罚款；情节严重的，由县级以上地方人民政府产品质量监督部门向本级工商行政管理部门通报有关情况，由工商行政管理部门依法吊销营业执照。

第五十二条　违反本法规定，电力、石油加工、化工、钢铁、有色金属和建材等企业未在规定的范围或者期限内停止使用不符合国家规定的燃油发电机组或者燃油锅炉的，由县级以上地方人民政府循环经济发展综合管理部门责令限期改正；逾期不改正的，责令拆除该燃油发电机组或者燃油锅炉，并处五万元以上五十万元以下的罚款。

第五十三条　违反本法规定，矿山企业未达到经依法审查确定的开采回采率、采矿贫化率、选矿回收率、矿山水循环利用率和土地复垦率等指标的，由县级以上人民政府地质矿产主管部门责令限期改正，处五万元以上五十万元以下的罚款；逾期不改正的，由采矿许可证颁发机关依法吊销采矿许可证。

第五十四条　违反本法规定，在国务院或者省、自治区、直辖市人民政府规定禁止生产、销售、使用粘土砖的期限或者区域内生产、销售或者使用黏土砖的，由县级以上地方人民政府指定的部门责令限期改正；有违法所得的，没收违法所得；逾期继续生产、销售的，由地方人民政府工商行政管理部门依法吊销营业执照。

第五十五条　违反本法规定，电网企业拒不收购企业利用余热、余压、煤层气以及煤矸石、煤泥、垃圾等低热值燃料生产的电力的，由国家电力监管机构责令限期改正；造成企业损失的，依法承担赔偿责任。

第五十六条　违反本法规定，有下列行为之一的，由地方人民政府工商行政管理部门责令限期改正，可以处五千元以上五万元以下的罚款；逾期不改正的，依法吊销营业执照；造成损失的，依法承担赔偿责任：

（一）销售没有再利用产品标识的再利用电器电子产品的；

（二）销售没有再制造或者翻新产品标识的再制造或者翻新产品的。

第五十七条　违反本法规定，构成犯罪的，依法追究刑事责任。

第七章　附　　则

第五十八条　本法自2009年1月1日起施行。

生活垃圾分类制度实施方案

国家发展改革委　住房城乡建设部

随着经济社会发展和物质消费水平大幅提高，我国生活垃圾产生量迅速增长，环境隐患日益突出，已经成为新型城镇化发展的制约因素。遵循减量化、资源化、无害化的原则，实施生活垃圾分类，可以有效改善城乡环境，促进资源回收利用，加快“两型社会”建设，提高新型城镇化质量和生态文明建设水平。为切实推动生活垃圾分类，根据党中央、国务院有关工作部署，特制定以下方案。

一、总体要求

（一）指导思想。

全面贯彻党的十八大和十八届三中、四中、五中、六中全会精神，深入贯彻习近平总书记系列重要讲话精神和治国理政新理念新思想新战略，统筹推进“五位一体”总体布局和协调推进“四个全面”战略布局，牢固树立和贯彻落实创新、协调、绿色、开放、共享的发展理念，加快建立分类投放、分类收集、分类运输、分类处理的垃圾处理系统，形成以法治为基础、政府推动、全民参与、城乡统筹、因地制宜的垃圾分类制度，努力提高垃圾分类制度覆盖范围，将生活垃圾分类作为推进绿色发展的重要举措，不断完善城市管理和服务，创造优良的人居环境。

（二）基本原则。

政府推动，全民参与。落实城市人民政府主体责任，强化公共机构和企业示范带头作用，引导居民逐步养成主动分类的习惯，形成全社会共同参与垃圾分类的良好氛围。

因地制宜，循序渐进。综合考虑各地气候特征、发展水平、生活习惯、垃圾成分等方面实际情况，合理确定实施路径，有序推进生活垃圾分类。

完善机制，创新发展。充分发挥市场作用，形成有效的激励约束机制。完善相关法律法规标准，加强技术创新，利用信息化手段提高垃圾分类效率。

协同推进，有效衔接。加强垃圾分类收集、运输、资源化利用和终端处置等环节的衔接，形成统一完整、能力适应、协同高效的全过程运行系统。

（三）主要目标。

到 2020 年底，基本建立垃圾分类相关法律法规和标准体系，形成可复制、可推广的生活垃圾分类模式，在实施生活垃圾强制分类的城市，生活垃圾回收利用率达到 35%以上。

二、部分范围内先行实施生活垃圾强制分类

（一）实施区域。

2020 年底前，在以下重点城市的城区范围内先行实施生活垃圾强制分类。

1. 直辖市、省会城市和计划单列市。

2. 住房城乡建设部等部门确定的第一批生活垃圾分类示范城市，包括：河北省邯郸市、江苏省苏州市、安徽省铜陵市、江西省宜春市、山东省泰安市、湖北省宜昌市、四川省广元市、四川省德阳市、西藏自治区日喀则市、陕西省咸阳市。

3. 鼓励各省（区）结合实际，选择本地区具备条件的城市实施生活垃圾强制分类，国家生态文明试验区、各地新城新区应率先实施生活垃圾强制分类。

（二）主体范围。

上述区域内的以下主体，负责对其产生的生活垃圾进行分类。

1. 公共机构。包括党政机关，学校、科研、文化、出版、广播电视等事业单位，协会、学会、联合会等社团组织，车站、机场、码头、体育场馆、演出场馆等公共场所管理单位。

2. 相关企业。包括宾馆、饭店、购物中心、超市、专业市场、农贸市场、农产品批发市场、商铺、商用写字楼等。

（三）强制分类要求。

实施生活垃圾强制分类的城市要结合本地实际，于 2017 年底前制定出台办法，细化垃圾分类类别、品种、投放、收运、处置等方面要求；其中，必须将有害垃圾作为强制分类的类别之一，同时参照生活垃圾分类及其评价标准，再选择确定易腐垃圾、可回收物等强制分类的类别。未纳入分类的垃圾按现行办法处理。

1. 有害垃圾。

（1）主要品种。包括：废电池（镉镍电池、氧化汞电池、铅蓄电池等），废荧光灯管（日光灯管、节能灯等），废温度计，废血压计，废药品及其包装物，废油漆、溶剂及其包装物，废杀虫剂、消毒剂及其包装物，废胶片及废相纸等。

（2）投放暂存。按照便利、快捷、安全原则，设立专门场所或容器，对不同品种的有害垃圾进行分类投放、收集、暂存，并在醒目位置设置有害垃圾标志。对列入《国家危险废物名录》（环境保护部令第 39 号）的品种，应按要求设置临时贮存场所。

（3）收运处置。根据有害垃圾的品种和产生数量，合理确定或约定收运频率。危险废物运输、处置应符合国家有关规定。鼓励骨干环保企业全过程统筹实施垃圾分类、收集、运输和处置；尚无终端处置设施的城市，应尽快建设完善。

2. 易腐垃圾。

（1）主要品种。包括：相关单位食堂、宾馆、饭店等产生的餐厨垃圾，农贸市场、农产品批发市场产生的蔬菜瓜果垃圾、腐肉、肉碎骨、蛋壳、畜禽产品内脏等。

（2）投放暂存。设置专门容器单独投放，除农贸市场、农产品批发市场可设置敞开式容器外，其他场所原则上应采用密闭容器存放。餐厨垃圾可由专人清理，避免混入废餐具、塑料、饮料瓶罐、废纸等不利于后续处理的杂质，并做到“日产日清”。按规定建立台账制度（农贸市场、农产品批发市场除外），记录易腐垃圾的种类、数量、去向等。

（3）收运处置。易腐垃圾应采用密闭专用车辆运送至专业单位处理，运输过程中应加强对泄露、遗撒和臭气的控制。相关部门要加强对餐厨垃圾运输、处理的监控。

3. 可回收物。

（1）主要品种。包括：废纸，废塑料，废金属，废包装物，废旧纺织物，废弃电器电子产品，废玻璃，废纸塑铝复合包装等。

（2）投放暂存。根据可回收物的产生数量，设置容器或临时存储空间，实现单独分类、定点投放，必要时可设专人分拣打包。

（3）收运处置。可回收物产生主体可自行运送，也可联系再生资源回收利用企业上门收集，进行资源化处理。

三、引导居民自觉开展生活垃圾分类

城市人民政府可结合实际制定居民生活垃圾分类指南，引导居民自觉、科学地开展生活垃圾分类。前述对有关单位和企业实施生活垃圾强制分类的城市，应选择不同类型的社区开展居民生活垃圾强制分类示范试点，并根据试点情况完善地方性法规，逐步扩大生活垃圾强制分类的实施范围。本方案发布前已制定地方性法规、对居民生活垃圾分类提出强制要求的，从其规定。

（一）单独投放有害垃圾。

居民社区应通过设立宣传栏、垃圾分类督导员等方式，引导居民单独投放有害垃圾。针对家庭源有害垃圾数量少、投放频次低等特点，可在社区设立固定回收点或设置专门容器分类收集、独立储存有害垃圾，由居民自行定时投放，社区居委会、物业公司等负责管理，并委托专业单位定时集中收运。

（二）分类投放其他生活垃圾。

根据本地实际情况，采取灵活多样、简便易行的分类方法。引导居民将“湿垃圾”（滤出水分后的厨余垃圾）与“干垃圾”分类收集、分类投放。有条件的地方可在居民社区设置专门设施对“湿垃圾”就地处理，或由环卫部门、专业企业采用专用车辆运至餐厨垃圾处理场所，做到“日产日清”。鼓励居民和社区对“干垃圾”深入分类，将可回收物交由再生资源回收利用企业收运和处置。有条件的地区可探索采取定时定点分类收运方式，引导居民将分类后的垃圾直接投入收运车辆，逐步减少固定垃圾桶。

四、加强生活垃圾分类配套体系建设

（一）建立与分类品种相配套的收运体系。

完善垃圾分类相关标志，配备标志清晰的分类收集容器。改造城区内的垃圾房、转运站、压缩站等，适应和满足生活垃圾分类要求。更新老旧垃圾运输车辆，配备满足垃圾分类清运需求、密封性好、标志明显、节能环保的专用收运车辆。鼓励采用“车载桶装”等收运方式，避免垃圾分类投放后重新混合收运。建立符合环保要求、与分类需求相匹配的有害垃圾收运系统。

（二）建立与再生资源利用相协调的回收体系。

健全再生资源回收利用网络，合理布局布点，提高建设标准，清理取缔违法占道、私搭乱建、不符合环境卫生要求的违规站点。推进垃圾收运系统与再生资源回收利用系统的衔接，建设兼具垃圾分类与再生资源回收功能的交投点和中转站。鼓励在公共机构、社区、企业等场所设置专门的分类回收设施。建立再生资源回收利用信息化平台，提供回收种类、交易价格、回收方式等信息。

（三）完善与垃圾分类相衔接的终端处理设施。

加快危险废物处理设施建设，建立健全非工业源有害垃圾收运处理系统，确保分类后的有害垃圾得到安全处置。鼓励利用易腐垃圾生产工业油脂、生物柴油、饲料添加剂、土壤调理剂、沼气等，或与秸秆、粪便、污泥等联合处置。已开展餐厨垃圾处理试点的城市，要在稳定运营的基础上推动区域全覆盖。尚未建成餐厨（厨余）垃圾处理设施的城市，可暂不要求居民对厨余“湿垃圾”单独分类。严厉打击和防范“地沟油”生产流通。严禁将城镇生活垃圾直接用作肥料。加快培育大型龙头企业，推动再生资源规范化、专业化、清洁化处理和高值化利用。鼓励回收利用企业将再生资源送钢铁、有色、造纸、塑料加工等企业实现安全、环保利用。

（四）探索建立垃圾协同处置利用基地。

统筹规划建设生活垃圾终端处理利用设施，积极探索建立集垃圾焚烧、餐厨垃圾资源化利用、再生资源回收利用、垃圾填埋、有害垃圾处置于一体的生活垃圾协同处置利用基地，安全化、清洁化、集约化、高效化配置相关设施，促进基地内各类基础设施共建共享，实现垃圾分类处理、资源利用、废物处置的无缝高效衔接，提高土地资源节约集约利用水平，缓解生态环境压力，降低“邻避”效应和社会稳定风险。

五、强化组织领导和工作保障

（一）加强组织领导。

省级人民政府、国务院有关部门要加强对生活垃圾分类工作的指导，在生态文明先行示范区、卫生城市、环境保护模范城市、园林城市和全域旅游示范区等创建活动中，逐步将垃圾分类实施情况列为考核指标；因地制宜探索农村生活垃圾分类模式。实施生活垃圾强制分类的城市人民政府要切实承担主体责任，建立协调机制，研究解决重大问题，分工负责推进相关工作；要加强对生活垃圾强制分类实施情况的监督检查和工作考核，向社会公布考核结果，对不按要求进行分类的依法予以处罚。

（二）健全法律法规。

加快完善生活垃圾分类方面的法律制度，推动相关城市出台地方性法规、规章，明确生活垃圾强制分类要求，依法推进生活垃圾强制分类。发布生活垃圾分类指导目录。完善生活垃圾分类及站点建设相关标准。

（三）完善支持政策。

按照污染者付费原则，完善垃圾处理收费制度。发挥中央基建投资引导带动作用，采取投资补助、贷款贴息等方式，支持相关城市建设生活垃圾分类收运处理设施。严格落实国家对资源综合利用的税收优惠政策。地方财政应对垃圾分类收运处理系统的建设运行予以支持。

（四）创新体制机制。

鼓励社会资本参与生活垃圾分类收集、运输和处理。积极探索特许经营、承包经营、租赁经营等方式，通过公开招标引入专业化服务公司。加快城市智慧环卫系统研发和建设，通过“互联网+”等模式促进垃圾分类回收系统线上平台与线下物流实体相结合。逐步将生活垃圾强制分类主体纳入环境信用体系。推动建设一批以企业为主导的生活垃圾资源化产业技术创新战略联盟及技术研发基地，提升分类回收和处理水平。通过建立居民“绿色账户”、“环保档案”等方式，对正确分类投放垃圾的居民给予可兑换积分奖励。探索“社工＋志愿者”等模式，推动企业和社会组织开展垃圾分类服务。

（五）动员社会参与。

树立垃圾分类、人人有责的环保理念，积极开展多种形式的宣传教育，普及垃圾分类知识，引导公众从身边做起、从点滴做起。强化国民教育，着力提高全体学生的垃圾分类和资源环境意识。加快生活垃圾分类示范教育基地建设，开展垃圾分类收集专业知识和技能培训。建立垃圾分类督导员及志愿者队伍，引导公众分类投放。充分发挥新闻媒体的作用，报道垃圾分类工作实施情况和典型经验，形成良好社会舆论氛围。